Henning Beck

Irren ist nützlich

Warum die Schwächen
des Gehirns
unsere Stärken sind

W0059249

GOLDMANN

Verlagsgruppe Random House FSC® N001967

4. Auflage
Taschenbuchausgabe September 2018
Wilhelm Goldmann Verlag, München,
in der Verlagsgruppe Random House GmbH
Neumarkter Str. 28, 81673 München
Copyright © 2018 dieser Ausgabe by Wilhelm Goldmann Verlag,
München, in der Verlagsgruppe Random House GmbH
Copyright © 2017 der Originalausgabe by Carl Hanser Verlag, München
Umschlaggestaltung: UNO Werbeagentur, München
Umschlagmotiv: FinePic®, München
KF · Herstellung: kw
Satz: Uhl + Massopust, Aalen
Druck und Einband: GGP Media GmbH, Pößneck
Printed in Germany
ISBN: 978-3-442-15958-1
www.goldmann-verlag.de

Besuchen Sie den Goldmann Verlag im Netz

INHALT

EINLEITUNG

Dies ist kein Buch, das Ihnen zeigt, wie toll das Gehirn funktioniert. Zumindest nicht auf den ersten Blick. Dies ist auch kein Buch, in dem Sie lesen können, wie perfekt das Gehirn arbeitet. Das tut es nämlich nicht.

Und wenn Sie nach dieser Lektüre mit Ihrem Gehirn noch schneller und konzentrierter denken wollen, muss ich dem gleich zu Beginn eine Absage erteilen: Auch das wird nicht passieren, denn das Gehirn ist alles andere als präzise oder flott im Rechnen. Es ist ein verträumter Schussel, oft abgelenkt und unkonzentriert, nie zu hundert Prozent verlässlich, es verrechnet sich, irrt ständig und vergisst mehr, als es behält. Kurzum: Es ist ein etwa 1,5 Kilo schwerer Fehler. Sie alle tragen diesen schlampigen Zeitgenossen ständig im Kopf mit sich herum – und ich gratuliere herzlich dazu.

Nachdem ich nun einen Großteil der Leserschaft verschreckt haben dürfte, gibt es eigentlich nur noch einen Grund, dieses Buch weiterzulesen: weil es Ihnen zeigt, dass es gerade das Nichtperfekte, das Fehlerhafte, das scheinbar Ineffiziente ist, was Ihr Gehirn so einzigartig und so erfolgreich macht.

Jeder kennt es aus dem eigenen Leben: Das Gehirn macht Fehler – manchmal größere, manchmal kleinere; es vergeht kein Tag, an dem nicht auch Ihr Gehirn irgendwelchen Unsinn verzapft, sich verrechnet oder irrt. Sie schätzen die Zeit falsch ein, haben vergessen, was Sie gerade erst gelesen haben oder lassen sich von Ihrem Handy ablenken. Und gerade das ist eine prima Sache. Denn es sind die vermeintlichen Schwächen und Ungenauigkeiten, die Ihr Gehirn so anpassungsfähig, dynamisch und kreativ machen.

Wer denkt, dass ich da etwas übertreibe, hier eine kleine Kostprobe Ihrer geistigen Leistungsfähigkeit:

Was ist tausend plus zehn?

Plus tausend?

Dann plus fünfzig?

Plus tausend?

Plus dreißig?

Plus tausend?

Und nochmal plus zehn?

Kurz nachdenken, überlegen… sind es fünftausend? Natürlich nicht, es sind viertausendeinhundert. Gut gemacht! An alle, die auf eine andere Zahl gekommen sind, kein Problem, Ihr Gehirn vertauscht schnell mal ein paar Dezimalstellen und rutscht zwischen den Ziffern hin und her. So kann selbst einfaches Addieren kompliziert werden. Wie oft steht in der nächsten Zeile der Buchstabe M?

MMMMMMMMMMMMMMMMMMMMMMMMMMMMMM

Genug gesummt, gar nicht so einfach, auf die richtige Lösung zu kommen. Hier sieht man schon: Das Gehirn scheint gar nicht darauf ausgerichtet zu sein, maschinengleich Informationen zu verarbeiten. Im Gegenteil, es verzettelt sich regelmäßig.

»Aus Fehlern wird man klug, drum ist einer nicht genug«, sagte mein Chemielehrer. Dann zündete er das Silberacetylid an und sprengte ein Loch in den Schulhof. Merke: Nicht immer ist Trial and Error das Mittel der Wahl. Manchmal aber eben doch – mein Nachbar zeigt, wie es geht. Der ist wirklich eine außergewöhnliche Persönlichkeit, mittlerweile gute zwei Jahre alt und schon ein richtig cleverer Kerl. Er beherrscht Dinge, die jeden Supercomputer zur Verzweiflung bringen: Ohne Probleme erkennt er das Gesicht seiner Mutter in einer Menschenmenge und sich selbst im Spiegel; nach einmaligem Spielen mit einem Auto weiß er, was ein Auto ist; er identifiziert Rauchmelder an der Decke und findet Kartoffeln lecker – Aufgaben, die kein heutiger Computer in endlicher Zeit lösen kann. Dabei macht der Kleine ständig Fehler: Bis vor kurzem konnte er noch nicht mal sicher laufen, seine Bewegungen sind tapsig, seine Sprache bruchstückhaft, und er schläft mehr als die Hälfte des Tages, ist in dieser Zeit also komplett funktionsuntüchtig. Jeder Ingenieur würde die Hände über dem Kopf zusammenschlagen: »Was für eine Fehlkonstruktion. Zwei Jahre, und es läuft immer noch nicht rund.« Wie ein Windows-Betriebssystem.

Trotzdem macht mein Nachbar gewaltige Fortschritte. Tag für Tag – in einem Tempo, mit dem keine Rechenmaschine Schritt halten kann. Jeder Fehler, jede Ungenauigkeit ist Ansporn, es das nächste Mal anders und damit vielleicht ein kleines bisschen besser zu machen. Sein Gehirn ist alles andere als perfekt – und das wird es auch niemals sein. Im Laufe der Zeit wird es sich zwar immer besser an seine Umgebung anpassen, aber vollendet und fertig wird es nie, sondern sich immer die Fähigkeit zum Irrtum bewahren. Denn nur, wer Fehler in sein Handeln einbaut, wird irgendwann auch

Neues entwickeln. Wer hingegen immer versucht, möglichst »richtig« zu denken, bewegt sich auf dem Niveau eines Computers: effizient, präzise und schnell – dafür auch unkreativ, langweilig und vorhersehbar.

Stattdessen bauen wir auch im Erwachsenenalter noch lauter geistigen Mist. Wir vergessen Namen und Gesichter genauso wie, ob wir die Tür abgeschlossen haben. Wir lassen uns bei der Arbeit leicht von einer WhatsApp-Nachricht ablenken oder verlieren in der E-Mail-Flut des Tages den Überblick. Uns liegen Namen auf der Zunge und fallen uns doch nicht ein. Wir schätzen die Zeit genauso falsch ein wie Wahrscheinlichkeiten oder Zahlen. Wir tun uns schwer damit, Entscheidungen zu treffen, wenn die Auswahl groß ist. Wir haben genau dann einen Blackout, wenn wir vor Publikum einen Vortrag halten müssen. Wir können nach einem anstrengenden Tag nur schwer abschalten und lernen unter Druck am schlechtesten.

Auf der anderen Seite gibt es kein Organ, kein System, geschweige denn einen Computer, der in der Lage ist, komplizierte Aufgaben so spielerisch zu lösen, wie wir es tun: $35 \times 27 = ?$ Schwierig ohne Taschenrechner. Einen Helene-Fischer-Song erkennen? Kein Problem. Die Rechenaufgabe, so simpel sie ist, können wir kaum im Kopf lösen, doch ein Lied, das Gesicht eines lieben Verwandten oder auch dessen Stimme erkennen wir sofort. Und das, obwohl es vom Rechenaufwand her ungleich aufwendiger ist, einen bestimmten Sänger auf der Bühne zu erkennen.

Es scheint, als würde unser Gehirn das besonders schlecht können, was wir in unserer gegenwärtigen technisierten und digitalen Welt vermeintlich benötigen. Wir wollen Optimierung und Genauigkeit, sprich: Perfektion. Und unser Gehirn?

Macht das Gegenteil und entzieht sich diesem Anspruch. Viele stellen sich vor, wie schön es wäre, wenn eine fehlerfreie Rechenmaschine in unserem Kopf arbeiten würde. Wie konzentriert, effizient und schnell könnte man damit seine Aufgaben lösen. Und in der Tat: Computer machen keine Fehler – und wenn sie es tun, dann stürzen sie ab. Gehirne stürzen hingegen nicht ab (außer, man hilft von außen nach, aber das ist eine andere Geschichte...). Und das liegt daran, dass sie nach einem völlig anderen Verfahren arbeiten. Es ist der Irrtum, die Ungenauigkeit im Denken, die uns den Computern überlegen macht. Allen Schreckensvisionen, dass die Computer schon in wenigen Jahrzehnten die Weltherrschaft an sich reißen und uns in den geistigen Schatten stellen werden, erteilt die Biologie an dieser Stelle eine klare Absage. Das scheint dem Trend der Digitalisierung, dem Zauberwort unserer modernen Welt, zu widersprechen: Schulklassen wie Unternehmen sollen vernetzt, Daten ausgetauscht und effizient ausgewertet werden. »Klassenzimmer der Zukunft«, »Big Data Analysen«, »Industrie 4.0« – kein Lebensbereich, der sich nicht mit der Rechenpower der Computerwelt modernisieren möchte. Doch die großen Ideen der Welt werden auch in Zukunft nicht digital, sondern analog gedacht. Von Gehirnen, nicht von Smartphones. Computer lernen Dinge – wir verstehen sie. Computer befolgen Regeln – wir können sie ändern.

Computer mögen uns in Schach oder Go schlagen, das ist nicht verwunderlich, weder kreativ noch besorgniserregend. Ich würde mir erst ernsthafte Sorgen machen, wenn ein Computer anfängt, Fehler zu machen, und anschließend verkündet: »Schach? Och nö, keine Lust mehr, ist langweilig. Ich zocke jetzt mal eine Runde *World of Warcraft!*« Solange das nicht passiert, bleibt das menschliche Gehirn immer noch das Maß aller Dinge. Gerade weil es so vermeintlich schlecht funktioniert.

In diesem Buch möchte ich Ihnen zeigen, was hinter den Kulissen der vermutlich fehlerhaftesten Denkstruktur der Welt (Ihrem Gehirn) passiert. Wie es Irrtümer nutzt, damit es sich in sozialen Situationen bestmöglich zurechtfindet, auf neue Ideen kommt und Wissen erzeugt. Ja, dabei macht es manchmal Fehler, doch das Paradoxe dabei ist: In unseren Irrtümern und Unkonzentriertheiten steckt unsere wahre Denkpower. Die meisten der vermeintlichen Denknachteile bergen einen gewaltigen Vorteil. Dass wir uns an Namen nicht sofort erinnern können, ist wichtig, damit wir überhaupt dynamische Erinnerungen aufbauen können. Dass wir uns so leicht ablenken lassen, nützt uns, um kreativ zu denken. Und dass wir mitunter zu spät zu einer Verabredung kommen, weil wir die Zeit falsch einschätzen, ist eine klasse Sache, denn würde unsere innere Uhr exakt gehen, könnten wir nicht so schnell von Erinnerung zu Erinnerung springen, wir wären gefangen in einem statischen Gedächtnis.

Nun ist dies kein Buch, das ausschließlich unsere geistigen Schwächen preisen soll. Nicht jeder Fehler hat ja etwas Gutes. Doch wer erkennt, warum ein Gehirn manchmal nicht wie auf Knopfdruck funktioniert, der hat schon den entscheidenden Schritt gemacht, diese Schwäche zu verstehen. Das hilft uns, im richtigen Moment konzentrierter zu sein, kreative Ideen zuzulassen oder Erinnerungen besser zu behalten. Das Gehirn ist wahrscheinlich das beste Beispiel dafür, wie man aus seinen Schwächen Stärken machen kann.

P.S.: Ach ja, wie jedes Produkt des Gehirns unterliegt auch dieses Buch biologischen Schwankungen und ist daher nicht fehlerfrei. Bestimmt haben sich hier und da kleine Tipp-, Schreib- oder Zeichenfehler eingeschlichen. Doch nach dieser Lektüre werden Sie wissen, warum das nichts Schlimmes, sondern etwas Gutes ist. Solange die Dosis stimmt. Apropos Dosis, es waren 27 M's, die hintereinanderstanden. Und wer das beim ersten Mal Zählen ohne Fehler hinbekommen hat, der hat wirklich ein ziemlich fehlerfreies Gehirn. Das kann ja manchmal auch nicht schlecht sein.

Kapitel 1

VERGESSEN

Warum Sie sich an dieses Buch
nicht erinnern werden – und gerade dadurch
das Wichtigste behalten

Nicht erschrecken, aber gleich zu Beginn dieses Buches erwartet Sie ein kleiner Test. Schließlich möchte ich sicherstellen, dass Sie, verehrte Leserin, lieber Leser, auch aufmerksam bei der Sache sind: Wie lauteten die ersten drei Wörter auf der vorherigen Seite? Na gut, das ist nicht ganz so einfach, kein Problem. Dann eben: Wie lauten die ersten drei Worte der Einleitung? Wenn Ihnen auch das noch zu schwer ist: Wie lautet der Titel dieses Buches? Das kriegen Sie hin. Und falls Sie mit »Irren ist menschlich« antworten sollten, beweisen Sie zumindest, wie mächtig Sprachroutinen sind.

Ein bisschen erstaunlich ist es dennoch. Sie haben alle Sinne geschärft und lesen konzentriert (das hoffe ich zumindest). Und dann das: Was genau man vor zwei, drei Seiten gelesen hat, fällt einem nur nach intensivem Nachdenken oder gar nicht ein. Manchmal schweifen die Gedanken ab, manchmal denken Sie über das gerade Gelesene so intensiv nach, dass Sie das Vorherige vergessen. Das wird Ihnen im Verlaufe dieses Buches noch häufiger so ergehen – und zwar egal, wie sehr ich mich bemühe, den Text so mitreißend wie nur möglich zu gestalten. Als Autor freut man sich natürlich immer, wenn die Leserschaft auch behält, was man im Schweiße seines Angesichts in die Tastatur gehackt hat. Doch als Neurowissenschaftler ist mir gleichzeitig bewusst, dass nur die allerwenigsten Menschen wirklich abspeichern, was sie gelesen haben. Kaum einer wird sich am Ende dieses Buches an exakt jedes Wort erinnern (wem das passiert, der möge sich bitte bei mir melden, Hilfe sowie das Komitee des Guinnessbuchs sind unterwegs). Was die wichtigste Botschaft jedes Kapitels ist, bleibt jedoch hängen. Hoffentlich. Kaufen Sie sich ansonsten gerne das Buch noch einmal, um es, frisch ausgepackt und nach Druckerschwärze duftend, von vorne zu lesen. Auch das würde mich sehr freuen.

Offenbar scheint sich das Gehirn permanent in einem Modus des Vergessens zu befinden. Wer schon mal eine längere Strecke mit dem Auto gefahren ist, weiß, wovon ich spreche: Man fährt so fröhlich vor sich hin, um nach einer Stunde innezuhalten und sich zu fragen: Wo bin ich hier eigentlich? Als hätte man einen geistigen Autopiloten aktiviert, der unsere Erinnerungen blockiert. Wer braucht da noch ein selbstfahrendes Google-Auto, wenn unser Gehirn schon längst die Kunst des autonomen Fahrens beherrscht? Dass wir uns beim Durch-die-Landschaft-Fahren an vieles nicht erinnern, kann zwei Gründe haben: Erstens, die Gegend um uns herum ist wirklich langweilig (wer schon mal auf der A24 unterwegs war, weiß, was ich meine). Zweitens, das Gehirn hat entschieden, dass die meisten Informationen der vergangenen 60 Minuten erstmal vergessen werden sollen. Letzteres ist die Standardeinstellung unseres Denkorgans.

Beim Autofahren ist das meist nicht so schlimm. Doch das

Gehirn merkt sich auch in anderen Situationen viele Sachen nicht. Was war die Topmeldung der Tagesschau am gestrigen Abend? Worüber haben Sie gestern als letztes vor dem Einschlafen nachgegrübelt? Haben Sie die Tür wirklich abgeschlossen? Fragen über Fragen, die das Gehirn gar nicht beantworten will. Was für ein unfassbar schlampiges Organ! Ständig am Vergessen, Verdrängen und Verschusseln. Doch warum ist das so? Warum merkt sich das Gehirn nicht viel mehr und löscht so vieles?

Denn ob banale Alltagsdinge oder vermeintlich wichtige Sachen, alles wird vom Gehirn nach dem gleichen Mechanismus entsorgt. In Zeiten des medialen Overkills gewöhnt man sich ein solches Kurzzeitdenken geradezu an, werden wir doch permanent von Informationen und neuen Nachrichten belästigt: Zeitungsartikel, die man nur überfliegt und nicht behält. News, die man in einer Smartphone-App nur wegwischt und gleich vergisst. E-Mails, die in der Nachrichtenflut untergehen. Nie war es so einfach, an neues Wissen zu gelangen, und noch nie scheint es so kompliziert gewesen zu sein, das Wichtige auch zu behalten. Doch was passiert eigentlich in unserem Gehirn, wenn wir gerade Erlebtes wieder vergessen? Und was kann man tun, um die wichtigen Dinge nicht gleich wieder aus dem Gedächtnis zu verlieren?

Ein Umkleidezimmer für Erinnerungen

Zunächst einmal muss ich Sie beruhigen: Keine Sorge, wenn Sie sich nicht daran erinnern, was vor zwei Seiten in diesem Buch stand. Ihr Gehirn hat nämlich gar nicht die Aufgabe, möglichst viel Wissen abzuspeichern – viel wichtiger ist es, zur richtigen Zeit das Richtige zu vergessen beziehungsweise aus dem Bewusstsein zu entsorgen. Erinnerungen sind nichts Statisches, nichts, was das Gehirn einmal fest abgespeichert hat, um anschließend wieder darauf zuzugreifen. Erinnerungen sind lebendig und werden ständig verändert. Nur dadurch hat das Gehirn überhaupt die Möglichkeit, neues Wissen aufzubauen.

Damit das so bleibt, ist das Gehirn Experte darin, Sachen zu beseitigen, damit sie uns nicht weiter stören. Das können Sinneswahrnehmungen sein genauso wie Erinnerungen, neue Informationen oder Eindrücke. Um ein flexibles und anpassungsfähiges Gedächtnis zu bilden, muss das Gehirn also den allermeisten Informationsmüll eliminieren. Nur was wichtig ist, kommt ins Bewusstsein, damit man sich später daran erinnern kann.

Nun ist das Gehirn zwar ein sehr leistungsfähiges und dynamisches Organ, hätte demnach prinzipiell alle Möglichkeiten, viel mehr abzuspeichern, als es das tut – aber gleichzeitig ist es auch genauso faul. Deswegen teilt es sich seine Kräfte ein. Eintreffende Informationen werden aus diesem Grund nicht sofort dauerhaft gespeichert, sondern befinden sich zunächst auf Probe im Gehirn.

Das kennt man aus dem Alltag, auch dort muss sich manches erst bewähren, bevor es dauerhaft genutzt wird. Stellen Sie sich vor, Sie möchten sich eine neue Hose kaufen, dann greifen Sie ja auch nicht sofort zu dem Exemplar, das Sie im Schaufenster sehen. Erst müssen Sie die Hose testen. Sie gehen also in die Umkleide und probieren sie an. Dabei achten Sie auf zwei Dinge: Sitzt sie gut? Und passt sie zu Ihrem Style?

So macht es auch das Gehirn. Nun gut, nicht ganz genau so, schließlich haben wir nicht nur Klamotten im Kopf. Aber das

Prinzip ist ähnlich: Bevor wir uns an etwas langfristig (also noch nach mehreren Stunden oder Tagen) erinnern, muss es eine Testphase überstehen. Unser geistiges Umkleidezimmer ist dabei der *Hippocampus,* eine bananenförmige Struktur in der Mitte zwischen unseren Großhirnhälften. Weil der erste Neuroanatom, der diese Struktur beschrieb, glaubte, ein Seepferdchen darin zu erkennen, hat er sie Hippocampus (lat. für Seepferdchen) genannt. Ich habe allerdings keine Ahnung, was der Kollege damals genommen hat, ich habe darin jedenfalls noch nie ein Seepferdchen erkannt, auch keine Schlange, keinen Aal oder anderes Meeresgetier. Der Hippocampus liegt vielmehr wie ein bananenförmiges C direkt neben der Hirnmitte. Pro Hirnhälfte haben wir einen Hippocampus, der uns dabei hilft, neue Erinnerungen kurzzeitig zu speichern.

Alles, was irgendwann dauerhaft erinnert werden soll, wird also im Hippocampus »anprobiert«. Ganz genau so, wie Sie bei der Hose auf deren Passform achten, wird auch im Gehirn entschieden, ob eine mögliche Erinnerung gut zum bisherigen Erfahrungsschatz passt. Im Hippocampus wird die entsprechende Information daher vorübergehend aufbewahrt; das können wenige Sekunden sein (und wenn man in dieser kritischen Zeit einen Schlag auf den Kopf kriegt, ist auch die Kurzzeiterinnerung weg) oder einige Stunden. Spätestens im Schlaf wird sie jedoch im Hippocampus wieder hervorgeholt und überprüft, ob sie sich für eine langfristige Speicherung eignet. Das entscheidende Kriterium dafür ist die Neuartigkeit: Nur wenn uns etwas wirklich Neues widerfährt, das einen Nutzen verspricht und sich von den bisherigen Erfahrungen deutlich unterscheidet, wird es »gekauft«, pardon, gespeichert. Das kostet zwar auch, nämlich etwas Energie, die die Nervenzellen aufwenden müssen, um ihre Verbindungen untereinander für eine langfristige Erinnerung anzupassen. Und genau deswegen geht das Gehirn auch sparsam mit dem Erinnern um. Nur das Wichtigste wird behalten, das allermeiste vergessen – selbst wenn wir es ständig sehen.

Ein Biss in den Apfel – rechts oder links?

Welche Form hat das Apple-Logo? Sie wissen schon: der angebissene Apfel, schwarz auf weißem Grund. Doch ist der Biss rechts oder links? Hat der Apfel ein Blatt oder einen Stiel, und wenn ja, zeigen diese nach rechts oder links? Hat der Apfel sonst noch irgendwelche Wölbungen oder Ausbuchtungen?

Das Apple-Logo mutet vertraut an, doch in einer Untersuchung an der University of California in Los Angeles konnte nur einer der 85 Testteilnehmer das Logo auf Anhieb richtig zeichnen (dabei befanden sich die Probanden im Mutterland des Konzerns) – und weniger als die Hälfte konnten das Logo aus einer Auswahl an leicht verfremdeten Logos identifizieren.[1] Kein Wunder, dass Plagiatsfirmen leichtes Spiel haben. Dennoch ein Tipp an alle Mallorca-Urlauber, die ein vermeintliches Schnäppchen in einer Strandboutique machen: »Gucchi« schreibt man nicht mit »ch«.

Je öfter wir mit etwas konfrontiert werden, desto mehr schwächt sich unsere Erinnerung dafür ab. Nicht nur Apple-Logos filtern wir im Laufe der Zeit raus, in Studien können Testteilnehmer auch die wichtige Lage von Feuerlöschern[2], die Anordnung von Computertastaturen[3] oder die genauen Eigenheiten von Verkehrsschildern[4] kaum behalten. Oder wissen Sie, wie viele Menschen auf einem Spielstraßenschild abgebildet sind? Unser Gehirn ist nämlich keine Erinnerungsmaschine, die darauf ausgelegt ist, Details abzuspeichern, sondern eben jene Kleinigkeiten zu vergessen, besser gesagt: zu opfern für das Wohl, das große Ganze zu erkennen.

Aktives Vergessen

So weit, so gut. Unser geistiger Filter sortiert sich wiederholende Sinneseindrücke aus und schickt sie ins Unterbewusstsein. Kleinigkeiten spielen für das Gehirn keine Rolle, werden übersehen und der Erkenntnis des Gesamtzusammenhangs preisgegeben. Doch manchmal will man sich ja doch etwas merken und hat es sogleich wieder vergessen: was man zum Beispiel gerade in einem Zeitungsartikel gelesen hat. Man liest so vor sich hin, um am Ende festzustellen, dass man die vielen Informationen nicht ansatzweise behalten konnte. Oder am Ende einer Nachrichtensendung, wenn man versucht, alle Meldungen nochmal vor dem geistigen Auge ablaufen zu lassen (keine leichte Aufgabe übrigens). Offenbar wendet das Gehirn seinen Filter auch auf zweifelsfrei sinnvolle Informationen an.

Doch das ist kein Nachteil, sondern die eigentliche Stärke des Gehirns. Schließlich ist es für uns nicht relevant, dass wir uns an alle Details unseres Lebens erinnern können. Viel wichtiger ist es, die großen Muster, auch in der Nachrichten- und Informationsflut, zu erkennen. Um genau dieses Wesentliche unserer Vergangenheit zu betonen, müssen wir vergessen – und zwar ganz gezielt und kontrolliert.

Erinnern Sie sich beispielsweise an Ihre Einschulung? Sicher haben Sie ein, zwei markante Bilder im Kopf, zum Beispiel wie Sie Ihre Schultüte bekommen haben oder zum ersten Mal in der Schulklasse saßen. Das war's dann aber auch. Denn das scheinbar unwichtige Drumherum wird von Ihrem Gehirn aktiv gelöscht, je mehr Sie sich daran erinnern. Der Grund dafür ist, dass es für das Gehirn gar nicht wichtig ist, sich an alle Einzelheiten und Details zu erinnern, solange die wichtigste Botschaft stimmt (beispielsweise: Die Einschulung war ein klasse Tag). So zeigt sich im Labor, dass das Gehirn aktiv die Regionen unterdrückt, die für unwichtige oder nebensächliche Gedächtnisinhalte zuständig sind und die Haupterinnerung stören.[5] Im Laufe der Zeit verschwinden die Details immer mehr, die wichtige Botschaft der Vergangenheit wird dadurch aber geschärft.

Statt dass uns die Feinheiten unserer Erinnerung einfach so wegdämmern, löscht das Gehirn also aktiv diese Aktivitätsmuster aus, opfert sie gewissermaßen zum Wohl einer etwas knapperen, dafür umso schärferen Erinnerung an das Hauptereignis. Wenn Sie sich also den Detailreichtum Ihrer Vergangenheit bewahren wollen, dann versuchen Sie, sich so wenig wie möglich an diese zu erinnern. Dann haben Sie zwar auch nix davon, denn wenn Sie nicht daran denken, bringt Ihnen auch die tollste Erinnerung nichts. Aber immerhin können Sie sich damit trösten, dass Sie die Erinnerungsdetails noch nicht aktiv vergessen haben und sie immer noch in Ihrem Kopf sind.

Ein geistiges Lesezeichen

So wichtig das aktive Vergessen ist, um das Wesentliche zu betonen, so wichtig ist es auch, dieses Wesentliche für später zu markieren. Denn auch wenn man nicht mehr so genau weiß, was gestern Abend in den Nachrichten lief, ist deren

Informationsgehalt nicht vergessen. Man kann sich nur nicht daran erinnern, das ist ein Unterschied.

Was heißt das nun? Wir wissen nicht immer sofort, wenn wir etwas Neues sehen oder hören, ob es später mal wichtig wird. Deswegen muss das Gehirn solche neuen Informationen für den späteren Gebrauch kennzeichnen, damit es diese anschließend leichter hervorholen kann – mit einem geistigen Lesezeichen, wenn man so will. So ähnlich, wie man es von seiner Wohnung kennt. Auch dort fliegen Dinge herum, die auf den ersten Blick nicht so wichtig sind, die man nicht mehr braucht. Die könnte man gleich wegschmeißen, aber vielleicht benötigt man sie in Zukunft ja doch nochmal... Also besser aufheben. Deswegen sammeln wir Dinge in Kisten und Kartons und stapeln sie im Keller. Wir wissen dann nicht mehr so genau, wo sich was befindet (haben es scheinbar vergessen). Aber wenn sich in Zukunft eine günstige Gelegenheit ergibt, kramen wir die alten Sachen wieder hervor.

Das gilt so ähnlich für Erinnerungen. Zwar speichert unser Gehirn nicht alles in geistigen Kartons, es wendet aber eine ähnliche Technik an, um potenziell wichtige Informationen für die Zukunft zu kennzeichnen. Daraufhin kann die Information erstmal aus dem Bewusstsein entfernt werden. Um das zu überprüfen, wurde in einer Studie das Merkverhalten von Testpersonen untersucht.[6] Zunächst mussten sich die Probanden Bilder von Werkzeugen und Tieren anschauen. Wenige Minuten später bekamen sie wieder Bilder von Werkzeugen oder Tieren zu sehen, diesmal jedoch erhielten sie einen kleinen Stromstoß, wenn sie nur die Tiere betrachteten. Kein Wunder, dass sie sich später besser an die Tierbilder mit Elektroschock erinnerten. Doch auch noch am nächsten Tag konnten sie viele Tierbilder aufzählen, die sie schon *vor* dem

Stromstoß gesehen hatten. Als hätte der nachträgliche Elektroschock dafür gesorgt, dass die Probanden zuvor gemachte Erinnerungen besser hervorkramen konnten. Wie praktisch, endlich eine wissenschaftlich belegte Methode, mit der man seinem Gedächtnis auf die Sprünge helfen kann: Elektroschocks zur rechten Zeit wirken wahre Wunder.

Bevor Sie nun den nächsten Selbstverteidigungsladen stürmen, um vermeintliche Gedächtnisstützen zu erwerben, halten Sie inne! Denn eine solch radikale Methode ist sicher nur die zweitbeste Lösung. Viel wichtiger: Auch wenn wir Dinge aus der Vergangenheit scheinbar nicht mehr wissen, kann unser Gehirn sie noch hervorholen – dann, wenn sie wichtig werden. Nur die wenigsten Informationen sind dauerhaft gelöscht, sondern befinden sich vielmehr in einem Wartezustand. Die vermeintliche Schwäche des Gehirns (dass es nämlich so viele Dinge sofort ausblendet und scheinbar vergisst) entpuppt sich als seine Stärke, denn so schlägt es zwei Fliegen mit einer Klappe: Zum einen wird es nicht sofort von zu vielen Informationen erschlagen. Und zum Zweiten kann es später flexibel auswählen, welche der Informationen wirklich erinnert wird. Würde das Gehirn sofort die Entscheidung treffen, ob und in welchem Zusammenhang es etwas Neues dauerhaft speichern soll, wäre es viel zu träge. Denn neues Wissen können wir nur aufbauen, wenn Erinnerungen instabil sind.

Die geistige Steuererklärung

Es klingt paradox, doch gerade weil ein Gehirn so schlecht darin ist, Dinge akkurat zu speichern, kann es überhaupt neues Wissen erzeugen. Damit widerspricht die Organisation unseres Gedächtnisses fundamental unserer alltäglichen Erfahrung. Wenn wir im wirklichen Leben etwas organisieren wollen, dann ordnen wir es an einem bestimmten Ort. Unsere Steuerunterlagen heften wir in einem Ordner ab, den stellen wir in ein Regal, dann finden wir ihn später leichter wieder. Die Rechnung eines Geschäftsessens kommt ins Fach »Überflüssige Ausgaben« (je nachdem, wie erfolgreich der Deal war), so schaffen wir Ordnung, umgehen das Chaos auf unserem Schreibtisch und arbeiten produktiv.

So könnte es auch das Gehirn machen, sauber, ordentlich, effizient. Macht es aber nicht. Denn dadurch würde es vielleicht seine Vergesslichkeit bekämpfen, aber seine große Stärke verlieren: Informationen dynamisch zu kombinieren. Wer zu früh sortiert, hat es später schwerer, die Dinge in einen anderen Zusammenhang zu stellen. Dabei ist es genau das, was ein Gehirn von einem Computer unterscheidet: Es speichert nicht nur stumpfsinnig Daten ab, sondern macht aus ihnen auf kreative Weise Neues.

Wenn man also dem Gehirn auftragen würde, eine geistige Steuererklärung anzufertigen, würde es niemals die Rechnungsbelege fein sortieren, sondern erstmal alle auf einen Haufen werfen und dort auf unterschiedlichste Weise markieren. Mit der Rechnung für ein Geschäftsessen könnte man später ja unterschiedliche Dinge anfangen: Man könnte überprüfen, ob ein Restaurant vielleicht zu teuer war, wann man genau gegessen oder was dem Kollegen besonders gut geschmeckt hat. Eine solche flexible Einordnung gelingt jedoch nur, wenn man sich nicht zu frühzeitig auf die spätere Verwendung einer Information festlegt. In der Rückschau entscheidet sich dann, was man mit einer Information machen will.

dynamische Kombination von Informationen

Der Nutzen wackliger Erinnerungen

Das mutet komisch an, lässt sich aber sogar im Laborversuch bestätigen.[7] Dazu mussten sich Probanden zunächst eine Wörterliste mit Begriffen aus vier verschiedenen Kategorien (Möbel, Transportmittel, Gemüse und Tiere) einprägen. Kurz darauf lernten sie, eine Tastenkombination auswendig zu tippen. Was die Teilnehmer nicht wussten: Die Tastenreihenfolge entsprach dem Muster der Begriffsreihenfolge (ein Möbelstück korrespondierte dabei mit Taste 1, ein Transportmittel mit Taste 2, ein Gemüse mit Taste 3 und ein Tier mit Taste 4). Die Wörterliste und die Tastenkombination ähnelten sich also in der zugrunde liegenden Struktur. Kein Wunder, dass die Probanden eine Tastenkombination besonders schnell lernten, wenn das Tastenschema mit dem vorherigen Wörterschema übereinstimmte. Interessant war jedoch, dass man in einem Folgetest zwölf Stunden später die Tastenkombination umso besser beherrschte, je mehr man die Wörterliste vergessen hatte. Als wäre das Wörterschema »copy & paste« auf das Tastenschema übertragen worden.

Die aktuelle wissenschaftliche Hypothese dazu kennen Sie bereits: Je instabiler wir etwas gespeichert haben, desto leichter können wir es mit anderen Dingen kombinieren. Jede Information, die noch nicht in unserem Gedächtnis gefestigt ist, befindet sich in einem besonderen Zustand: Sie kann sich mit anderen Eindrücken und Informationen austauschen und den Lerneffekt beeinflussen. Wohlgemerkt, instabil und wacklig muss die Erinnerung sein, man kann sie in diesem Zustand also auch leichter verlieren.

Um neues Wissen anzusammeln, müssen wir deswegen manchmal konkrete Details vergessen. Das ist auch gar nicht schlimm, denn erstens würde die schiere Menge an eintreffenden Detailinformationen auch das beste Gehirn irgendwann überfordern. Und zweitens sind Details gar nicht so wichtig. Wir merken uns Muster, die abstrakten Zusammenhänge, die Geschichten dahinter – nicht die Kleinigkeiten, die es für das Gehirn häufig nur unübersichtlich machen. Vergessen ist also ein Mittel zum Zweck.

Geistig verdauen

Allerdings auch das wird aus aktuellen Untersuchungen klar: Damit das Gehirn diese Funktion erfüllen kann, braucht es vor allem eines: Pausen. Und gerade das ist ein Problem in der heutigen Zeit, in der wir nur allzu leicht von Nachrichten, News, Telefonaten und E-Mails zugeschüttet werden. Sobald unser Gehirn eine neue Information erhalten hat, konkurriert sie schon mit einer neueren. So wird es für uns schwierig, die einzelnen Erinnerungen so zu gewichten (und zu vergessen), dass wir damit neues Wissen aufbauen können.

Deswegen, ganz wichtig an dieser Stelle: Überfordern Sie nicht Ihr Filter- und Vergessenssystem im Gehirn, sondern gönnen Sie ihm in regelmäßigen Abständen Pausen und Erholung. Wir lernen nämlich nicht, wenn wir denken, dass wir lernen, sondern in den Pausen dazwischen. Sportler werden ja auch nicht besser, wenn sie trainieren, sondern wenn sie sich vom Training erholen und sich ihr Körper daraufhin anpasst.

Wenn ich morgens beim Frühstück eine Zeitung gelesen habe, lese ich anschließend im Zug nicht gleich die aktuellsten News auf meinem Smartphone. Sondern ich warte. Und langweile mich ein bisschen. Das erfordert Mut, denn wer heutzutage beim Pendeln in der S-Bahn nicht auf sein Smartphone schaut, fühlt sich wie ein Kommunikationsfossil aus den 1990er Jahren, ausgegrenzt von der modernen Apple- und Android-Welt. Doch ich weiß, es lohnt sich, in diesem Moment mitleidige Blicke von Fünfzehnjährigen zu ernten, die gerade einen neuen Candy-Crush-Rekord auf ihrem Handy erspielt haben.

Ich weiß, dass ich mich nicht mehr an alle Details aus den morgendlichen Zeitungsartikeln erinnere. Doch so ähnlich wie mein Magen-Darm-Trakt gerade das Frühstücksmüsli verdaut und in seine Einzelteile zerlegt, damit mein Körper daraus später neue Zellen, möglichst viele Muskeln und am besten wenig Fettgewebe bilden kann, so zerlegt auch mein Gehirn in diesem Moment die Informationen des Morgens. Mein Müsli kann ich im Bauch nicht mehr schmecken, ebenso sind nicht alle Zeitungsmeldungen geistig präsent. Aber sie wirken auf mein Gehirn ein. Und je nachdem, wie mein Tag verläuft, kramt es später die eine oder andere Nachricht wieder hervor, kombiniert sie mit dem Moment, und ich kann mit meinem Wissen prahlen (was ich sehr gerne tue). Doch das gelingt nur dann, wenn ich ausreichend Informationspausen lasse und geistig verdaue.

Vergessen, um zu behalten

Sie sehen nun, warum wir so viele Dinge in unserem Leben (scheinbar) vergessen: Entweder, sie sind so gleichförmig, dass sie vom gehirneigenen Informationsfilter aussortiert werden. Oder sie sind so wichtig, dass sie erstmal ungeordnet im Unterbewusstsein schlummern, damit sie später flexibel mit anderen Informationen kombiniert werden können. Strenggenommen haben Sie diese Dinge dann nicht vergessen, Sie können sich im Moment nur nicht daran erinnern. Doch unterschätzen Sie nicht, wie sehr Ihr Gehirn auch ohne Ihr bewusstes Zutun weiterarbeitet, um Zusammenhänge und Muster in Ihrem Leben zu erkennen. Vielleicht erinnern Sie sich nicht mehr an jedes Detail des Gesprächs mit Ihrem Chef, doch die wirklich wichtigen holt das Gehirn später hervor, wenn Sie sie brauchen.

Das funktioniert jedoch nur, wenn Sie Ihr Gehirn nicht einem Informations-Overkill aussetzen und permanent mit neuen Nachrichten bombardieren. Dann wird es in der Tat nicht mehr auf den Inhalt der Nachricht achten können, sondern nur noch darauf, wie sehr sich diese ändert (klingelt, vibriert, summt oder sonst irgendwie auf Ihrem Bildschirm aufpoppt). Dann wird auch Ihr Gehirn irgendwann die Schwellenwerte der Filtermechanismen so hoch setzen, dass vieles gar nicht erst bewusst erlebt wird. Das können Sie leicht umgehen, indem Sie bewusst Pausen einsetzen, um Ihrem Gehirn Zeit zum Nachdenken zu geben.

Pausen, sonst Info-Overkill
Gib deinem Gehirn Zeit zum arbeiten

Und jetzt: Pause!

Wissen Sie noch, mit welchen drei Wörtern die vorletzte Seite begann? Müssen Sie nicht, ist nicht so wichtig, denn die Details zu vergessen hat im Gehirn Methode. Nur so schafft es das Kunststück, Zusammenhänge zu erkennen. So wie in diesem Kapitel: Solange Sie behalten, dass es keine Schwäche des Gehirns ist, wenn es sich manchmal nicht mehr erinnert, sondern ein cleverer Trick, um im Dickicht der Informationen die wichtigsten später auszuwählen und neu zu kombinieren, haben Sie das Wichtigste verstanden. Das Gehirn ist keine Erinnerungsmaschine, kein Ordnungsfanatiker, der pedantisch darauf achtet, ja nichts zu vergessen und alles fein säuberlich zu sortieren. Das Gehirn ist vielmehr ein Schussel, der ständig mit den Gedanken hin und her springt. Aber genau diese Gedankensprünge machen uns kreativ und unabhängig.

Auch wenn Sie in wenigen Minuten viele Details der letzten Seiten vergessen haben werden, merken Sie sich bitte den großen Zusammenhang: dass es die Pausen sind, die es Ihrem Gehirn ermöglichen, Informationen zu ordnen und für den späteren Gebrauch zu markieren. Legen Sie dieses Buch jetzt also getrost für ein paar Minuten beiseite, entspannen Sie sich ein bisschen, lassen Sie die Information sich setzen, bevor Sie weiterlesen. Denn Sie wissen ja jetzt: Auch wenn Sie sich die Kapitel nicht genau merken können, Ihr Gehirn markiert das Wichtigste für später.

Kapitel 2

LERNEN

Warum wir schlecht auswendig lernen,
dafür aber die Welt verstehen

Wissen ist Macht, heißt es allenthalben <– und die Mächtigs-
ten haben folglich auch am meisten Wissen. Meistens zumindest. Wissen fällt leider nicht vom Himmel, sondern muss
sich unser Gehirn erarbeiten, es muss lernen. Auch das ist gar
nicht so einfach. Überprüfen Sie deswegen doch gleich an Ort
und Stelle, wie gut Ihnen das gelingt, und lernen Sie folgende
Liste auswendig:

Ingwer

Rosine

Rad

Erdbeere

Nacht

Igel

Salat

Trauben

Nudeln

Uhr

Erholung

Traum

Zebra
Lutscher
Irrgarten
Chamäleon
Himbeere

Lesen Sie die Wörterliste ruhig öfters durch, damit Sie sie auch wirklich draufhaben. Wenn Sie möchten, wenden Sie Tricks an, arbeiten Sie mit Bildern, Eselsbrücken, Geschichten. Lesen Sie dann weiter. Und nicht vergessen: nicht vergessen! Auch wenn das vorige Kapitel schon gezeigt hat, wie schwierig das ist und dass das Gehirn sehr gerne was aus der Erinnerung streicht.

Lernen ist nicht alles

Lernen hat ein ziemlich schlechtes Image. Das zeigt schon die deutsche Sprache, in der man nicht nur lernt, sondern den Lernstoff gleich einpaukt, büffelt, ochst, sich einbimst, durchkaut oder sich dafür »auf den Hosenboden setzt«. Viele verbinden Lernen mit einer unangenehmen Zeit auf der Schulbank oder in einem Fortbildungskurs, mit Anstrengung, Frust, Notenkampf und nervigen Prüfungen. Da wird das Leben eingeteilt in eine Zeit, in der man lernt, und in Freizeit, in der man die Schulaufgaben oder Seminararbeiten erledigt hat und endlich machen kann, was einem Spaß macht. Lernen ist hart, ermüdend und unlustig, die lernfreie Zeit spaßig, erholsam und vergnüglich. Fast scheint es, als müsse man fürs Lernen eine geschützte Umgebung schaffen, damit man es überhaupt noch tut: Wer sich weiterbildet, geht in einen Kurs oder einen

Workshop, und wenn der vorbei ist, hat man »genug gelernt«. Prüfung am Ende, Zeugnis kassieren – Punkt.

Leider lässt das Lernen einen nicht los. Ständig müssen wir uns irgendwie weiterbilden, es nimmt einfach kein Ende. »Lernen ist wie Rudern gegen den Strom. Sobald man aufhört, treibt man zurück«, las ich kürzlich in meinem Poesiealbum. Geschrieben von meinem damals siebenjährigen Kumpel, der schon vor über zwanzig Jahren wusste, dass seine Schul- und Lernzeit niemals enden würde. Denn heute ist »lebenslanges Lernen« angesagt. Gelernt werden muss offenbar überall und ständig, in der Schule, der Uni, im Beruf – zum Glück haben wir ein Gehirn, das das alles mitmacht.

Oder doch nicht? Schließlich ist es oft gar nicht so einfach, sich Informationen anzueignen und abzuspeichern. Beim Lernen hat das Gehirn nämlich drei Schwächen: Zum einen lernt es unter Druck nicht besonders gut. Wer sich schon mal auf eine wichtige Prüfung vorbereitet hat, weiß, wie kompliziert das werden kann. Zum Zweiten lernen wir Daten, Fakten und Informationen äußerst schlecht – sie werden schnell uninteressant für das Gehirn. Oder erinnern Sie sich noch an die ersten drei Reichskanzler der Weimarer Republik, die zweite binomische Formel oder den Unterschied zwischen prädikativ und adverbial? Gelernt haben Sie das sehr wahrscheinlich irgendwann einmal – aber dann wieder vergessen. Womit wir bei der dritten Lernschwäche des Gehirns wären: Wer etwas lernt, kann es wieder ver-lernen. Lernen ist schließlich keine Einbahnstraße des Wissens in unser Gehirn.

Auch wenn es auf den ersten Blick so scheint, als wäre der Lernvorgang ein mühsames Geschäft, sprachlich despektiert und eine zähe Angelegenheit, ist das Gehirn doch ein Großmeister in dieser Disziplin. Lernen ist unsere evolutionäre

Nische – das, was wir außergewöhnlich gut können und uns überlegen macht. Vögel fliegen. Fische schwimmen. Menschen lernen. Aber anders, als wir meistens denken. Denn keine Frage: Wir haben vermeintliche Schwächen im Lernen (Lernstress lässt uns leicht verkrampfen, wir speichern Fakten schlecht ab …) – doch wenn man genauer hinschaut, erkennt man, dass das nur der Preis dafür ist, dass wir die besten Lerner der ganzen Welt sind. Sogar mehr als das: Schließlich lernen wir nicht nur, sondern wir verstehen die Welt. Das ist die große Stärke menschlichen Denkens, und dafür lohnt es sich, ein paar Schwächen in Kauf zu nehmen. Wer diese erkennt, weiß auch, wie wir neues Wissen am besten aufnehmen (wie wir am besten »lernen«) – und Computern dauerhaft überlegen bleiben.

Das Nervenzellen-Orchester

Bevor wir auf die Schwächen (und Stärken) unseres Lernens zu sprechen kommen, werfen wir am besten einen kurzen Blick hinter die Kulissen eines lernenden Gehirns: Was passiert da, wenn wir Neues lernen? Oder noch grundlegender gefragt: Was ist eine Information, ein Gedanke im Kopf, der gelernt werden muss?

In einem Computer ist die Sache relativ klar: Wenn ich dort etwas abspeichern will, brauche ich zum einen etwas, das ich auch abspeichern kann. Das nennt man Daten, also elektronisch zu verarbeitende Zeichen. Diese muss der Computer irgendwo hintun, damit er sie auch wiederfindet. Er ordnet einem Datenpaket also einen Ort zu und kann dann gezielt darauf zugreifen. Wenn er beides hat (Daten und Ort), kann er diese Kombination als Information verarbeiten. So ähnlich wie in einer Bibliothek. Dort haben Sie auch Bücher mit (Schrift-)Zeichen, die stellen Sie in ein Regal, damit Sie sie wiederfinden. Wenn Sie auf eine Information zugreifen wollen, brauchen Sie auch hier beides: Sie müssen wissen, wo das Buch steht, und die Zeichen im Buch verarbeiten.

Im Gehirn ist das anders, denn dort gibt es weder Zeichen (also Daten) noch einen festen Ort, an dem diese Daten abgelegt werden. Wenn ich sage: »Denken Sie an Ihre Großmutter!«, dann ist jetzt in diesem Moment nicht irgendeine »Großmutter-Nervenzelle« in Ihrem Gehirn angesprungen (wie man einige Zeit lang in der Hirnforschung vermutete), sondern Ihr Nervennetzwerk hat einen ganz charakteristischen Zustand angenommen. Und genau in diesem Zustand, der Art und Weise, wie sich die Nervenzellen gegenseitig aktivieren, ist die Information versteckt. Das ist ein bisschen abstrakt, doch vereinfachend können Sie das mit einem sehr, sehr großen Orchester vergleichen: Auch dort gibt es einzelne Musiker, die ihren Aktivitätszustand individuell ändern können (lauter oder leiser, höher oder tiefer spielen). Wenn Sie von außen auf ein stummes Orchester mit inaktiven Musikern schauen, haben Sie keine Ahnung, welche Lieder das Orchester spielen kann. Genauso haben Sie keine Ahnung, was ein Gehirn denken kann, wenn Sie von außen das Nervennetzwerk betrachten. Im Orchester entsteht die Musik, wenn die Musiker miteinander spielen und sich dafür synchronisieren. Die Musik ist nicht irgendwo im Orchester, sondern sie steckt in der Aktivität der einzelnen Musiker. Wenn Sie nur eine einzige Bratsche hören, wissen Sie zwar etwas vom Zustand eines einzelnen Musikers, haben aber keine Ahnung, wie das Gesamtstück klingt, denn dafür muss man wissen,

wie die anderen Musiker zur gleichen Zeit aktiv sind. Auch
das würde aber noch nicht reichen, denn dann wüsste man
nur von einem bestimmten Tongefüge zu einer konkreten
Zeit – die Musik kommt erst zustande, wenn man den zeitlichen Verlauf berücksichtigt. Die Information (also in diesem
Fall die Melodie des Musikstücks) ist also *zwischen* den Musikern versteckt.

So ähnlich, wie sich Musiker orchestrieren, stimmen sich
auch Nervenzellen untereinander ab. Ein Orchester erzeugt
durch dieses Zusammenspiel ein Musikstück, bei Nervenzellen entsteht durch deren Synchronisation der Informationsgehalt eines Gedankens. Doch auch im Gehirn ist ein Gedanke
nicht irgendwo im Netzwerk verborgen, sondern es ist die
Art und Weise, wie das Netzwerk zusammenspielt. Damit das
besonders gut klappt, sind Nervenzellen über gemeinsame
Kontaktstellen (die Synapsen) miteinander verbunden, denn
nur so bekommen die Neuronen mit, was die anderen so treiben. Im Orchester hört jeder Musiker auch, was die anderen
spielen, und nur so können sich die Musiker untereinander
abstimmen. Im Großhirn sind Nervenzellen mit vielen anderen Tausend Nervenzellen verbunden und dadurch natürlich
in der Lage, weitaus komplexere Aktivitätszustände zu erzeugen als ein Orchester. Und genau in diesen Aktivitätszustän-
den steckt der Informationsgehalt: Im Orchester ist es die
Musik, im Gehirn ein Gedanke.

Diese Art der Informationsverarbeitung bringt einige entscheidende Vorteile. Genauso wie ein und dasselbe Orchester komplett verschiedene Musikstücke spielen kann, indem
sich die Musiker auf eine neue Art synchronisieren, kann
auch das identische Nervennetzwerk völlig unterschiedliche
Gedanken hervorbringen, indem es einfach anders aktiviert

wird. Außerdem ist eine Information (sei es eine Melodie des Orchesters oder ein Bild im Kopf) nicht notwendigerweise in einem konkreten Aktivitätszustand codiert, sondern auch in der Änderung eines Zustandes. So kann die Stimmung eines Musikstückes davon beeinflusst werden, ob die Musiker immer leiser oder lauter werden – genauso kann die Information eines Gehirnzustandes darin versteckt sein, wie sich die Neuronen in ihrer Aktivität *ändern*, nicht nur, wie sie gerade *sind*.

Hier sieht man schon: Die Zahl möglicher Aktivitätsmuster wird unfassbar groß. Zu fragen, wie viele Gedanken wir denken können, ist daher etwa so sinnvoll wie die Frage, wie viele Lieder ein Orchester spielen kann.

Etwas anderes wird hier auch deutlich: In einem Computer wird die Information irgendwo abgelegt. Wenn der Rechner aus ist, ist die Information immer noch da (gespeichert in Form von elektrischen Ladungen), und ich kann sie wieder abrufen, wenn ich den Computer erneut einschalte. Wenn ich ein Gehirn ausknipse, dann ist Schluss mit lustig. Denn die Informationen des Gehirns sind nicht physisch irgendwo gespeichert, sondern immer nur ein flüchtiger Zustand des Netzwerks. Zu Lebzeiten ergibt sich deswegen ein Gedanke, ein Informationsinhalt, immer aus dem vorherigen – als wäre jeder Gedankenzustand schon das Startsignal für den nächsten Gedanken. Gedanken entstehen also niemals aus dem Nichts.

Das Lernen liegt dazwischen

So anschaulich die Orchester-Metapher ist, möchte ich nicht einen gewaltigen Unterschied zum Gehirn verschweigen: Dort gibt es keinen Dirigenten. Niemand steht vor den Nervenzellen und erklärt ihnen, wie sie ihre Nachbarn aktivieren sollen. Und dennoch schaffen sie es, sich äußerst präzise in ihren Aktivitäten abzustimmen und neue Muster zu erzeugen.

Das hat auch Konsequenzen dafür, wie ein solches Nervennetzwerk lernt. Während vor einem Orchester der Dirigent den Takt vorgibt und die Musiker synchronisiert, müssen Nervenzellen einen anderen Weg finden. Schließlich ist die Information ähnlich wie die Melodie eines Orchesters angelegt: in der Fähigkeit der Nervenzellen zusammenzuspielen.

Wenn ein Orchester eine neue Melodie lernt, müssen die Musiker zwei Dinge bewerkstelligen: Zum einen müssen sie ihre eigene Spielfertigkeit verbessern (also beispielsweise eine neue Kombination von Fingergriffen anwenden). Zum anderen, und das ist noch wichtiger, müssen sie genau wissen, wann, was und wie sie spielen sollen. Das wissen sie aber nur, wenn sie auf den Einsatz des Dirigenten warten und darauf achten, wie die anderen spielen. Wenn ein Orchester also ein neues Stück übt, dann verbessern die Musiker ihr Zusammenspiel – und am Ende ist das Musikstück auch genau in dieser neuen Fähigkeit des Zusammenspiels »gespeichert«. Um sie abzurufen, muss dann die konkrete Dynamik der Musiker erzeugt werden, die zum Musikstück führt. Im Gehirn ist eine Information ebenfalls im Zusammenspiel der Nervenzellen codiert, und wenn Nervenzellen »üben«, dann verändern auch sie die Abstimmung untereinander, damit das Zusammenspiel das nächste Mal leichter ausgelöst werden kann. Damit ein Nervennetzwerk lernt, muss es also seine Kontaktstellen und damit seine Architektur verändern. *Blockchain*

Weil es im Gehirn keinen Dirigenten gibt, müssen sich die Nervenzellen ausschließlich auf die Abstimmung mit ihren Nachbarzellen verlassen. Die dabei ablaufenden zellbiologischen Vorgänge sind sehr gut bekannt. Vereinfacht gesagt folgen die Veränderungen der Nervenzellenkontaktstellen beim Lernen einem grundlegenden Prinzip: Oft benutzte Kontakte werden verstärkt, selten verwendete abgebaut. Wenn also eine wichtige Information im Gehirn auftaucht (also das Zusammenspiel der Nervenzellen auf eine ganz charakteristische Weise stattfindet), müssen sich die Nervenzellen dieses Zusammenspiel irgendwie »merken«. Sie tun das, indem sie ihre Kontakte untereinander so anpassen, dass die Information (der Aktivitätszustand) das nächste Mal leichter abgerufen werden kann. Wenn im konkreten Fall einige Synapsen besonders stark aktiviert wurden, werden dort Umbaumaßnahmen an der Zelle ergriffen, damit die Synapse das nächste Mal noch besser aktiviert werden kann. Umgekehrt können nicht benötigte Synapsen im Laufe der Zeit aufgrund von mangelnder struktureller Unterstützung abgebaut werden. Das spart Energie, sodass ein denkendes Gehirn mit 20 Watt Leistung auskommt (zum Vergleich: Ein Backofen braucht hundertmal so viel Energie, um am Ende bloß ein paar Brötchen aufzubacken, Öfen sind offensichtlich nicht sehr clever).

Auf diese Weise lernt das System: Es verändert seine Struktur so, dass ein Aktivitätszustand leichter erzeugt werden kann. Insofern werden Informationen doch im Nervennetzwerk gespeichert, nämlich »zwischen« den Nervenzellen, in ihrer Architektur und Verbindung. Das ist aber nur die halbe

Miete, denn um die Information auch abzurufen, müssen die Nervenzellen wieder aktiviert werden. Das gelingt zwar umso leichter, je besser die Kontakte untereinander sind, aber aus den Kontakten alleine kann man die Information nicht ableiten. Wenn Sie ein Gehirn aufschneiden, sehen Sie nur die Verbindung der Zellen untereinander, aber wie diese funktionieren, sehen Sie nicht. Sie haben keine Ahnung davon, was im Gehirn »gespeichert« ist und welche dynamischen Aktivierungen es auslösen kann.

[handschriftliche Notizen: Architektur des Gehirns — Myelinscheider — verwoben's — Neuroplastizität — Synapsen — inaktiv — wieder angelernt]

Unter Stress lernen wir am besten – und am schlechtesten

Dieses neuronale System der Informationsverarbeitung ist extrem leistungsfähig, denn es ist sehr viel anpassungsfähiger als statische Computersysteme, benötigt keine Überwachung (wie einen Dirigenten) und kann sich auf die unterschiedlichsten Umweltbedingungen einstellen. Doch diese Lernform hat auch Schwächen: Weil die Umbauprozesse der Nervenzellen den üblichen biologischen Schwankungen unterliegen, lernen wir nicht immer gleich gut – unter Stress verkrampfen wir zum Beispiel besonders leicht. Jeder, der sich schon mal unter Druck auf eine Prüfung vorbereiten musste, weiß, wie schwierig es ist, mit solchem Lernstress fertigzuwerden. Man kriegt die wichtigen Infos einfach nicht in seinen Kopf rein. Oder wenn sie einmal drin sind, kommen sie im wichtigen Moment (der Prüfung) nicht wieder raus. Doch warum wirkt sich Stress so negativ auf unser Lernen aus?

Zunächst einmal ist Stress nichts, was unser Lernen prinzipiell blockieren würde. Im Gegenteil, eigentlich ist Stress sogar ein Lernbeschleuniger. Unter akuten Stressbedingungen (zum Beispiel, wenn uns etwas erschreckt oder auch positiv überrascht) sorgt zunächst der Botenstoff Noradrenalin im Gehirn dafür, dass genau die Gehirnregionen aktiviert werden, die unsere Aufmerksamkeit verstärken.[8] Etwa zwanzig Minuten später wird dieser Vorgang durch das Hormon Cortisol noch unterstützt, das die störende Hintergrundaktivität von Nervenzellen runterfährt.[9] So werden wir noch fokussierter und konzentrierter. Ergebnis: Unter akutem Stress sind wir sehr lernfähig. Wenn wir beispielsweise unachtsam über die Straße laufen und fast überfahren werden, dann merken wir uns das für zukünftige Straßenquerungen. Auch wenn wir positiv gestresst sind: Unseren ersten Kuss vergessen wir nicht, obwohl wir ihn nur einmal erlebt haben.

Dadurch wird unser Nervennetzwerk noch lebendiger und kann unter Stress schnell Neues lernen. Doch wenn der Lerninhalt nichts mit dem Stress zu tun hat, dann gelingt genau das nicht. Schließlich ist es die Aufgabe eines gestressten Gehirns, sich nur auf die stressrelevanten Informationen zu konzentrieren, der Rest ist erst einmal unwichtig. Genau deswegen ist Stress beim Lernen eine zweischneidige Sache. Wenn Probanden beispielsweise gestresst werden, indem sie ihre Hand für drei Minuten in Eiswasser legen und gleichzeitig eine Wörterliste lernen sollen, dann erinnern sie sich einen Tag später vor allem an die Wörter, die mit Eiswasser in Verbindung stehen (»Wasser«, »kalt«), und nicht an beliebige andere Wörter (»Quadrat«, »Party«).[10]

Wenn ich fast von einem Auto totgefahren wurde, dann sehe ich sofort den Zusammenhang zwischen dem Blick nach links und rechts, bevor man über die Straße läuft, und dem möglichen Tod. Das vergesse ich anschließend nie wieder.

Wenn ich Lateinvokabeln lerne, dann muss ich dreimal um die Ecke denken, bis ich die Verbindung zwischen »*alea iacta est*« und den Folgen einer schlechten Prüfungsnote hergestellt habe.

Kurzes Zwischenfazit an dieser Stelle: Das Gehirn lernt gestresst ziemlich gut, wenn es sich um das Aufwühlende des Stresses selbst handelt. So lernen wir nach einmaligem Fassen auf eine heiße Herdplatte, dass das keine so gute Idee war. Die Dynamik der Nervenzellen wird dabei durch Stresshormone aktiv reguliert, damit Emotionales besser behalten wird (der Schmerz einer heißen Herdplatte ist schließlich wichtiger als der Hersteller des Küchenherds). Und zwar nur Emotionales, keine Fakten.[11] Denn Fakten, Fakten, Fakten – sind langweilig. Was uns zur nächsten Lernschwäche des Gehirns führt.

Die Auswendiglernschwäche

Erinnern Sie sich an die Liste vom Anfang dieses Kapitels? Oder zumindest an die Hälfte? Falls ja: Alle Achtung und Glückwunsch an dieser Stelle. Und wie sind Sie vorgegangen, um diese Liste auswendig zu lernen? Wenn Sie sich Eselsbrücken gebaut, Geschichten oder Bilder erfunden haben, um die Begriffe miteinander zu verknüpfen, dann haben Sie im Grunde die Menge an zu lernender Information erhöht – Sie mussten mehr »lernen« als notwendig, damit Sie es besser behalten. Paradox. Außerdem kann man die berechtigte Frage stellen: Wozu das Ganze? Die Begriffe in der Liste sind schließlich ziemlich bedeutungslos – irgendwelche seltsamen Begriffe ohne Sinn und Zusammenhang. Wofür sollte man die sich merken? Nur weil es der Autor von einem will?

Genau das ist der Punkt: Unser Gehirn kann sich wirklich auf viele Situationen einstellen, sich dynamisch anpassen und neue Sachen lernen, doch rohes Informationsmaterial wie ein paar Begriffe, Daten oder Fakten zählt nicht dazu. Wenn man untersucht, wo die Obergrenze an zu merkenden Objekten liegt (ohne dass man Gedächtnistricks wie Eselsbrücken oder Geschichtenerfinden anwendet), dann kommt man auf etwa zwanzig. Das ist wirklich wenig. Die Liste am Anfang dieses Kapitels besetzt gerade einmal 116 Bytes auf einer Computerfestplatte, das Bild eines Zebras kann schnell das Millionenfache in Anspruch nehmen. Und dennoch merken wir uns lieber, wie im *Traum* ein *Zebra* mit einem *Lutscher* durch einen *Irrgarten* läuft, anstatt diese vier Begriffe separat. Warum nur ist das Gehirn so schlecht darin, so einfache Dinge wie ein paar Wörter abzuspeichern?

Der Grund liegt wieder in seiner Funktionsweise. Es lernt keine Informationen auswendig und speichert sie dann ab, sondern es organisiert Wissen. Das ist ein Unterschied. Einfaches Beispiel: Ich könnte Ihnen die genaue Torreihenfolge der Deutschen 7:1 gegen Brasilien nennen: 11. Minute: 1:0, Müller, 23. Minute: 2:0, Kroos, 24. Minute: 3:0, Kroos ... Ich erspare den Brasilien-Fans die weitere Auflistung und komme auf den Punkt: Wenn Sie alle Daten zu diesem Spiel gesammelt haben, was wissen Sie dann von dem Spiel? Nicht viel, denn Sie sehen nicht die Schockstarre der Brasilianer oder die Freude von Philipp Lahm. Die Bedeutung des Spiels ergibt sich eben nicht aus der Kombination von Daten. Doch wenn Sie dieses Spiel gesehen haben, dann verstehen Sie, warum die Brasilianer immer noch daran zu knabbern haben. Trotz Olympia-Revanche.

Massives Lernen

Leider liegt vielen Lernvorgängen (ob in der Schule, der Uni, in Aus- oder Fortbildungen am Arbeitsplatz) immer noch die Vorstellung zugrunde, dass Daten- und Faktenlernen eine gute Sache wäre. Das führt im Umkehrschluss zu einer völlig falschen Lernstrategie, die man in der Wissenschaft als »massive learning« (also »kräftiges Lernen«) bezeichnet: Man schüttet sich in kurzer Zeit mit Informationen voll, in der Hoffnung, dass wir möglichst viel davon behalten. Doch das passiert nicht, denn separate Datenpakete sind für das Gehirn völlig uninteressant.

Ein Orchester lernt ein neues Stück ja auch nicht, indem es einfach für eine Sekunde einen bestimmten Ton anstimmt, dann wartet und das nächste Informationspaket verarbeitet (den nächsten Ton anstimmt), und das schrittweise für Tausende Töne wiederholt (das wäre »massive learning«). Nein, am besten lernt es, wenn es den Zusammenhang der Töne sofort erkennt und an Ort und Stelle zu einer einheitlichen Melodie zusammenfügt.

Erst der Kontext ermöglicht uns effektives Lernen – und zwar ohne dass wir uns bewusst auf dieses Lernen konzentrieren müssen. Das zeigte sich auch, als die Arbeitsgruppe meiner Kollegin Melissa Vo das Erinnerungsvermögen von Erwachsenen untersuchte. Konkret bat man die Testteilnehmer, auf Bildern einer Wohnung Objekte zu finden (also zum Beispiel die Seife im Badezimmer). Obwohl man sie gar nicht gebeten hatte, sich diese Objekte für später zu merken, konnten sie sich dennoch besser an diese erinnern, als wenn sie explizit die Objekte auswendig lernen sollten.[12] Präsentierte man die Objekte vor einem neutralen Hintergrund, dann waren sie offensichtlich weit weniger interessant und wurden nicht gespeichert. Ein Stück Seife ergibt im Badezimmer eben mehr Sinn als vor einer grünen Fläche. Denn das Objekt an sich ist nicht interessant. Erst durch seine Einbettung in einen Kontext ergibt sich ein Verständniszusammenhang, den wir nicht vergessen. Eigentlich unlogisch, denn dann müssen wir uns mehr merken (nämlich auch noch das Drumherum), aber gerade das fällt uns besonders leicht.

Das Lasagne-Lernprinzip

Um genau diesen Sinnzusammenhang, den Kontext, die Bedeutung eines Begriffes zu erfassen, muss das Gehirn anders lernen, als es das häufig tut: mit Unterbrechungen. Schon im vorigen Kapitel haben Sie erfahren, dass das Gehirn manchen Gedächtnisinhalt absichtlich dem Nicht-Erinnern opfert (oder sogar aktiv vergisst), um ihn dynamisch kombinieren zu können. Etwas Ähnliches gilt auch für das Lernen: Erfolgreich wird es dann, wenn man Abstände und Pausen einbaut, was man »spaced learning« (gewissermaßen »getrenntes Lernen«) nennt. Das läuft eigentlich unserer Intuition zuwider, denn wir denken, dass wir erst dann Zusammenhänge und Konzepte erkennen, wenn wir so viele Informationen wie möglich auf einmal verarbeiten. Wer schließlich Unterbrechungen in seinen Lernvorgang einfügt, kann auch Dinge wieder vergessen, die wichtig sein könnten. Doch für unser Gehirn ist nicht die schiere Menge an Informationen interessant, sondern dass wir diese verknüpfen.

Konkret untersuchte man das an Probanden, die den Malstil verschiedener Künstler erkennen sollten. Entweder wurde den Testpersonen eine Abfolge von sechs Bildern vom ersten Künstler, dann eine weitere Bilderfolge des nächsten Künstlers und dann wieder Bilderfolgen von weiteren vier Künstlern gezeigt. Oder die Bilder wurden durchmischt, sodass sich die verschiedenen Malstile abwechselten. Das Ergebnis war eindeutig: Wenn die Malstile der unterschiedlichen Künstler einander ablösten, konnten die Teilnehmer anschließend ein neues Bild schon anhand des Stils einem bestimmten Künstler zuordnen. Diejenigen, die die Bilder jedoch blockweise gesehen hatten, erkannten das zugrunde liegende Malkonzept (den Malstil) weniger gut. Und das, obwohl die meisten Probanden angaben, das blockweise Lernen (das »massive learning«) zu bevorzugen, weil es angeblich erfolgreicher sei.[13]

Dabei zeigt sich in Studien immer wieder: Unterbrechungen machen das Lernen erst erfolgreich. Und zwar nicht nur das Lernen von Stilrichtungen, sondern auch von Vokabeln in der Schule, Bewegungsabläufen, naturwissenschaftlichen Zusammenhängen oder Wörterlisten. Der Grund dafür liegt in der Art und Weise, wie Nervenzellen zusammenarbeiten: Ein erster Informationsimpuls löst in den Zellen den Reiz zu einer Strukturveränderung aus. Diese Veränderung muss erstmal verarbeitet werden und bereitet die Zellen auf den nächsten Informationsschub vor. Erst nach einer kurzen Pause können sie daher optimal auf den wiederkehrenden Reiz reagieren. Kommt er zu früh, entfaltet er nicht seine Wirkung.[14] Nur der Wechsel von verschiedenen Informationen ermöglicht es dem Gehirn, diese in einen Wissenszusammenhang einzubetten. So ähnlich wie beim Lasagne-Kochen: Natürlich kann man auch dort erst die komplette Soße in die Form schütten, dann alle Nudelplatten übereinandertürmen und zum Schluss den Käse drüberstreuen. Das wäre gewissermaßen »massive cooking«, aber keine Lasagne. Denn erst durch den Wechsel entsteht das leckere Gericht – oder im Gehirn: ein sinnvolles Denkkonzept. Solches Konzeptedenken ist seine große Stärke, weil es uns ermöglicht, vom reinen Auswendiglernen wegzukommen. Nur so können wir die Welt in Kategorien und Sinnzusammenhänge ordnen und dadurch verstehen.

Lerne nicht in Blöcken, sondern bilde dir Zusammenhänge

Nicht lernen, sondern verstehen!

Wer etwas lernen kann, kann es anschließend auch wieder verlernen. Doch wenn Sie etwas verstanden haben, können Sie es nicht ent-verstehen. Lernen ist deswegen auch gar nichts Besonderes, das können viele Tiere und sogar Computer. Doch ein Verständnis für die Dinge der Welt zu entwickeln, das ist die große Kunst des Gehirns, die es nur beherrscht, weil es sich nicht roboterhaft auf Daten stürzt und versucht, darin Korrelationen zu finden. Nur so wird aus Daten Wissen. Das ist ein gewaltiger Unterschied. Oft wird in der heutigen digitalisierten Welt beides gleichgesetzt. Doch die Datenmenge von :-) und R%@ ist gleich, die Information komplett verschieden. Und vom dahinterstehenden Konzept (ein lächelndes Gesicht ist freundlich) ganz zu schweigen. Für einen Computer sind :-) und :-(nur zu 33 Prozent verschieden – für uns hingegen zu 100 Prozent. *Computer verstehen keine Zusammenhänge*

Wie lernt man solches Wissen, solche Denkkonzepte, wie verstehen wir die Welt? Wie man es nicht macht, können Sie auch hier wieder an Computeralgorithmen bewundern; und zwar an den modernsten, die es derzeit gibt, den *Deep Neural Networks*. Das sind Computersysteme, die nicht mehr klas-

Deep neural networks

sisch auf eine Aus-A-folgt-B-Logik programmiert werden. Vielmehr nehmen sie sich (so heißt es vollmundig) Anleihen beim Gehirn und kopieren dessen Netzwerkstruktur. So simuliert die Software viele digitale Neuronen, die ihre Kontaktstellen untereinander anpassen können, je nachdem, welche Daten sie verarbeiten müssen. Da die Zellen ihre Kontakte untereinander eigenständig gewichten, kann das System mit der Zeit lernen. Wenn eine solche Software beispielsweise einen Pinguin erkennen soll, präsentiert man ihm Hunderttausende von irgendwelchen Bildern und einige Hundert Pinguin-Bilder. Das Programm pickt sich dann selbständig die Pinguin-Eigenschaften raus, bis es selbst erkennt, was ein Pinguin sein könnte.

Die Fortschritte dieser künstlichen neuronalen Netzwerke sind enorm. Allein durch häufiges Zeigen vieler Bilder erkennt ein solches System eigenständig Tiere, Gegenstände oder Menschen in beliebigen Bildern. Die Fähigkeit zur Gesichtserkennung übertrifft die menschliche Gesichtserkennung mittlerweile sogar (Google verpixelt in seiner Street-View-Anwendung mittlerweile nicht nur menschliche, sondern auch Kuh-Gesichter[15]). Doch um es klar zu sagen: Ein solches Computersystem verhält sich zum Gehirn wie ein Kreisklasse-Fußballamateur zu einem 10-Kampf-Olympiasieger. Noch nicht mal die Disziplin ist dieselbe, denn Computer machen etwas ganz anderes als Nervenzellen – so griffig die Versprechungen der IT-Konzerne lauten, die »künstliche neuronale Netze« bauen. Im Computer wird eben kein echtes neuronales Netz oder gar ein Gehirn nachgebildet. Das ist ein Marketing-Trick der Computerfirmen. Denn damit ein Deep-Learning-Netzwerk lernt, einen Pinguin zu erkennen, muss es Tausende Bilder gesehen haben. Nach dem Motto: Übung macht den

Meister. Eine Methode, die auf das Gehirn aber nicht notwendigerweise zutrifft.

Deep Understanding

Neulich stand mein zweieinhalbjähriger Nachbar in meinem Flur. Er zeigte auf die Decke und sagte sofort: »Rauchmelder.« Ich war verblüfft und fragte mich: Was hat der Bursche denn für Eltern? Entschuldigung, haben sie ihn wochenlang mit Tausenden von Rauchmelder-Bildern malträtiert, immer und immer wieder die gleichen Bilder gezeigt, bis er endlich Ähnlichkeiten und Besonderheiten erkannt hatte und korrelieren konnte? Ich gebe zu, sein Vater ist Feuerwehrmann, eine gewisse Disposition für präventives Inventar ist also durchaus gegeben. Aber wurde der Kleine wirklich wie ein »*Deep Neural Network*« eines Computers mit Tausenden Bildern von Rauchmeldern, Feuerlöschern und Brandäxten zugeschüttet, damit er diese bitteschön im nächsten Ernstfall schnell erkennt? Und erst nach erfolgreich bestandener Abschlussprüfung zu mir geschickt? Niemals! Doch wie konnte er nach vielleicht zwei-, dreimaligem Sehen einen neuen Rauchmelder in einer völlig anderen Umgebung erkennen?

Er hat den Rauchmelder nicht gelernt, wie es ein Computer tun würde, sondern er hat den Rauchmelder verstanden. Das ist etwas, das Menschen extrem gut können und das man in der Wissenschaft als »Fast Mapping«, als schnelle Abbildung, bezeichnet. Gibt man dreijährigen Kindern beispielsweise noch nie gesehene Kunstgegenstände und erklärt ihnen, dass ein ganz besonderer dieser Gegenstände den Namen »Koba« trägt oder aus dem Land »Koba« kommt, erinnern sie sich auch noch einen Monat später an den Koba-Gegenstand.[16] Wohlgemerkt: nach einmaligem Sehen! Fast noch besser geht das, wenn nicht nur neue Begriffe, sondern auch Aktionen verstanden werden sollen: Schon zweieinhalbjährige Kinder brauchen nur fünfzehn Minuten mit einem Gegenstand zu spielen, um anschließend seine Eigenschaften auf ähnliche Gegenstände zu übertragen. Sahen sie beispielsweise, dass man eine bunte Plastikklammer namens »Koba« auf dem Arm balancieren kann, erkannten sie später auch, dass ähnliche, aber leicht anders geformte Klammern »Koba« heißen sollten und auf dem Arm balanciert werden könnten.[17] Ruckzuck – nach wenigen Minuten ist die Sache klar. Wie sollten zweijährige Kinder im Schnitt auch zehn neue Wörter pro Tag beherrschen, wenn sie jedes Wort hundertfach üben müssten? So viel Zeit hat kein Gehirn.

Natürlich kann auch ein Gehirn nicht aus dem Nichts lernen. Gegenwärtig geht man davon aus, dass beim »Fast-Mapping«-Lernen neue Informationen besonders schnell in bestehende Kategorien eingebaut werden können (vermutlich sogar ohne den Hippocampus zu bemühen, den Gedächtnistrainer, den Sie im vorigen Kapitel kennengelernt haben).[18] Doch auch solche Kategorien bauen wir sehr schnell auf – und zwar immer dann, wenn wir eine kurze Zeit zum geistigen Verdauen haben. Zeigt man Dreijährigen beispielsweise drei Variationen eines neuartigen Spielzeugs (zum Beispiel eine Rassel mit unterschiedlichen Farben und Oberflächen) direkt hintereinander und benennt diese mit dem Kunstwort »Wug«, dann können die Kleinen eine neue vierte Rassel nicht so gut als ein Wug erkennen. Hatten sie aber jeweils eine halbe Minute zwischen den ersten drei Wug-Rasseln Zeit, um ein bisschen zu spielen, kapierten sie das Wug-Konzept und bezeichneten auch eine neue, anders geformte und gefärbte Rassel als Wug. Die scheinbar ineffiziente Pause, die Zeitverschwendung durch Abschweifen, das, was wir in unserer auf Produktivität optimierten Welt gerne wegrationalisieren möchten – genau das ist also unsere Stärke, wenn wir mehr können sollen als stumpfsinnig lernende Computer.

Wir verstehen Kategorien nämlich extrem schnell und die Beziehungen zwischen Wörtern, Gegenständen und Aktionen sogar sofort. Das glauben Sie nicht? Sie denken immer noch, erst durch ganz viele Wiederholungen und Übungen lernt man erfolgreich? Einfaches Gegenbeispiel: Wie lange hat es gedauert, bis Sie ein völlig neues Kunstwort wie »Selfie« begriffen hatten? Einmal zu sehen, wie vier posierende Jugendliche ein Smartphone-Foto von sich schießen, dürfte gereicht haben. Wie schnell haben Sie den Fantasiebegriff »Brexit« begriffen? Auch das dürfte beim ersten Mal passiert sein. Sie verstehen die Welt oftmals auf den ersten Blick – und noch mehr: Wenn Sie etwas verstanden haben, können Sie es nicht nur wiedergeben, sondern auch Neues damit machen. Wenn Brexit den Austritt der Briten aus der EU bezeichnet, was könnten dann Fraxit, Deuxit oder Spaxit bedeuten? Oder umgekehrt, was wäre ein Bremain oder ein Breturn? Kein Problem, da kommen Sie schnell drauf, weil Sie die zugrunde liegende Denkkategorie verstanden haben. Dann können Sie diese sofort anwenden und neues Wissen erzeugen. Obwohl Sie »Spaxit« noch nie zuvor gehört haben!

So viel zum Thema häufiges Wiederholen und »Deep Learning«. Irgendwelche Fakten auswendig zu lernen ist wirklich keine große Kunst. Sie zu verstehen schon. Computer mögen auch in Zukunft noch schneller Bilder und Objekte »lernen«, doch sie werden sie niemals kapieren. Um zu lernen, nutzen

Computer recht einfache Algorithmen, um eine riesige Menge an Daten zu analysieren. Wir machen eigentlich das Gegenteil: Wir speichern sehr viel weniger Daten, dafür sind unsere Möglichkeiten zur Verarbeitung ungemein vielfältiger. Etwas zu wissen bedeutet eben nicht, einfach nur viele Informationen zu haben, sondern mit diesen Informationen auch etwas anzufangen. Deep Learning ist schön und gut, aber »Deep Understanding« ist besser. Und Computer verstehen nicht, was sie erkennen. Einen interessanten Hinweis darauf gab ein Experiment aus dem Jahr 2015. Dabei untersuchte man künstliche neuronale Netze, die sich selbständig trainiert hatten, Objekte (wie Schraubenzieher, Schulbusse oder Gitarren) zu erkennen. Man analysierte das Netzwerk, um rauszufinden, was es überhaupt erkennt. Wie müsste also ein Bild von einem Rotkehlchen aussehen, damit das Computerprogramm mit nahezu hundertprozentiger Sicherheit die Antwort »Rotkehlchen« ausgibt? Wer erwartet hat, dass dabei das perfekte Bild eines Rotkehlchen-Prototyps herauskommt, quasi ein *»Best of«* aller Rotkehlchen-Bilder, sah sich getäuscht: Das Ergebnis war ein total verrauschtes Bild aus völlig konfusen Bildpunkten.[19] Kein Mensch würde in einem solchen Pixelchaos auch nur ansatzweise ein Rotkehlchen erkennen. Der Computer schon, weil für den ein Rotkehlchen nur eine grafische Darstellung ist und er nicht versteht, dass es lebt. Wenn man dem beibringt, dass Brexit der Austritt Großbritanniens aus der EU bedeutet, wird er niemals selbständig darauf schließen, dass sich beim Schwexit die Schweden verabschieden.

Dieses extrem schnelle Lernen, besser gesagt das Verstehen von Dingen, gelingt aber nur, wenn man neue Fakten und Informationen nicht separat, steril und losgelöst »lernt«, sondern einen Kategorie-Zusammenhang erzeugt, die Dinge einbettet und dann versteht. Computer machen das Gegenteil: Sie können zügig viele Daten abspeichern. Sie bleiben aber genauso dumm wie vor dreißig Jahren. Dafür sind sie jetzt ein bisschen schneller dumm. Denn sie nehmen sich nie Zeit, über die gesammelten Daten nachzudenken, sie gönnen sich keine Pause. Computer arbeiten immer am Anschlag und laufen voll durch (oder sind ohne Strom ausgeschaltet). Aber wenn du nie eine Pause machst, kannst du Informationen eben auch nicht nutzen, um Wissen zu erzeugen. Der reizfreie Raum (während des Schlafs) ist unbedingt nötig, um Konzepte zu erzeugen. Uns gelingt das auf Anhieb, weil wir uns eben nicht von Fakten und Daten zuschütten lassen, sondern uns auch mal eine Auszeit nehmen. Das mag auf den ersten Blick ineffizient und wie eine Schwäche anmuten, ist aber hocheffektiv. Denn nur so können wir die Welt verstehen, anstatt sie bloß auswendig zu lernen.

Lernpower reloaded

Behandeln wir das Gehirn also nicht wie eine Informationsmaschine, denn die wichtigsten Lernprozesse der Zukunft erfordern nicht ein fehlerfreies Gedächtnis (dass es das nicht gibt, steht im nächsten Kapitel), sondern dass wir uns an neue Situationen schnell anpassen können. Wenn wir anfangen, mit dem Computer zu konkurrieren, und uns mit irgendwelchen Lerntricks mehr Fakten, Telefonnummern und Einkaufslisten merken können, werden wir verlieren. Sollen Algorithmen doch diese geistigen Anfängeraufgaben für uns übernehmen.

Es geht nicht darum, die neuesten Lerntechniken so zu entwickeln, dass man sich viel merken kann. Viel wichtiger ist es, die Fähigkeit zum Konzeptedenken und Verstehen zu verbessern. Denn das Gehirn ist kein Datenspeicher, sondern ein Wissensorganisator und spielt sein Können erst dann aus, wenn man es nicht so stupide behandelt, wie ich es mit Ihnen ganz zu Beginn dieses Kapitels getan habe. Sorry dafür.

Die wichtigsten Zutaten für die Förderung solchen Wissensdenkens haben Sie in diesem Kapitel kennengelernt. Stress hilft nur dann beim Lernen, wenn er positiv, kurzfristig und überraschend kommt. Langfristigen Stress sollte man dadurch minimieren, dass man ihn umdeutet. So zeigen Schüler, die wissen, was Stress überhaupt ist, bessere Verteidigungsstrategien zur Stressbewältigung und verkrampfen nicht so leicht beim Lernen.[20]

Wann lernen wir am besten? Wenn wir uns dafür begeistern können. Fakten sind unwichtig, das Gefühl steckt an. Am ehesten, wenn es positiv ist. Dieses positive Gefühl muss in der Schule, der Uni oder am Arbeitsplatz durch Lehrer, Dozenten oder Vorgesetzte vermittelt werden. Das ist viel wichtiger als der reine Fakteninhalt. Meine besten Lehrer (zum Beispiel mein Chemielehrer aus der Einleitung) hatten nicht die aktuellsten PowerPoint-Tricks auf Lager, sondern waren von ihrem Fach richtig begeistert. Und wenn schon jemand anderes so leidenschaftlich für den Zitronensäurezyklus brennt, dann muss da doch was dran sein. Also studierte ich Biochemie. Nicht, weil mich der fachliche Inhalt so mitgerissen hat (das kam später), sondern weil die Begeisterung dafür verzaubert. Nur wenn uns etwas emotional packt, werden wir es nicht vergessen – auch eine Form von positivem Stress.

Lernen ist schön und gut – Verstehen ist besser. Und dafür benötigen wir einen Kontext. Schon kleine Kinder begreifen die Welt extrem schnell, wenn sie anhand von Beispielen und konkreten Anwendungen das »Wozu« der Dinge verstehen. Nicht indem man sie mit Infos und Fakten überwältigt, sondern indem man sie selbst einen Sinnzusammenhang aufbauen lässt. Wer Schülern Vokabeln beibringen möchte, kann diese in einer Liste abfragen. Oder die Kinder selbständig eine persönliche Geschichte erfinden lassen, in der das neue Wort vorkommt. Dann erhält es gleich den individuellen Kontext, den es benötigt. Alle Vokabeln, die ich in meinem Leben bloß in einer Liste gesehen habe, habe ich vergessen. Aber manche Wörter habe ich nur einmal gehört, sofort benutzt und zu einem Teil meines Wortschatzes gemacht. Gleichzeitig dürfen wir nicht der Versuchung erliegen, mit Computersoftware und künstlicher Intelligenz einen Wettstreit zu beginnen. Wenn es um Geschwindigkeit, Genauigkeit und Effizienz geht, werden wir dabei verlieren. Viel wichtiger ist es, sich auf seine menschliche Schwäche, pardon: Stärke, zu besinnen: Nämlich manchmal auch auf den ersten Blick unnützes Wissen lustvoll und mit Pausen versehen aufzunehmen. Zweifellos ist es wichtig, schon in der Schule Informatik und moderne Medien sinnvoll zu nutzen, denn ohne das geht es in der zukünftigen Welt nicht. Doch wir dürfen nicht anfangen zu denken wie ein Algorithmus. Fächer wie Geschichte, Naturwissenschaften, Sprachen oder Philosophie, eine gute generelle Allgemeinbildung, das ist das, was es uns ermöglicht, Konzepte und Sinnzusammenhänge aufzubauen. Jedes Mal, wenn ich auf dem Weg in mein Institut in Frankfurt bin, komme ich an der Alten Oper vorbei. Dort steht über dem Eingang: DEM WAHREN SCHOENEN GUTEN. Dieses antike Ideal, Schillers Wahlspruch der Weimarer Klassik, braucht 26 Bytes und man kann es auswendig lernen. Aber dann bedeutet es nichts.

Oder man geht einmal in die Oper und versteht im besten Fall, was damit gemeint ist. Und dann hat es einen Sinn.

In diesem Kapitel haben Sie gesehen, wie wir viel wirkungsvollere Kategorien des Denkens aufbauen: Indem man portionsweise kleine Pausen macht, erzeugt man ein Denkkonzept. Ist das einmal verstanden, kann es sofort auf neue Dinge angewendet werden. Das können nur Menschen. Wenn ein »Deep-Learning«-Computer Millionen von Bildern selbständig analysiert, wird er erkennen, dass ein Stuhl wahrscheinlich ein Gegenstand mit vier Beinen, Sitzfläche und Lehne ist. Aber für uns ist ein Stuhl kein Objekt mit einer besonderen Form, sondern etwas, auf dem man sitzen kann. Wenn wir das einmal verstanden haben, dann sehen wir plötzlich überall Stühle und können mit diesem Wissen neue Stühle erfinden, entwickeln und designen. Neulich hatte ich zum Beispiel einen dieser Gummisitzbälle zu Hause. Mein kleiner Nachbar bemerkte sehr präzise: »Ein Ball!« Doch als ich mich draufgesetzt hatte, meinte er: »Oh, Stuhl!« Bring das mal einem Computer bei.

Menschen können Kategorien vorhalten

Kapitel 3

GEDÄCHTNIS

Warum eine falsche Erinnerung
besser ist als gar keine

Am 14. Oktober 1994 brach für Tom Rutherford eine Welt
zusammen: Er musste seinen Beruf als Geistlicher einer amerikanischen Kirchengemeinde aufgeben, denn seine Tochter
hatte ihn der sexuellen Vergewaltigung bezichtigt. So konnte
die Einundzwanzigjährige glaubhaft versichern, dass sie mehrfach zwischen ihrem siebten und vierzehnten Lebensjahr miss-
braucht worden sei. Sie beschrieb sogar, dass sie schwanger
wurde und unter dem Druck des Vaters mit einem Kleiderbü-
gel abtreiben musste – und dies sogar im Beisein der Mutter.
Man stelle sich das mal vor! Rutherford verlor seinen Job,
seine Freunde wandten sich von ihm ab, er musste sich mit
Gelegenheitsjobs durchschlagen. Ein Jahr später wurde pub-
lik: Seine Tochter war noch Jungfrau. Die lebhaften Erinnerungen an ihren Missbrauch hatten sich erst während einer
mehrwöchigen Gesprächstherapie zum Zwecke einer Stressbewältigung entwickelt. In über sechzig Sitzungen wurde
durch ein Frage-und-Antwort-Spiel bei Beth Rutherford eine
künstliche Erinnerung erzeugt, die so niemals stattgefunden
hatte. Das muss noch nicht mal vorsätzlich geschehen sein,

sondern in der guten Absicht, unbewältigte Stressfaktoren ihrer Vergangenheit zu verarbeiten. Doch ihre überschießende Fantasie konnte sie irgendwann nicht mehr von der Realität abtrennen. Erst als das gynäkologische Gutachten keinen Zweifel zuließ, widerrief sie ihre Aussagen und verklagte den Gesprächstherapeuten auf eine Million Dollar, um damit öffentlich auf die Gefahren falscher Erinnerungen aufmerksam zu machen.[21]

Zugegeben, ein krasser Fall. Doch Justizirrtümer lassen sich in etwa drei Viertel der Fälle auf falsche Zeugenaussagen zurückführen.[22] Da behaupten Menschen, in satanischen Handlungen schwanger geworden zu sein, obwohl sie es nie waren.[23] Verurteilte sitzen jahrzehntelang hinter Gittern, weil Zeugen sie bei einem Mord gesehen haben wollen, bis ein Gentest schließlich zeigt, dass jemand anders der Täter war.[24] Eine Horrorvorstellung – und dennoch Realität, denn meist sind sich die Belastungszeugen gar nicht bewusst, dass ihre Erinnerung aus dem Ruder läuft. Kein klassischer Lügendetektortest würde ihre Falschaussage erkennen. Denn für die Zeugen fühlen sich die Aussagen gar nicht falsch an. Und deswegen sind Augenzeugenberichte auch immer mit Vorsicht zu genießen.

Nicht nur Richter, auch Historiker haben Mühe, die Erzählungen von Zeitzeugen richtig einzuschätzen. Noch immer tobt eine Debatte darüber, ob 1945 bei der Bombardierung Dresdens auch tieffliegende Jagdflugzeuge auf Menschen geschossen hätten. Dutzende von Dresdnern meinen, sich an solche Szenen aus ihrer Jugend erinnern zu können, doch im Feuersturm des bombardierten Dresden waren Tiefflugmanöver kaum durchführbar und auch durch keinen Militärbericht belegt. Da stehen lebendige Erzähl- gegen trockene Einsatzberichte. Wem vertrauen Sie mehr?

Offenbar verfälschen wir unsere Erinnerung. »Kann mir nicht passieren!«, werden Sie sagen, »Ich weiß doch, was mir zugestoßen ist.« Doch ganz so eindeutig ist die Sache nicht. Machen wir die Probe aufs Exempel: Sie erinnern sich grob an die Liste vom vorherigen Kapitel? Nicht zurückblättern! Sie sehen nun vier Begriffe – aber nur ein einziger kam in der Liste des vorigen Kapitels vor. Welcher war es?

Schlaf

Phenoxyethanol

Heidelbeere

Flugzeugträger

Alles klar, Flugzeugträger scheidet aus. Phenoxyethanol ist auch raus. Und wie sieht es mit den beiden anderen Begriffen aus? Denken Sie nochmal kurz nach, versuchen Sie, sich die Liste vorzustellen. Nur ein Begriff sollte passen, aber welcher: Schlaf oder Heidelbeere?

Sie sind natürlich clever, deswegen fällt Ihnen auf, dass von den genannten Begriffen natürlich keiner in der Liste vorkam. Und dennoch werden die meisten beim Schlaf und der Heidelbeere ins Grübeln kommen – oder sich sogar sicher sein, dass es die Heidelbeere war. Diese scheint schließlich ins Bild zu passen.

Ich gestehe: Ich habe Sie bewusst in die Irre geleitet, denn zum einen habe ich Sie gezielt falsch informiert (nämlich, dass von den soeben genannten Begriffen einer auch in der Liste vorkommen muss). Zum anderen enthielt die Liste schon einige Schlüsselwörter (Traum, Nacht oder Erdbeere, Himbeere), die mit den möglichen Zielwörtern Schlaf und Heidelbeere in Verbindung gebracht werden konnten. Und zum Dritten werden durch zwei Kontrastwörter (Phenoxyethanol,

Flugzeugträger) die verbleibenden Wörter plausibler. Vielleicht haben Sie unter diesem Einfluss eine falsche Erinnerung erzeugt und geglaubt, dass Sie sich an die Heidelbeere erinnern – doch keine Sorge, auf den nächsten Seiten erfahren Sie, warum das keine schlechte Sache, sondern eine der Stärken Ihres Gehirns ist.

Die Erinnerungs-Kapelle

An dieser Stelle appelliere ich (diesmal ganz ohne Suggestion und doppelten Boden) wieder an Ihre Erinnerung an das vorherige Kapitel: Informationen und Gedankeninhalte unseres Gehirns sind keine statischen Einheiten, sondern veränderbar. Wir nehmen die Welt schließlich nicht wie mit einer Videokamera auf und speichern diesen Film dann für alle Zeiten sicher ab. Vielmehr basteln wir ständig an unserer Erinnerung herum, denn diese ist ein dynamisches Konstrukt.

Dynamisch ist sie, weil sie sich schnell verändern kann. Um ein letztes Mal auf den Orchester-Vergleich aus dem vorigen Kapitel zurückzukommen: So ähnlich wie ein Musikstück auch schnell von einem Orchester variiert werden kann, kann auch eine Information im Gehirn variiert werden. Außerdem könnten jedes Mal mehr oder weniger Musiker (beziehungsweise Nervenzellen) mitspielen – das Grundthema des Musikstückes (der Information) bleibt gleich, aber der Tonfall ändert sich.

Unser Gedächtnis ist ein Konstrukt, weil wir strenggenommen keine Erinnerung abrufen, wenn wir uns erinnern. Vielmehr erzeugen wir sie jedes Mal neu, so wie auch ein Orchester jedes Mal das gleiche Musikstück neu (aber immer etwas anders) spielen kann. Wenn unsere Nervenzellen die entsprechende Erinnerungsaktivität beenden, ist die konkrete Erinnerung zwar weg, aber noch in unserem Gedächtnis gespeichert. Im Orchester wäre dieses Gedächtnis quasi die Fähigkeit der Musiker, aufeinander zu hören, genau zur richtigen Zeit das individuelle Instrument zu bedienen und sich dadurch abzustimmen. Im Gehirn ist eine Information in den Kontaktstellen der Nervenzellen untereinander gespeichert, sodass diese die Information das nächste Mal wieder auslösen können. Auf den Punkt gebracht: Ein Gedächtnis ist die Fähigkeit des Nervennetzwerks, einen Aktivitätszustand (entspricht einer Information, einem Gedanken, einer Erinnerung) zu erzeugen.

Wenn ein Orchester ein neues Stück spielen soll oder ein Nervennetzwerk eine neue Information zu speichern hat, müssen also drei Schritte ablaufen. Zunächst spielen die Musiker das neue Lied zum ersten Mal, anschließend üben sie es ein und verbessern dabei ihr Zusammenspiel, bis sie schließlich bei einem Konzert das Musikstück abrufen und vorspielen können. Natürlich kommt es dabei darauf an, dass die Noten so fehlerfrei wie möglich wiedergegeben werden. Und hier unterscheidet sich das Gehirn vom Orchester. Es spielt nicht die vorher festgelegte Notenreihenfolge ab, sondern verändert bei jeder Übungseinheit ein bisschen die Melodie. Das Ziel des Gehirns ist es nämlich nicht, das zu spielen (also zu aktivieren), was vorgegeben ist, schließlich gibt es keinen Dirigenten. Viel wichtiger ist es, so zu spielen, dass das Stück flüssig klingt, ein stimmiges Gesamtbild ergibt und die Zellen dabei möglichst energiesparend arbeiten. Und das kann eben auch bedeuten, dass die Information im Laufe der Zeit verändert wird, vor allem dann, wenn sie oft hervorgekramt wird. Unser

Gedächtnis ist deswegen an allen Seiten angreifbar: bei der Aufnahme, der späteren Festigung und schließlich dem Abrufen von Erinnerungen.

Gedächtnis-Verwundbarkeit

Schon wenn wir eine Information lernen und dadurch abspeichern, kann die Erinnerung verändert werden. Das liegt oft daran, dass neue Informationen umso besser verarbeitet werden, je umfangreicher sie das Gehirn in Beschlag nehmen. Damit man sich eine Erinnerung besser merken kann, dichtet man ihr daher oft noch ein paar Zusatzinfos an. So ähnlich wie manche Gedächtnistechniken empfehlen, sich Geschichten und Bilder zu Begriffen einfallen zu lassen, um sie anschließend nicht zu vergessen. So etwas passiert in unserem Gehirn schon ganz automatisch – und schießt dabei manchmal übers Ziel hinaus.

Wenn man menschliche Gedächtnisfehler unter standardisierten Bedingungen im Labor untersuchen will, muss man diese Fehler irgendwie künstlich erzeugen. Ein probates Mittel der Wahl wird nach seinen Entwicklern Deese-Roediger-McDermott- oder kurz DRM-Test genannt. Man zeigt zunächst eine Auswahl an Begriffen, die man sich recht schnell einprägen soll. Lesen Sie zum Beispiel folgende Liste zwei-, dreimal konzentriert durch:

Lastwagen, Straße, fahren, Schlüssel, Garage, SUV, Autobahn, Gas geben, Tankstelle, Bus, Kombi, Lenkrad, TÜV, Motor, überholen

Dies macht man mit mehreren Listen und lässt den Testpersonen anschließend noch etwas Zeit zum Nachdenken oder lenkt sie mit einer kurzen Aufmerksamkeitsübung ab. Um das jetzt auch bei Ihnen zu tun, schreibe ich diesen Satz einfach noch etwas weiter, füge noch einen unnötigen Nebensatz ein, setze etwas Unwichtiges (Nebensächliches) in Klammern, damit Sie sich von der Liste etwas entfernen. Nicht zurückschauen! Sondern bitte jetzt auf der nächsten Seite oben links weiterlesen!

Die Aufgabe: Welchen Begriff/welche Begriffe haben Sie vorhin in der Liste gelesen?

Lenkrad, Auto, Sitz, Motorrad, Inspektion

Alternativ könnte ich Sie auch aufschreiben lassen, an was Sie sich erinnern, um dann abzugleichen, welche Begriffe mit der Liste übereinstimmen und ob Sie welche hinzuerfinden. Sie haben es erkannt, es handelt sich um eine Variante des Rätsels zu Beginn dieses Kapitels – und interessanterweise kann man durch eine geschickte Versuchsanordnung (nicht so beschränkt, wie es mir in diesem Buch nur möglich ist) 80 Prozent der Versuchsteilnehmer dazu bringen, falsche Begriffe »wieder«zuerkennen oder besser gesagt: eine falsche Erinnerung zu erzeugen.[25]

Der Grund für diese Erinnerungsschwäche liegt in der Art, wie die Informationen gleich zu Beginn im Gehirn integriert werden. Wenn Sie die Begriffe lesen, verarbeiten Sie diese zunächst in den bildverarbeitenden Arealen Ihres Gehirns, die im Nackenbereich liegen. Doch um den Begriff auch inhaltlich zu erfassen, muss er semantisch, also in seiner Bedeutung, verarbeitet werden. Dies geschieht in der Stirnhirnrinde, genauer gesagt dem vorderen und seitlichen Bereich Ihres Stirnhirns (wer es ganz genau wissen will: dem *ventrolateralen präfrontalen Cortex*). Untersuchungen zeigen, dass falsche und korrekte Erinnerungen auf nahezu identische Weise erzeugt werden. Zwar ist bei wahren Erinnerungen der Bildverarbeitungsbereich etwas aktiver, man ist quasi noch näher dran an den Rohinformationen der Umwelt, doch im weiteren Verlauf rekrutiert das Gehirn überwiegend die gleichen Verarbeitungsregionen wie bei falschen Erinnerungen.[26] Oder anders gesagt: Wir nehmen eine Wörterliste nicht nur wahr, sondern formen uns diese wahrgenommene Wahrheit. Wir

Wie können wir falsche Erinnerungen abspeichern und merken *ca nicht*

geben ihr eine Bedeutung, ordnen die Begriffe in eine geistige Box.

Ich verweise schon jetzt auf Kapitel Nummer 11, in dem die Konsequenzen eines solchen übermäßigen Schubladendenkens ausgeführt werden, erlaube mir dennoch an dieser Stelle die Bemerkung: Erfundene Erinnerungen entstehen auf die gleiche Art wie korrekte Erinnerungen. Zwar sind sie mit etwas weniger »echter« Sinneserfahrung behaftet, werden jedoch in die gleichen Netzwerke integriert. Und wenn das einmal passiert ist, ist es zu spät. Die falsche Erinnerung kann das Gehirn später nicht mehr von der korrekten unterscheiden. Was Fantasie und was Realität war, macht für das Gehirn ab dann keinen Unterschied mehr. Oder um den neurowissenschaftlichen Filmklassiker »Matrix« zu zitieren: »In deinem Kopf wird es real.« Egal, ob es existiert hat oder nicht. Im Prinzip leben unsere Erinnerungen also immer in einer von uns erzeugten Traumwelt.

Bevor wir nun in eine philosophisch-erkenntnistheoretische Grundsatzdiskussion abgleiten, zurück zur Gedächtnisbildung des Gehirns. Diese ist nämlich nicht nur dadurch gestört, dass wir beim ersten Kontakt neue Informationsbrocken in Muster und Schubladen ordnen, sondern auch von unseren Gefühlen und Mitmenschen abhängig.

Die Gefühls-Falle

Der soziale Kontext?

Nicht nur beim Abspeichern von Begriffen und Wörterlisten machen wir Fehler, sondern auch, wenn wir den sozialen Kontext einbeziehen sollen. Denn schließlich ist nicht nur die Information an sich entscheidend, sondern auch, wer was

wann zu wem wie gesagt hat. Konkret untersuchte man das,
indem man Testteilnehmern unterschiedliche Videos zeigte: In
dem einen sprach eine Person direkt zu den Probanden, in dem
anderen indirekt, indem sie an der Kamera seitlich vorbei-
schaute. Das hatte Auswirkungen auf die Erinnerung – zwar
nicht auf den Inhalt des gesprochenen Wortes (der wurde
unter beiden Bedingungen gleich gut erinnert), sondern auf
die Gesprächssituation: Die meisten Menschen erinnerten sich
fälschlich daran, persönlich im Video angesprochen worden
zu sein, wenn sie eigentlich ein Video mit einer indirekt spre-
chenden Person gesehen hatten.[27] Während der Hippocampus (Sie erinnern sich, die Gedächtnisschaltstelle im Gehirn)
den Inhalt korrekt speicherte, sorgte eine benachbarte Hirnregion, die vordere Gürtelrinde, für die fehlerhafte Gesprächser-
innerung und war bei falschen Erinnerungen übermäßig aktiv.
Denn offenbar beziehen wir Informationen subjektiv auf uns
selbst und speichern sie nicht objektiv korrekt ab.

Hinzu kommt: Auch Emotionen führen zu Erinnerungs-
verzerrungen, sogar in einem simplen DRM-Test. Werden die
Teilnehmer zum Beispiel vor dem Wörterlistenmerken unter
emotionalen Stress gesetzt, indem sie eine Rede vor Publikum
halten und noch einen fiesen Mathetest durchführen müssen,
erzeugen sie anschließend besonders viele falsche Erinnerungen.[28]

Allerdings eignet sich nicht jede Emotion dafür, unsere Erinnerung zu verzerren. Besonders gedächtnisverfälschende Gefühle haben in der Regel zwei Eigenschaften: Sie sind intensiv
und passen zu dem, was wir abspeichern sollen. Wenn wir also
gut drauf sind, lassen wir uns von positiv gestimmten Wörterlisten leichter zu falschen Erinnerungen verführen. Wenn wir
schlecht gelaunt und gestresst sind, bringen wir negative Be-

griffe leichter durcheinander.[29] Am besten wäre es also, wenn wir ständig mit guter Stimmung Auto fahren, dann würden wir uns immer als perfekte Zeugen für stressige Verkehrsunfälle eignen. Wobei… Die Forschung zeigt ziemlich eindeutig, dass so gut wie kein Mensch als Unfallzeuge geeignet ist. Und das liegt an einer weiteren Gedächtnisschwäche des Gehirns.

In guter Laune speichern wir besser

Das perfekte Gedächtnisverbrechen

Nicht nur beim Abspeichern, sondern auch beim Festigen und Abrufen von Erinnerungen hat das Gehirn Probleme, denn es ist angreifbar für allerlei Fehlinformationen, die es dankbar aufnimmt und gerne in die ursprüngliche Erinnerung einfügt. Dann stimmt diese zwar nicht mehr, wirkt aber dafür umso stimmiger.

Stellen Sie sich vor, Sie schlendern durch die Straßen, und plötzlich hören Sie Autoreifen quietschen! Sie haben nur eine Ahnung, wo genau, drehen sich um und sehen gerade noch, wie zwei Autos ineinanderkrachen. Natürlich stellen Sie sich als Zeuge zur Verfügung, und jetzt beginnt das Problem. Sie haben den Unfall »so halb« mitbekommen, meinen auch zu sehen, wie die Autos ineinanderfahren, doch so ganz genau wissen Sie es nicht. Es ging ja alles auch recht schnell. So einen Zustand der Unsicherheit (der Fachmann spricht von kognitiver Dissonanz) hat das Gehirn gar nicht gern, denn es versucht immer, aus den eintreffenden Informationen ein stimmiges Gesamtbild zu schaffen. Wenn die Wahrnehmung bruchstückhaft ist, wird einfach der Rest ergänzt. Und damit Sie das nicht mitkriegen, übernimmt Ihr Gehirn das für Sie. Das ist übrigens dasselbe Gehirn, das anschließend Ihr lückenloses Bewusstsein erzeugt und die gefälschte Erinnerung abruft – so können Sie dem Erinnerungsfehler gar nicht auf die Spur kommen. Quasi das perfekte Gedächtnisverbrechen: Der Täter (Ihr Gehirn) und der Ermittler (Ihr Gehirn) sind identisch. Da besteht wenig Interesse an einer Aufklärung, und deswegen fällt Ihnen eine falsch erzeugte Erinnerung gar nicht auf.

Einbildung ist auch eine Bildung

Woher soll das Gehirn wissen, welche Erinnerung stimmt? Da es im Gehirn kein »Wahrheitskriterium« gibt, nutzt es einen Trick und stuft Informationen dann als real ein, wenn sie das Gehirn nur großflächig aktivieren. Nach dem Motto: Was tatsächlich passiert ist, hinterlässt auch eine große Aktivitätsspur im Netzwerk. Das ist an sich gar nicht so falsch, denn was wir wirklich erleben, aktiviert unser Gehirn auch außergewöhnlich intensiv. Wenn wir uns ein Bild nur vorstellen, springen die bildverarbeitenden Areale im Gehirn schon mal nicht so stark an, wie wenn wir das Bild auch wirklich sehen. Doch dabei wird unterschlagen, dass nachträglich diese Aktivitätsspuren der Erinnerungen erweitert werden können, bis sie künstlich genauso groß gemacht wurden wie reale Geschichten.

Konkret untersuchte man das, indem man Probanden eine Serie aus verschiedenen Fotos von alltäglichen Situationen zeigte.[30] Tags darauf wurden die Teilnehmer mit kurzen Sätzen an die Fotos vom Vortag erinnert. Was sie nicht wussten: Manche dieser neuen Aussagen waren irreführend und beschrieben das Foto falsch. Auf diese Weise irregeleitet, formten manche Teilnehmer eine falsche Vorstellung von den ursprünglich gezeigten Bildern und konnten anschließend das richtige aus einer Auswahl nicht mehr erkennen oder meinten umgekehrt, dass sie ein nachträglich manipuliertes Bild schon mal gesehen hätten. Dabei war die Gehirnaktivität bei richtiger und falscher Erinnerung recht ähnlich, doch ein entscheidender Unterschied bestand: Bei korrekten Erinnerungen war der Bildverarbeitungsbereich des Gehirns verstärkt aktiv (schließlich hatten sie die Bilder ja auch wirklich gesehen). Erinnerten sich die Probanden falsch, war hingegen der Hörbereich des Gehirns aktiver (denn die neu gehörte Information wurde mit der Erinnerung vermischt). Anders gesagt: Solange die Gesamtaktivität nur groß genug und stimmig ins Gehirn integriert ist, wird die Erinnerung als wahr akzeptiert, selbst wenn sie es nicht ist.

Dieser Versuch zeigt auch eindrucksvoll: Erinnerungen sind keinesfalls statisch, sondern können im Nachhinein verändert werden – und zwar jedes Mal, wenn Sie die Erinnerung hervorkramen. Denn genau in diesem Zustand des Hervorgekramtseins ist eine Erinnerung besonders verwundbar für Einflüsse von außen. In einem eleganten Experiment konnte man genau diesen Effekt im Labor zeigen: Die Probanden sollten sich zunächst eine Wörterliste merken und bekamen am Tag darauf eine neue Wörterliste vorgelegt. Ein Teil der Teilnehmer sollte sich vor der zweiten Wörterliste nochmal an die erste Liste erinnern, bevor dann am dritten Tag der Gedächtnistest erfolgte. Wurde man dann wieder nach der allerersten Liste gefragt, vermischten die Teilnehmer diese mit Begriffen aus der zweiten – aber nur, wenn sie sich am zweiten Tag nochmal an die erste Liste erinnern sollten. Hatten sie sich jedoch am zweiten Tag nur auf die zweite Liste konzentriert, waren anschließend die erste und die zweite Liste separat abgespeichert.[31] Mit anderen Worten: Wenn wir uns an etwas erinnern, gerät diese Erinnerung in einen labilen Zustand und kann von neuen Informationen verfälscht werden.

Gruppendruck-Gedächtnisfälschung

Nicht genug, dass wir schon beim Abspeichern Fehler machen und beim Hervorkramen unsere Erinnerungen jedes Mal verändern – wir können uns auch kaum dagegen wehren, dass unser Gedächtnis von außen aktiv manipuliert wird. Und selbst wenn wir das wissen, sind wir machtlos und geben uns der Gedächtnisfälschung hin. Denn der Gruppendruck, der Zwang, seine Erinnerung derjenigen der anderen Menschen anzupassen, wirkt sich aktiv auf unser Gedächtnis aus.

Konkret untersuchte man das, indem man Probanden zunächst einen zweiminütigen Dokumentarfilm zeigte und anschließend die Informationen aus dem Video abfragte.[32] Direkt danach machte man noch wenig Fehler und konnte sich gut erinnern. Auch vier Tage später waren die Details noch bekannt, und man fiel auf falsche Behauptungen über den Film nicht rein. Das änderte sich jedoch, wenn man zu einer Behauptung über den Film noch fingierte Antworten der anderen Probanden zeigte. Sah man nun solche fehlerhaften Antworten von den Mitstudienteilnehmern, ließ man sich ebenfalls zu falschen Antworten hinreißen. Selbst wenn man wusste, dass die anderen Antworten nur erfunden waren und nichts mit dem wahren Dokumentarfilm zu tun hatten, war es zu spät. Die Teilnehmer konnten nicht mehr Dichtung und Wahrheit auseinanderhalten. Sie hatten ihr Gedächtnis der Gruppe angeglichen. Interessanterweise wird dieser Gruppendruckeffekt wohl über eine Hirnregion vermittelt, die dem Hippocampus direkt benachbart ist: den Mandelkern (griechisch: *Amygdala*). Diese würfelgroße Region war immer dann besonders aktiv, wenn die Antworten der anderen Probanden nicht bloß als Text, sondern auch mit dem Bild der anderen Teilnehmer gezeigt wurden. Ein Gesicht erhöht den Gruppendruck – und verführt unser Gedächtnis zu falschen Schlüssen.

Hier sehen Sie auch schon die wichtigsten Zutaten, die Sie für eine gefälschte Erinnerung brauchen: ein emotionales Ereignis, ein bisschen Gruppendruck und häufiges Sich-Erinnern, um dem Gedächtnis auch die Möglichkeit zu geben, sich immer weiter zu verbiegen. Dann haben Sie kaum noch Möglichkeiten, eine echte von einer falschen Erinnerung auseinanderzuhalten. Wenn Sie bei jemandem eine falsche Erinnerung erzeugen wollen, gehen Sie am besten mehrschrittig vor: Konfrontieren Sie Ihr Gegenüber zunächst mit einem konkreten (aber falschen) Erinnerungsszenario, zum Beispiel, dass er oder sie mal in einem Kaufhaus als kleines Kind seine oder ihre Eltern verlor oder in der Jugend Probleme mit der Polizei hatte. Unterfüttern Sie das mit der Scheinbehauptung, dass Verwandte diesen Vorfall bestätigen können. Bitten Sie Ihren Versuchsteilnehmer, sich das Erlebnis vorzustellen und einige Tage drüber zu grübeln. Führen Sie dann erneut eine Befragung durch, appellieren Sie nochmal an das Vorstellungsvermögen des Probanden, fragen Sie nach Details. Meist kommen schon in der zweiten Sitzung detaillierte, aber falsche Erinnerungen hoch. So kann man nicht nur Zwölfjährige dazu bringen, sich völlig abstruse Geschichten auszudenken (zum Beispiel, dass sie von einem UFO entführt wurden[33]), sondern auch 70 Prozent der erwachsenen Testpersonen davon überzeugen, dass sie mal eine Straftat begangen haben, obwohl das komplett erfunden ist.[34]

Was passiert, wenn man wochen- oder gar monatelang solche Vorstellungsübungen zu falschen Erinnerungen durchführt, steht am Anfang dieses Kapitels und macht deutlich: Verlassen Sie sich niemals auf Ihre Erinnerung! Sie ist in keinem Fall hundertprozentig korrekt, sondern definitiv von Ihnen ausgeschmückt, verfälscht oder teilweise ausradiert worden. Ihre Mitmenschen haben Sie beeinflusst, und Sie sind später nicht mehr in der Lage, eine echte von einer falschen Erinnerung zu unterscheiden. Selbst dem Gehirn ist das anatomisch kaum mehr möglich, denn die Aktivitätsmuster von korrekter und fehlerhafter Erinnerung sind nahezu identisch. Zwei kleine, aber feine Unterschiede gibt es wohl: Korrekte Erinnerungen führen zu mehr Aktivität des Hippocampus und in den Bildverarbeitungsregionen (schließlich hat man die echte Erinnerung ja auch wirklich erlebt), falsche Gedächtnisinhalte erfordern etwas mehr Aktivität der Stirnhirnrinde (vermutlich, weil sich das Gehirn ein bisschen anstrengen muss, ein künstliches Gedächtnisgebilde zu erschaffen).[35] Dennoch sind für beide Erinnerungen die neuronalen Netze so umfangreich und ähnlich aktiviert, dass Sie persönlich keinen Unterschied mehr feststellen können. Wie gesagt, selbst wenn Sie wissen, dass Sie fehlinformiert wurden, hilft das nichts mehr. Wenn die Erinnerung einmal in den Brunnen gefallen und falsch abgespeichert ist, wird sie genauso wirklich wie eine korrekte. Realität und Wirklichkeit sind also zwei verschiedene Dinge.

Gedächtnis-Rettung

Was können Sie überhaupt tun, um Ihr Gedächtnis zu retten und nicht den Fälschungen auf den Leim zu gehen? Prinzipiell nicht viel, denn dieses Gedächtnissystem ist sehr robust und führt Sie immer wieder an der Nase herum. Ein paar Erkenntnisse hat die Neurowissenschaft aber schon, die zeigen, dass unser Gedächtnis unter manchen Bedingungen doch etwas robuster wird.

Möglichkeit 1: Werden Sie älter. Konkret verbessern Menschen ihr Gedächtnis und werden weniger anfällig für falsche Erinnerungen, wenn man sie beispielsweise vor einem DRM-Test vor den Fallstricken des Sich-falsch-Erinnerns warnt. Wenn ich also den Test vom Anfang dieses Kapitels nochmal mit Ihnen durchführe, sollten Sie dazugelernt haben und wissen, dass Sie manchmal in Ihre eigene geistige Schublade fallen, die Sie sich beim Abspeichern formen. Interessanterweise ist dieser Schutzeffekt umso stärker ausgeprägt, je älter man ist. So kann man über Sechsundsechzigjährige effektiv von neuen falschen Erinnerungen abhalten, wenn man ihnen vor einem Merktest eine Warnung vor falschen Erinnerungen vorausschickt. Junge Leute (Achtzehn- bis Dreiundzwanzigjährige) fallen trotz Warnung auf ihr falsches Gedächtnis herein.[36] Ihre Gehirne sind offenbar vorschneller darin, mentale Schubladen zu bauen, die den Blick auf die Faktenlage versperren. Ältere Gehirne verfügen hingegen über mehr Kontrollmechanismen (oder negativer formuliert: sind einfach schon zu festgefahren in ihrem Denken und damit weniger anfällig).

Möglichkeit 2: Nehmen Sie die Verhütungspille. So schneiden Frauen, die hormonell mit der Pille verhüten, in einem DRM-Test zwar genauso schlecht ab wie nichtverhütende Frauen. Dafür sind sie aber weniger anfällig für nachträgliche Fehlinformationen. Zeigt man ihnen zunächst Bilder von alltäglichen Szenen und redet ihnen später ein, dass die Szene etwas anders ausgesehen hätte (dass zum Beispiel eine Person vor einem Baum statt einer Tür stand), dann bauen sie diese Falschinformation nicht in ihre Erinnerung ein.[37] Der Grund liegt vermutlich darin, dass weibliche Geschlechtshormone die Empfänglichkeit für nebensächliche Details (vor allem, wenn sie erzählt und nicht gesehen werden) vermindern. Anders gesagt: Bei einer hormonell verhütenden Frau hinterlässt man nicht mit einem Gedicht, sondern mit einem Foto Eindruck. Liebe männliche Leserschaft, bedenken Sie dies, wenn Sie Ihrer Herzensdame ein Geschenk unterbreiten, oder opfern Sie auf Partnerportalen eine lyrische Umschreibung Ihres Ichs für ein fesches Foto. Eine Warnung schicke ich auch noch hinterher, bevor Sie sich nun Ihr Gedächtnis vor Ihrer nächsten Zeugenaussage mit oralen Kontrazeptiva dopen: Ob das auch für Männer gilt, ist nicht erforscht. Vermutlich mangelte es an freiwilligen Versuchsteilnehmern.

Möglichkeit 3: Seien Sie sich Ihrer Erinnerungsschwächen bewusst – am besten schon in dem Moment, in dem Sie eine wichtige Information das erste Mal erleben und dann abspeichern. Unterschätzen Sie nicht, dass Sie selbst an Ihrem eigenen Gedächtnis rumschrauben und es ständig verzerren. Wenn es darauf ankommt, eine Erinnerung möglichst präzise abzurufen, dann kann es schaden, wenn man sich diese zu intensiv vorstellt. Oft ist die erste (und noch möglichst unverfälschte) Erinnerung die objektiv beste, und Zeugenaussagen profitieren davon, wenn man die Zeugen gleich zu Beginn selbst einschätzen lässt, wie sicher sie sich sind. Wenn es darum geht, die Originalerinnerung zu erhalten, ist übrigens weniger Feedback mehr.[38] Denn je häufiger wir unser Gedächtnis mit den Kommentaren, Einschätzungen und Sichtweisen der anderen abgleichen, desto mehr verfälschen wir es. Das klingt ziemlich schlecht, doch eigentlich steckt dahinter ein wichtiges Prinzip.

Wenig rudlbar bo weniger aukob µ.

Warum falsch manchmal besser ist

Eigentlich haben Sie in diesem Kapitel bisher feststellen dürfen, dass Ihr Gedächtnis ziemlicher Schrott ist – zumindest, wenn man es von dem Gesichtspunkt der Akkuratesse beurteilt. Dabei hätte unser Gehirn durchaus die Möglichkeit, alles exakt abzuspeichern. Macht es aber nicht. Denn ein bisschen falsche Erinnerung hat gewaltige Vorteile.

Ein Vorteil unserer Erinnerungsschwächen ist offensichtlich: Es spart Zeit und Denkarbeit, wenn man sich nicht an alle Details einer Wörterliste oder eines Ereignisses erinnern muss, sondern nur an den passenden Kontext. Wenn Sie fünfzehn Begriffe sehen, die in die Kategorie »Auto« passen, dann erfinden Sie recht leicht einen zusätzlichen Autokategoriebegriff hinzu, aber wohl keinen Begriff aus dem Bereich des Hobbygärtnerns. Oder anders gesagt: Es ist für das Gehirn generell sehr viel wichtiger, das Gesamtbild zu erkennen, als sich auf die Details zu konzentrieren. Wir verwenden Detailinformationen aus unserer Umwelt eben nicht, um diese anschließend zusammenzupuzzeln. Vielmehr nutzen wir einzelne Informationen (Begriffe, Bilder, Objekte) immer nur als Hinweisreize und erfinden dann den dazu passenden Bedeutungsrahmen. Das ermöglicht es uns, uns besonders schnell zurechtzufinden, anstatt erstmal einen riesigen Rechenaufwand zu betreiben, um auch ja alle Details und Infos unserer Umwelt zu erfassen. Deswegen finden wir Dinge auch schnell wieder, wenn sie zur Umgebung passen[39] (einen Topf in der Küche statt im Badezimmer) – quasi eine Denkabkürzung, die uns Denkressourcen bewahrt, leider dafür auch manchmal etwas ungenau wird.

Stellen Sie sich vor, Sie müssen schnell und intuitiv den Zusammenhang einer Situation, von Begriffen oder Objekten erfassen. Zum Beispiel, indem Sie aus folgender Liste die zwei Begriffe wegstreichen, die nicht zu den anderen drei passen:

Haus, Baum, Gebüsch, Hütte, Wohnung

Wie müssen Sie vorgehen, um Baum und Gebüsch von den anderen Begriffen zu trennen? Sich auf die Einzelheiten der Begriffe zu konzentrieren, ist nicht so wichtig, wie deren übergeordnete Bedeutungseigenschaften (ihre Semantik) in Beziehung zu setzen. Ob Sie sich dann drei Tage später daran erinnern, ob es wirklich Haus, Hütte und Wohnung oder Heim, Hütte und Wohnung waren, ist doch egal – Hauptsache, Sie haben die Kategorie »Unterkunft« noch im Sinn. Interessanterweise sind die Hirnregionen, die diese Bedeutungsverarbeitung durchführen, für richtige und falsche Erinnerungen identisch (namentlich der *laterale präfrontale Cortex,* also der Teil der Stirnhirnrinde, der auch an der Verarbeitung von Begriffsbedeutungen beteiligt ist). Das mag ein Grund sein, weshalb Menschen, die leicht falsche Erinnerungen ausbilden, in solchen Assoziationstests besonders gut abschneiden.[40]

Insofern können Sie überschießende falsche Erinnerungen auch anders interpretieren: als besondere kreative Kraft Ihres Gehirns. Würde es ständig so präzise und reproduzierbar funktionieren, wie ein Computer ein gespeichertes Foto in der immer gleichen Qualität abrufen kann, dann hätten wir niemals die Möglichkeit, unser Gedächtnis für neue Gedanken zu nutzen. Erstaunlicherweise geht die ~~Ausbild~~ung falscher Erinnerungen nämlich auch mit der Ausbildung neuer Ideen und ~~Problemlösungen einher~~.[41] So sind Probanden dann besonders gut in der Lage, spontan und intuitiv Überbegriffe für Wörter zu finden, wenn sie zuvor zu falschen Erinnerungen animiert wurden. Assoziativ zu denken, Beziehungen herzustellen oder zu erfinden – das gelingt eben nur, wenn man sich von einer starren Gedächtnisform löst und Erinnerungen viel ~~freier aus~~gestaltet. Erinnerungsfehler sind insofern ein notwendiges Nebenprodukt der Art, wie wir denken: nicht daten-, sondern bedeutungsfixiert, nicht an Details, sondern an deren Geschichten interessiert.

Erinnerungslücke   *b. den*   *Raum für Kreativ... töl-*
weil   *Bedeut... erhalt... werden*
Es stimmt zwar nicht, ist aber stimmig   *ohne Details*

Erinnerungen haben für uns zwei Funktionen: Wir nutzen sie, um uns mit der Vergangenheit eine Identität aufzubauen und um aus Erfahrungen besser für die Zukunft zu lernen. Beide Eigenschaften erfordern kein statisches, sondern ein flexibles und daher auch anfälliges Gedächtnis.

Je mehr wir uns erinnern, je mehr wir unsere Vorstellungen ausschmücken, desto mehr verzerren wir unsere Erinnerung. Doch um zukünftige Handlungen zu planen, ist genau das notwendig. Ein Was-wäre-wenn-Gedankenexperiment gelingt eben nur, wenn man sich nicht allzu starr an die Vorgaben hält, sondern auch mal ein bisschen rumspinnt. Dieses Rumspinnen geschieht in einer Ansammlung von etwa einem halben Dutzend Hirnregionen, die überwiegend in den Arealen des Stirn- und Scheitellappens (und dem Hippocampus-Netzwerk) liegen. Gar nicht so wichtig, welche Regionen das im Einzelnen sind, sondern dass diese Regionen sowohl bei der Simulation von zukünftigen Ereignissen als auch beim »Abrufen« bisheriger Geschehnisse beteiligt sind.[42] Anders gesagt: Um uns etwas für später vorzustellen, müssen wir das Bisherige auseinandernehmen und kreativ zusammenbasteln. Das läuft natürlich dem Wunsch einer stabilen Erinnerung zuwider und kann dazu führen, dass im Nachhinein Ereignisse falsch kombiniert und gefestigt werden. Aber der Vorteil ist viel größer: Wir können uns nahezu jede erdenkliche Zukunft ausdenken (selbst eine unmögliche). Nur weil wir die Gedächtnisfehler in Kauf nehmen, sind wir zu neuen Ideen überhaupt in der Lage.

Und auch wenn wir viel vergessen und falsch erinnern: Vergessen Sie bitte nicht, dass Erinnerungen nicht den Zweck haben, die Welt so zu erklären, wie sie ist. Vielmehr nutzen wir sie, um uns im Heute wohlzufühlen. So zeigt sich, dass Menschen ganz gezielt (aber natürlich nicht bewusst) die Erinnerungen an ihr bisheriges Leben so verfälschen, dass sie ihre momentane Verfassung schönreden. Bittet man beispielsweise Studenten, sich an ihre Verfassung »kürzlich« zu Semesterbeginn zu erinnern, schätzen sie sich als ähnlich fähig und erfahren ein wie zum Zeitpunkt der Befragung. Sollen sie sich jedoch daran erinnern, wie sie »damals, einige Zeit zurückliegend« ihr Semester begonnen haben, ist ihr früheres Selbst plötzlich sehr viel naiver und unreifer, obwohl der Semesterstart genauso lang her ist wie im ersten Fall.[43] Je mehr du früher der Depp warst, desto besser stehst du nämlich heute da. Und das frühere Ich ist ja ein recht dankbarer Sündenbock, schließlich kann es sich nicht wehren. So können wir uns Negatives aus- und Positives einreden und die Vergangenheit so verbiegen, dass wir ein konsistentes Bild von uns erschaffen.

Im Grunde ist also jede Erinnerung falsch und wird im Nachhinein sogar noch falscher gemacht. Doch wenn das nicht so wäre und unsere Erinnerung wäre nach dem erstmaligen Abspeichern fix und für alle Zeiten gesichert, könnten wir im Nachhinein diese Erinnerung auch nicht mit neuen Informationen »updaten« und ergänzen. So ein unveränderliches statisches Erinnerungsgefängnis ist auch keine schöne Vorstellung – vor allem, weil man sich dann nicht mehr viel vorstellen kann, unflexibel wie man ist. Ein Glück, dass wir uns also so häufig irren, wenn wir uns erinnern. Dann stimmt zwar unser Gedächtnis nicht mehr so ganz, wird dafür aber umso stimmiger.

Kapitel 4

BLACKOUT

Warum wir unter Druck versagen –
und wie die Geheimformel
gegen Lampenfieber lautet

Wir schreiben das Jahr 1998. Es ist der 25. April in Chicago, die Woche der Comdex, der nach der deutschen CeBit größten Computermesse der Welt. Bill Gates stellt der versammelten Weltöffentlichkeit das neue Super-Betriebssystem Windows 98 vor. Sein Kollege Chris Capossela stöpselt einen Scanner an den Demo-PC, um zu zeigen, wie perfekt das neue Windows angeschlossene Geräte erkennt. Da passiert, was nicht passieren darf. Zack! Der Rechner stürzt ab. Die Folge: eine riesige, quadratmetergroße Fehlermeldung als Bluescreen, projiziert auf die Leinwand, damit auch wirklich jeder Journalist die Peinlichkeit sieht. Schallendes Gelächter und ein Steve Jobs, der sich in Kalifornien die Hände reibt. Windows-Computer haben offenbar Lampenfieber. Bill Gates denkt kurz nach und witzelt: »Das ist der Grund, weshalb wir Windows 98 noch nicht ausliefern.« Immerhin fällt ihm noch ein Scherz ein. Das zumindest hätte kein Computer improvisieren können. Fehler können schließlich jedem passieren. In dieser Hinsicht ist ein Computer auch nur ein Mensch. Und ohne solche harmlosen Patzer wäre die Welt auch weniger bunt (oder blau im Falle der Windows-Fehlermeldung). Chris Capossela wurde übrigens nicht gefeuert, arbeitet immer noch für Microsoft und stellt mittlerweile die jeweils neueste Software alleine vor. Denn wer einen solchen Moment überlebt hat, ist gestählt für harte Zeiten. Und in solchen befindet sich Microsoft schließlich.

Merke: Ein Blackout zur Unzeit passiert auch den Besten. Da kann man noch so viel üben und trainieren, unter Druck machen wir die schlimmsten Fehler. Das ist zwar peinlich, aber zugleich menschlich. Adele vergisst 2016 in Manchester ihren Songtext. Waldemar Hartmann behauptet bei »Wer wird Millionär...?«, Deutschland sei noch nie in Deutschland Fußballweltmeister geworden. Und Uli Hoeneß schießt 1976 seinen Elfmeter in den Nachthimmel, so verliert Deutschland zum ersten Mal ein Elfmeterschießen. So kann's gehen, wenn man sich allzu naiv auf sein Gehirn verlässt. Selbst ein Meister seines Fachs ist nicht vor einem geistigen Aussetzer gefeit. Bis auf Helene Fischer, die hatte noch nie einen Blackout auf der Bühne.

Doch uns Normalsterblichen passieren Fehler oft gerade dann, wenn wir sie unbedingt vermeiden wollen. Je mehr Druck wir verspüren, desto schwieriger wird es, Leistung zu bringen. Nicht nur auf der großen Bühne vor Tausenden von Leuten, sondern auch bei Prüfungen, Bewerbungsgesprächen oder Präsentationen vor Kollegen gerät unser Gehirn immer dann ins Schlingern, wenn es eigentlich besonders gut arbeiten sollte. Eine sehr unpraktische Eigenschaft unserer Nervenzellen, die wieder deutlich macht: Das Gehirn ist kein Organ, das konstant und gleichmäßig nach dem immer selben Rhythmus arbeitet, wie es ein Herz oder eine Leber tut (wenngleich

Letztere durchaus in sich änderndem Ausmaß beansprucht werden kann). Das Gehirn schwankt in seiner Leistung. Und manchmal versagt es auch seinen Dienst.

Doch warum ist das so? Weshalb wird unser Gehirn besonders fehleranfällig, wenn es unter starkem Stress oder Druck von außen steht? Und gibt es eine Geheimformel, um sein Lampenfieber, seine Prüfungsangst, seinen Vortragsbammel zu besiegen und im entscheidenden Moment seine beste Leistung abzurufen? Einige Ausnahmekönner im Sport oder auf der Bühne scheinen ja geradezu aufzublühen, wenn es um die Wurst geht.

Die Schritt-für-Schritt-Falle

Drucksituationen mit Blackoutgefahr gibt es viele. Und genau deswegen unterscheiden sich die dabei ablaufenden Vorgänge im Gehirn. Manche Momente sind jedoch geradezu prädestiniert dafür, dass wir unsere geistige Leistung einbüßen und mental verkrampfen. Deswegen an dieser Stelle die Top 3 der typischsten Hirnaussetzer unter Druck.

Problem 1: die Schritt-für-Schritt-Falle. Tritt besonders häufig auf, wenn eingespielte und präzise Bewegungen oder Abläufe verlangt werden. Typische Beispiele wären Präzisionssportarten wie Golf, Billard, Turnen – aber auch Hürdenlauf, Skispringen oder Elfmeterschießen. Auch Chirurgen, Musiker oder andere Künstler spulen häufig ein automatisiertes Programm ab, das keine Fehler verzeiht. Die dafür notwendigen Aktionen sind entweder simpel (wie beim Elfmeterschießen) oder zumindest gut einzuüben (wie die Handgriffe eines Chirurgen oder Konzertpianisten). Um im entscheidenden Moment ja keinen Fehler zu machen, trainiert man deswegen im Vorfeld ausgiebig. Schätzungsweise 10 000 Übungsstunden braucht es, um einen Bewegungsablauf zur individuellen Meisterschaft zu bringen, und zwar egal, wie talentiert man ist. Merke: Begabte Menschen haben vor allem eines – viel Zeit. *Talent ist maßgeblich Übung*

Durch ausgiebiges Üben und Trainieren kann man einen Bewegungsablauf automatisieren. Dann wird er nicht mehr bewusst im Großhirn, sondern unterbewusst im Kleinhirn verarbeitet, dem Sitz unseres Autopiloten sozusagen. Doch selbst wenn wir eine Aktion nahezu perfekt beherrschen, können wir sie manchmal nicht abrufen, wenn es drauf ankommt. Denn in Drucksituationen tendieren wir dazu, ganz besonders aufmerksam zu sein, um ja keinen Fehler zu machen. Bewusste Aufmerksamkeit wird jedoch im Großhirn verarbeitet – und das arbeitet deutlich langsamer und ineffizienter als das bewegungsoptimierte Kleinhirn. So konzentrieren wir uns zur Unzeit auf die konkreten Abläufe unserer Bewegung: Das Großhirn funkt dem automatisierten und effizient laufenden Kleinhirn dazwischen. Anstatt die eingeschliffene Bewegung einfach laufenzulassen, denken wir plötzlich über jeden Schritt nach und verlieren dadurch unseren Bewegungsfluss. Denn eigentlich ist es nicht schwierig, einen Elfmeter ins Netz zu hauen. Doch wenn es im entscheidenden Moment darauf ankommt, wird selbst das Leichte schier unmöglich. Fragen Sie die Engländer.

Das Bewusstsein im Großhirn
Unterbewusst Kleinhirn

Wenn wir jetzt automatisierte
Prozesse kontrollieren wollen
funkt das langsame Großhirn dazwischen

Denken Sie nicht an einen roten Plüschhasen!

Man muss den Elfmeterschützen von den britischen Inseln jedoch zugutehalten, dass ihr Gehirn in der konkreten Drucksituation nicht zu schlecht, sondern in gewisser Hinsicht zu gut gearbeitet hat. Warum? Schauen wir uns den Moment des Elfmeterschießens genauer an: Der Spieler steht konzentriert und einschussbereit vor dem Elfmeterpunkt. Alles, was er tun soll, ist, den Ball am Torwart vorbei ins Tor zu setzen. Und ja nicht an den Pfosten oder daneben. Und genau dann, wenn man es gerade nicht will, schießt man geradewegs gegen das Gebälk. Ein Phänomen, das man in der Neuropsychologie »ironischen Fehler« nennt. Man macht also genau das falsch, was man eigentlich vermeiden wollte.

Die Ursache des Fehlschusses: In unserem Gehirn gibt es zwei Handlungssysteme, ein operatives und ein beobachtendes. Das operative System ist dafür zuständig, alle notwendigen Bewegungen für eine Handlung zu planen und auszuführen (beim Elfmeter also jeden Schritt zu berechnen und den Fuß genau im richtigen Moment in den richtigen Winkel zu drehen). Das beobachtende System scannt derweil alle äußeren Umstände darauf hin ab, ob ein Problem auftreten, man also beispielsweise an den Pfosten schießen könnte. In einem solchen Fall informiert es das operative System, das daraufhin seine Bewegungsplanung justiert. So weit, so gut. Wenn das immer so reibungslos klappen würde, würde man niemals am Punkt versagen.

Nun ist die Arbeitskapazität des operativen Systems begrenzt. Unter Druck werden einige seiner Denkressourcen von Angst- oder Stressempfindungen aufgebraucht. Das beobachtende System läuft jedoch weiter und bringt das drohende Verlierer-Szenario ins Bewusstsein. Die Folge: Genau das, was wir vermeiden wollen, kommt uns verstärkt in den Sinn und überwältigt das operative System. Letzteres kann sich nicht mehr wehren, da zu viele Denkressourcen vom Angstsystem in Beschlag genommen werden. Man schießt gegen den Pfosten, weil man daran denkt, genau dies vermeiden zu wollen. Interessanterweise passiert das besonders häufig denjenigen Spielern, die zu neurotischem Verhalten neigen[44] oder gerne versuchen, Unsicherheit durch Coolness zu überspielen. Letzteres ist ganz besonders schlecht, denn eine geschauspielerte Lässigkeit zieht aus dem Großhirn weitere Denkressourcen ab. Vielleicht ist das ein Grund, weshalb Cristiano Ronaldo in der letzten Saison mehr als jeden dritten Elfer verschossen hat. Ist aber nur eine Vermutung.

Je mehr man sich auf die Schritt-für-Schritt-Abläufe konzentriert, desto leichter kommt uns also genau das in den Sinn, was wir eigentlich nicht tun wollen. So wie Sie irgendwann an einen roten Plüschhasen denken, wenn ich Ihnen sage, dass Sie genau das bitte nicht tun sollen. Denn bei der Lektüre des Kapiteltitels erzeugte das beobachtende System Ihres Gehirns die Meldung des roten Hasen, damit Ihr operatives System auch weiß, was unterdrückt werden soll. Das klappt am Anfang gut, Sie denken vielleicht an eine gelbe Quietschente und lesen weiter. Doch wenn Sie Schritt für Schritt jedes gelesene Wort verarbeiten, bleibt dem operativen System weniger Kapazität übrig, bis es schließlich dem ständigen Warnruf des beobachtenden Systems (»Denk bloß nicht an diesen komischen Hasen!«) nachgibt und der rote Plüschhase ins Bewusstsein springt.

Was hilft, ist, die Aufmerksamkeit von der konkreten Bedrohung weg zu richten. Ein bisschen Ablenkung zur rechten Zeit kann helfen, das überaktive beobachtende System zur Ruhe zu bringen. Hat dieses nämlich wenig zu warnen, dann kann das operative System auch nicht in die falsche Richtung abbiegen. Das gilt aber nur für einfache und automatisierbare Tätigkeiten, Beispiel Golfen: Die eigentliche Bewegung des Golfens, und ich möchte den Golffans unter meinen Lesern nicht zu nahetreten, ist eher simpel. Trotzdem kann es passieren, dass man in einer Drucksituation beim Putten auch aus nächster Nähe danebenschlägt. Wenn jedoch erfahrene Golfer plötzlich nicht mehr darauf achten sollen, den Ball zu lochen, sondern schnell zu spielen, lochen sie besser, als wenn sie sich nur aufs Lochen konzentrieren.[45] Das gleiche Ergebnis stellt sich ein, wenn die Golfer parallel zum Putten darauf achten sollen, ob ein bestimmter Ton ertönt: Mit ein bisschen Ablenkung macht man weniger Fehler, solange es sich um eine gut eingeübte Aufgabe handelt, die unseren Autopilotenmodus erfordert. Schließlich hat das Großhirn plötzlich eine neue Aufgabe und kann dem Kleinhirn nicht mehr dazwischenfunken.

Wer also in einer Stresssituation droht, sich zu sehr auf seine Abläufe zu konzentrieren und dadurch zu verkrampfen, für den kann es sinnvoll sein, kurzzeitig seinen Blick auf etwas anderes zu richten. Kurz aus dem Fenster zu schauen, kurz die Gedanken schweifen zu lassen, sich eine schöne Erinnerung ins Gedächtnis rufen, einfach durchzuschnaufen und für ein paar Sekunden innezuhalten, und dann nicht mehr bewusst nachzudenken, sondern einfach zu machen. Wie mir mein Leichtathletiktrainer immer zurief: »Henning, du denkst zu viel.« Ein Vorwurf, den man in der heutigen Welt leider viel zu selten hört.

Die Ablenkungsfalle

Problem 2 möglicher Hirnaussetzer: die Ablenkungsfalle. Sie schnappt typischerweise zu, wenn wir in einer Prüfung eine anspruchsvolle geistige Leistung abrufen müssen oder wenn wir in einem Bewerbungsgespräch sitzen. Während es sich beim Elfmeterschießen oder Golfen um Tätigkeiten handelt, die am besten ohne bewusstes Nachdenken automatisch ablaufen sollten, ist das in einer Prüfung anders: Hier kann bewusstes Denken in der Tat helfen – und dann ist keine Ablenkung, sondern Fokussierung gefragt. Denn wer in einer wichtigen Prüfung die Konzentration verliert, opfert seine geistige Kraft für irgendwelche Unsinnsgedanken, die einen nicht weiterbringen. Man denkt über die Konsequenzen nach, überlegt sich, was in der Prüfung schiefgehen könnte oder welchen Eindruck man in einem Bewerbungsgespräch gerade auf sein Gegenüber macht. Oder noch schlimmer: Wir bekommen Angst zu versagen und verkrampfen dann erst recht.

Wie gerade gesehen, hat unser Gehirn nicht unendlich viele geistige Reserven, die es für eine Aufgabe mobilisieren kann. Je komplizierter ein Problem ist, desto stärker benötigen wir den vorderen Bereich des Großhirns (den sogenannten präfrontalen Cortex, übersetzt: die vordere-vorne Rinde), um die Lösung zu finden. Die Sache ist nur: Die maximale Rechenpower dieses Hirnbereichs ist begrenzt, und ablenkende Gedanken fressen unsere Denkressourcen geradezu auf.

Der schädlichste Gedanke in einer Prüfungssituation ist die Angst zu versagen. Interessanterweise ist solches Lampenfieber oder die noch schlimmere Form, die Prüfungsangst, tatsächlich so etwas wie die geistige Achillesferse unseres Gehirns –

kein Versagensangst Faith?

und zwar insbesondere bei denjenigen, die eine Aufgabe besonders gut beherrschen! Untersucht man beispielsweise die Rechenleistungen von Probanden in Matheprüfungen, stellt sich heraus, dass diejenigen, die eigentlich besonders gut rechnen können, unter Druck überdurchschnittlich schlecht werden.[46] Wenn die Testteilnehmer ein Zeitlimit erfüllen müssen oder ihre Leistung von Fremden bewertet wird, fallen viele der Fähigsten auf die Leistung der eigentlich weniger gut rechnenden Teilnehmer zurück. Die Erklärung: Angst wirkt im Gehirn wie ein Magnet, aktiviert dabei genau die Zentren, die auch für die Schmerzempfindung zuständig sind[47], und bindet auf diese Weise dringend benötigte Denkkapazitäten. Personen, die eigentlich die Fähigkeit haben, Matheaufgaben ruckzuck durchzurechnen, haben unter Druck so viel Bammel zu versagen, dass nicht mehr genügend Denkressourcen für exaktes Ausrechnen zur Verfügung stehen. Was tun sie daher? Sie versuchen, mit weniger stressanfälligen Rechenabkürzungen und Überschlagskalkulationen Denkarbeit zu sparen (wie es die weniger Mathebegabten von vorneherein schon machen). Diese Vereinfachungen kann man zwar auch unter Druck gut anwenden, leider sind sie ungenau. So fallen die Besten unter Druck viel stärker ab als die Schlechten, die ohnehin schon ihr geistiges Grundniveau erreicht haben. Das bedeutet im Umkehrschluss aber auch, dass sich Prüfungsangst nicht dadurch bekämpfen lässt, dass man mehr übt. Wer mehr kann, verliert in der Prüfung einfach auch mehr durch seine Angst.

Besser ist es, die Angst an sich zu bekämpfen, indem man die Drucksituation in der Vorbereitung simuliert und sich so daran gewöhnt. Das kann man beispielsweise durch sogenanntes Prognosetraining tun. Man ahmt also eine Wettkampf- oder Prüfungssituation in der Vorbereitung nach und gewöhnt sich auf diese Weise an den Druck. Wenn man sich auf ein Vorstellungsgespräch vorbereitet, kann es helfen, wenn man mit einem Gegenüber übt, nur eine einzige Chance zu haben, auf eine Frage zu antworten. Wenn man sich verhaspelt oder in Widersprüche verstrickt – dann hat man bei dieser Art der Vorbereitung keine Chance mehr, sich zu korrigieren. Genauso wichtig wie die Tatsache, dass man in einem solchen Prognosetraining nur eine einmalige Antwortchance hat, ist die Tatsache, dass man von jemand anderem dabei überprüft wird. Denn das Gefühl, beobachtet zu werden, lenkt uns maximal ab und ist Gift für unsere Gehirnleistung. Doch glücklicherweise können wir uns in einem geschützten Umfeld künstlich unter Druck gesetzt gut auf die eigentliche Prüfungssituation vorbereiten.

Kontrolle ist gut, Vertrauen ist besser

Um unter Druck die bestmögliche Leistung abzuliefern, muss sich unser Gehirn konkret auf die Problemstellung konzentrieren. Manchmal kann es helfen, seinen Fokus kurz auf etwas anderes zu richten, um ein automatisiertes Bewegungsprogramm abzurufen (siehe Elfmeter). Doch sobald die Ablenkung nicht freiwillig geschieht, sondern von außen erzwungen wird, geht dringend benötigte Hirnkapazität verloren. Das kennt jeder, der schon mal rückwärts eingeparkt hat. Wenn keiner zuschaut, ist das kein Problem, und Sie setzen Ihren Wagen zentimetergenau in die Lücke. Doch wenn zehn johlende Jugendliche danebenstehen und mit ihren Handys filmen, wie Sie sich abmühen, nützt auch die beste Einparkhilfe nichts.

Bei unserer Arbeit beobachtet zu werden bringt uns aus der Fassung, ob wir es wollen oder nicht. Selbst Profipianisten hauen vor Publikum messbar kräftiger in die Tasten, als wenn sie alleine vor sich hin spielen (und zwar ohne dass sie es selbst merken würden).[48] Und wenn wir unter Beobachtung einfach nur eine leere Wasserflasche immer gleich fest zudrücken sollen, tun wir dies kräftiger, wenn wir uns beobachtet fühlen.[49] Unter äußerem Druck versagen uns offenbar die Nerven, und wir werden weniger präzise in unseren Aktionen. Und dank der Neurowissenschaft wissen wir jetzt auch, welche Nerven das genau sind, die da versagen: Sie liegen in einer Region knapp oberhalb unserer Ohren (wer es genau wissen will: im unteren Schläfenlappen), einem Areal, das normalerweise an der Steuerung unserer Handlungen beteiligt ist. Unter Beobachtung werden genau diese Regionen von einem benachbarten Areal deaktiviert. Als gäbe es eine aktive Unterdrückung unserer präzisen Steuermechanismen gerade dann, wenn uns andere Menschen anschauen. So ein Pech aber auch – fest verdrahtet in unseren Hirnwindungen liegt die Ursache für unsere Leistungsschwäche vor Publikum. Was soll man da machen?

Zumindest ist schon mal klar, was man in Bezug auf seine Mitmenschen nicht machen soll: zu viel kontrollieren. In unserer Welt muss alles geregelt sein, und am besten überwacht man auch jeden Schritt eines Arbeitsprozesses, damit man später weiß, wo etwas optimiert werden kann. Das mag bei Maschinen stimmig sein, aber nicht beim Menschen. Denn wenn man diese kontrolliert, dann machen sie mehr Fehler als sonst. Vertrauen ist gut, Kontrolle ist besser? Vergessen Sie das! Die Neurobiologie zeigt ganz klar: Wer andere kontrolliert, verliert – erst deren Vertrauen und dann auch deren Leistung. Sie müssen zwar irgendwann überprüfen, ob jemand seine Leistung gebracht hat, aber bitte erst am Ende eines Prozesses. Vertrauen Sie Ihren Mitmenschen vorher, und machen Sie deutlich, dass es auf das Ergebnis ankommt, nicht auf den Weg dorthin. Wer anderen ständig über die Schulter schaut, macht mehr kaputt, als er hilft.

Die Übererregungsfalle

Problem Nummer 3 möglicher Hirnblackouts: die Übererregungsfalle. Diese kommt besonders häufig vor, wenn wir eine Rede oder einen Vortrag halten sollen oder generell vor Publikum auftreten. Wenn man nämlich typische Drucksituationen, in denen wir versagen, vergleicht, stellt man fest, dass sie alle eine Gemeinsamkeit haben. Egal, ob wir eine Präsentation halten sollen, in ein Bewerbungsgespräch gehen oder eine Abschlussprüfung schreiben, immer können wir viel gewinnen oder verlieren. Gerade diese Aussicht auf Bestrafung oder Belohnung erregt uns über ein gesundes Maß hinaus, und unser Gehirn kann nicht mehr richtig arbeiten. Denn unsere mentale Topleistung erbringen wir in einem engen Erregungskorridor: Zu wenig Druck lässt uns genauso schlecht werden, wie wenn der Druck ins Unermessliche steigt.

Einem Psychologen würde eine solche Erklärung genügen. Denn Psychologen sehen das Gehirn wie eine Blackbox: Es bekommt einen Input von außen (zu viel Erregung) und gibt dann einen Output zurück (schlechte Leistung). Das ist einem Neurowissenschaftler natürlich zu wenig, denn der will verstehen, was in der Blackbox »Gehirn« vor sich geht, wenn es zu sehr erregt ist. Und dabei zeigt sich, dass es nicht immer gut ist, wenn man für seine Arbeit belohnt wird. Denn mit der Aussicht auf Erfolg steigt auch die Fehlerrate.

Das Belohnungsparadox

Stellen Sie sich vor, Sie spielen ein simples Computerspiel. Pac-Man zum Beispiel, bei dem Sie mit einer Figur durch ein zweidimensionales Labyrinth wandern und dabei Objekte einsammeln müssen. Um es schwieriger zu machen, laufen diese Objekte vor Ihnen weg und bringen unterschiedlich viele Punkte, wenn Sie sie erwischen. Eigentlich total simpel, und jeder Zwölfjährige würde sich nach kurzer Zeit gelangweilt wegdrehen und lieber wieder spannende Snapchat-Fotos teilen. Solche Spiele konnte man deswegen im Labor nur noch durchführen, wenn man den Versuchsteilnehmern einen kräftigen Anreiz gab: Wenn sie ein wertvolles Objekt im Labyrinth einsammelten, erhielten sie fünf Pfund (es war eine englische Studie), bei den weniger wertvollen Objekten immerhin noch 50 Pence. Interessanterweise zeigte sich im Experiment, dass die Teilnehmer weniger erfolgreich waren, die wertvollen Objekte einzusammeln, obwohl sich diese genauso bewegten wie die weniger wertvollen. Die 50-Pence-Belohnungen holten sie sich leicht ab, doch wenn sie sich an die Verfolgung der Fünf-Pfund-Objekte machten, begingen sie häufiger Fehler und bogen falsch ab. Allein die Aussicht auf eine hohe Belohnung führte zu Fehlentscheidungen und Leistungsverlust.[50] Diese Ansicht sollte sich mal unter den mich umgebenden Bankern in Frankfurt verbreiten, wenn sie das nächste Mal auf ihren Bonus pochen.

Wenig überraschend zeigte sich im Hirnscanner, dass die

Belohnungsregionen des Gehirns besonders stark aktiviert waren, sobald man sich der wertvollen Beute näherte. Belohnung wird im Gehirn in Arealen des Mittelhirns verarbeitet, die in diesem konkreten Fall quasi als Gegenspieler des aufmerksamen Großhirns fungieren. Denn je mehr die Belohnungsregion aktiviert war, desto weniger Aktivität zeigte sich in den steuernden Großhirnregionen. Die Folge: Wir werden vor lauter Aussicht auf Belohnung so aufgeregt, dass wir unsere Handlungen nicht mehr präzise steuern können. Anders gesagt: Wenn du einem Pferd immer eine Möhre vor die Nase hältst, wird es zwar schneller laufen, aber gleichzeitig wird es auch häufiger in Schlaglöcher treten, weil es diese nicht mehr sieht. Und mit einem fußlahmen Gaul kommst du nicht ans Ziel. Egal, wie groß die Möhre ist.

Das Gleiche passiert übrigens auch im umgekehrten Fall. Wenn wir einer möglichen Bestrafung ins Auge blicken, leidet unsere Leistung ebenso. Denn die Steuerung von »negativer Belohnung« (also einer Bestrafung) erfolgt in denselben Hirnregionen wie die Belohnung selbst – und hat daher auch einen ähnlichen Effekt. Eine der gewaltigsten Bestrafungen ist soziale Zurückweisung. Deswegen haben viele Leute Angst, in der Öffentlichkeit vor vielen Menschen eine Rede zu halten. Diese Redeangst übertrifft in Umfragen sogar andere weitverbreitete Ängste wie die vor großen Höhen, vor der immerwährenden Meisterschaft von Bayern München oder vor Spinnen. Kein Wunder, denn wenn man sich ein Auditorium genau anschaut, kann das ganz schön gruselig sein, und mehr Beine als eine Spinne hat es auch.

Redeangst überwinden

Wenn man eine Rede oder einen Vortrag halten soll, kommt all das Schlechte zusammen, was Sie soeben gelesen haben. Wir konzentrieren uns unter Druck auf jeden Schritt und werden so anfällig für ironische Fehler. Die Beobachtungssituation zieht notwendige Denkressourcen aus dem Großhirn ab und unterdrückt eingespielte Handlungsmuster. Und zu guter Letzt steht so viel auf dem Spiel, dass unser Belohnungszentrum derart erregt ist, dass unserem bewusst denkenden Großhirn der Saft ausgeht.

Was soll man tun? Zunächst sollte man sich klarmachen, dass Druck und in dessen Folge auch eine Stressreaktion nicht unbedingt etwas Schlechtes sind. Nicht ohne Grund haben sich in unserem Gehirn Mechanismen entwickelt, die unter Druck seine Leistung verändern. Denn gerade wenn es darauf ankommt, muss das Gehirn seine Denkfähigkeiten bestmöglich abrufen. Sportler, Künstler oder Manager, die vor ihrem großen Auftritt oder einer wichtigen Entscheidung total entspannt sind, werden nie ihre Topleistung bringen. Ein gewisses Maß an gesunder Nervosität ist unabdingbar dafür, dass wir unser Bestes geben.

Wenn wir unter Stress auf einmal jeden Schritt bewusst denken wollen, hilft uns das eigentlich, unsere Präzision zu erhöhen. Wenn unter Druck unsere Gedanken abschweifen, kann das helfen, spontan neue Lösungen für ein Problem zu finden – doch gleichzeitig bereitet es jeweils auch den Nährboden für Angst und Ablenkung. Und wenn uns Belohnungen besonders hibbelig machen, dann zu Recht, denn nur dann sind wir auch ausreichend motiviert. Nur, wenn diese Verhaltensweisen des Gehirns übertrieben werden, schlagen sie ins Gegenteil um und machen uns schwächer. Wir denken im konkreten Moment also zu viel über die problematische Situation nach und machen sie dadurch schlimmer, als sie schon ist. Manchmal ist deswegen weniger Denken mehr. Oder wie es der bekannte Hiphop-Aphoristiker Eminem ausdrückte: »You better lose yourself in the music, the moment.«

Entscheidend für unsere Widerstandskraft in druckvollen Situationen ist es, das Missverständnis aufzulösen, dass unsere körperlichen Reaktionen etwas Schlechtes sind. Das nennt man in der Psychologie »Reframing«, also die »Umdeutung« einer Situation. Wenn man Probanden erklärt, schwitzende Hände und ein pochendes Herz wären gut, um eine bestmögliche Leistung zu bringen, schneiden sie in kognitiven Tests besser ab, als wenn man sie mit ihrem Stress alleine lässt.[51] Und dabei hat man noch nicht mal gelogen, denn tatsächlich macht uns Stress grundsätzlich leistungsfähiger. Und solange man einen Stift noch einwandfrei bedienen kann, sind schweißnasse Hände auch erstmal kein Problem. *Stress ist gut!*

Druck lässt sich nicht abschalten – aber man kann sein Gehirn trainieren, besser damit umzugehen, indem man seine Schwächen erkennt. Für Prüfungen oder wichtige Vorträge vor Publikum kann sich daher auch ein Prognosetraining lohnen. Wer eine Rede übt, macht häufig den Fehler, bei jedem Verhaspeln neu zu beginnen. Das ist jedoch falsch. Denn genau das Aus-dem-Konzept-Fallen will man ja im Vortrag vermeiden. Man trainiert sich dadurch aktiv zum Vortrags-Blackout hin. Besser ist es auch hier, einen Vortrag unter Druck zu trainieren: Man hat nur eine einzige Chance, den Vortrag fehlerfrei aufzusagen (wobei »fehlerfrei« auch Weitermachen bedeuten kann: also dass man sich nach einem Verhaspeln fängt und etwa spontan einen neuen rhetorischen Weg einschlägt) – so entwickelt man individuelle Abwehrstrategien für mögliche geistige Aussetzer.

Hinzu kommt: Je steifer und enger Sie Ihren Plan für einen Vortrag, einen Auftritt oder eine andersartige Drucksituation festlegen, desto leichter können Sie auch vom Plan abweichen und aus dem Rahmen fallen. Wenn Sie einen Vortrag präsentieren wollen, können Sie sicherlich vorher den kompletten Text auswendig lernen – doch den müssen Sie dann auch perfekt beherrschen. Jede Unsicherheit wird gleich zu einem möglichen Fiasko, jeder vergessene Nebensatz kann dann den Blackout einleiten. Wie beim Elfmeter: Wer zu sehr an den Pfosten denkt, schießt genau dagegen. Wer ganz exakt weiß, wie der Vortrag laufen soll, weiß auch ganz exakt, wann man sich verhaspelt. Besser ist es da, lediglich die grobe Richtung festzulegen: Was ist die Botschaft, das Bild, die Aussage, die ich rüberbringen will? Was sollen die Zuhörer mitnehmen? Natürlich kann man sich komplizierte Passagen vorher konkreter überlegen und den Ablauf mehrfach einüben. Doch lebendig wird ein Vortrag erst dann, wenn er mehr ist als das fehlerfreie Aufsagen, das man vorher geübt hat.

Was könnte man also gegen das Lampenfieber, die Angst vor einem Vortrags-Blackout konkret tun? Wer Angst hat, vor Publikum zu versagen, malt sich dafür vorher am besten intensiv die Vortragssituation aus. Studien zeigen, dass es hilft, wenn man detailliert aufschreibt, wie ein Vortrag oder ein Test ablaufen wird.[52] So spielt man mögliche Szenarien öfter durch und baut ihren Schrecken ab. Was soll schon passieren? Ein Blackout ist ja kein Zeichen von Schwäche, sondern von Menschlichkeit. Das, was zu einem Blackout führen kann, ist genau das, was Ihren Vortrag lebendig macht: Ihre

Emotion. Man schaut sich doch viel lieber einen leidenschaftlichen, dafür aber etwas wackligen Vortrag an statt eines perfekt runtergespulten, der aber auch von einem gefühllosen Vortragsroboter gehalten werden könnte.

Hinzu kommt: Es gibt keinen unprofessionellen Aussetzer, sondern nur einen unprofessionellen Umgang damit. Kehren Sie Ihren Blackout nicht unter den Teppich. Viele Menschen versuchen, eine Peinlichkeit vor Publikum so schnell wie möglich zu verstecken oder zu überspielen. Doch dabei sind sie so sehr mit dem Vertuschen beschäftigt, dass sie den roten Faden verlieren. Besser: Geben Sie den Aussetzer kurz und bündig zu – und haken Sie ihn dann ab. Bereiten Sie dann einen Alternativplan vor, einen Stichwortzettel zum Beispiel, der Sie wieder zurück in die Spur bringt. Wenn dann später etwas schiefgehen sollte, sind Sie nicht überrascht und können noch ein Ass aus dem Ärmel zaubern. Das müssen Sie vorher aber auch in den Ärmel gesteckt haben. Das sage nicht ich, sondern das stammt von Rudi Carrell. Und der hatte sogar noch mehr unfallfreie Auftritte als Helene Fischer.

Kapitel 5

ZEIT

Warum wir sie immer falsch einschätzen –
und dadurch wichtige Erinnerungen bilden

Erinnern Sie sich an früher, als die Sommerferien scheinbar endlos waren? Als man ständig unterwegs war und dauernd Neues ausprobierte? Als man stundenlang am Nachmittag mit Freunden spielte, Sport machte oder einfach nur faulenzte? Eine wunderbar stressfreie Zeit war das damals. Und heute? Scheint die Zeit zu rasen. Als würde sie immer schneller vergehen, je älter man wird. Wenn man früher eine Stunde mit dem Kindergartenkumpel durch den Wald tollte, kam einem dies wie eine Ewigkeit vor. Wer heute eine Stunde »luncht«, stellt fest, wie schnell sechzig Minuten rum sind, bevor es wieder an die Arbeit geht.

Die Zeit bereitet unserem Gehirn Probleme – und deswegen bekommen wir Probleme mit der Zeit. Aufgaben, von denen wir dachten, wir könnten sie »auf die Schnelle« erledigen, entpuppen sich als Zeitfresser. Deadlines rücken immer schneller heran, je näher sie ohnehin schon sind. Wir verzetteln uns oft, ob auf der Arbeit oder zu Hause, wir eilen von Termin zu Termin, kommen zu spät zu Verabredungen oder verschieben Projekte nach hinten. Zeit ist knapp – ein kostbares Gut. Kein

Wunder, dass sich die meisten Deutschen dies am allermeisten wünschen: mehr Zeit für sich oder ihre lieben Mitmenschen zu haben, und zwar mehr noch, als finanziell abgesichert zu sein.[53]

Das ist eigentlich paradox, denn noch nie hatten wir so viel Unterstützung, die uns zeitraubende Arbeit abnehmen könnte, und dennoch kommt es uns so vor, als hätten wir immer weniger Zeit zur Verfügung. Wer früher ein Zugticket kaufen wollte, musste sich in einer Reihe am Schalter anstellen und dem Bahnbeamten die Reisedaten durchgeben. Dieser holte dann einen dicken Katalog hervor und blätterte nach der Verbindung. Das war normal, und keiner hat sich beschwert. Heute tippe ich mich durch meine Smartphone-App, um drei Minuten vor Abfahrt noch ein Ticket auf mein Display zu laden – und ärgere mich, wenn der Zug dann fünf Minuten zu spät ist. Ein hocheffizient getakteter Fahrplan ist zwar eine gute Sache, doch dann sieht man eben auch präzise, wie groß die Verspätung tatsächlich ist.

Die Sache ist nämlich: Das mit dem Planen läuft vielleicht auf dem Papier, doch das Gehirn spielt da nicht mit. Denn es liegt mit dem grundlegendsten Parameter aller Projektplanung schwer über Kreuz: der Zeit selbst. Zeit ist nichts, was das Gehirn messen, einhalten oder gar verstehen kann. Vielmehr ist es ein künstliches Gebilde, eine von Menschen erfundene Krücke, um die Welt ein wenig zu ordnen. Denn für das Gehirn existieren messbare Zeiteinheiten gar nicht. Wie soll es sich dann an einer frei erfundenen Zeitordnung, von Sekunden bis Jahren, orientieren? Schließlich wurde es nicht dafür konstruiert, Minuten oder Stunden zu erkennen; die kommen in der Natur gar nicht vor. Wenn man sich dazu entschlossen hätte, den Tag in 14 Stunden à 34 Minuten je 83 Sekunden einzuteilen, würde das auch funktionieren. Für das Gehirn würde es jedenfalls keine Rolle spielen, wie wir unsere Zeit künstlich erfinden. Es ist immer gleich schlecht darin, sie einzuschätzen.

Zeit ist relativ, sagt der Physiker. Das ist immerhin mehr, als der Neurobiologe behaupten kann, weil es messbare Zeit für das Gehirn eben gar nicht gibt. Sicher, auch für uns ist die Zeit irgendwie »relativ«: Wer zehn Minuten auf einem zugigen Bahnhof auf den Anschluss warten muss, dem kommen sie vor wie eine Ewigkeit. Wer jedoch beim ersten Date seiner neuen Liebe gegenübersitzt, für den vergehen zehn Minuten wie im Flug. Doch wenn man später fragt, was länger gedauert hat, erinnert man sich ausgiebig an das »endlose Gespräch bei romantischem Kerzenschein«, das langweilige Warten auf dem Bahnhof schrumpft hingegen auf wenige Augenblicke. Seltsam, wie das Gehirn mit der Zeit umgeht.

Doch warum ist das so? Warum tun wir uns so schwer damit, die Zeit richtig einzuschätzen? Schließlich kann es ernsthafte Konsequenzen haben, wenn wir uns verzetteln und Abgabetermine nicht einhalten oder Verabredungen platzen lassen. Und was kann man tun, um wieder mehr Zeit für sich zu gewinnen?

Die Planungsfalle

Dass uns die Zeitwahrnehmung kostspielige Streiche spielen kann, wird immer wieder aufs Neue bei der Planung von Großprojekten deutlich. Ich verzichte an dieser Stelle auf einen billigen Witz auf Kosten eines möglicherweise zukünftigen Berliner Flughafens, schließlich ist die Geschichte voll von Beispielen, in denen Bauprojekte erst zeitlich und dann monetär aus dem Ruder liefen (vom Suezkanal bis zur Oper in Sydney). Dass sich nun jedoch auch das schwäbische Vorzeigeprojekt Stuttgart 21 zu verzögern droht, macht mich traurig. Denn als ehemaliger langjähriger Bewohner der Schwäbischen Alb weiß ich, wie sehr man sich dort nach infrastrukturellem Anschluss an die Zivilisation sehnt. Immerhin wird das Bauvorhaben in Schwaben durchgeführt, und wenn die beteiligten Projektmanager nur halb so gewissenhaft sind wie mein Vermieter beim Einhalten der Kehrwoche, bleibe ich optimistisch.

Menschen sind notorisch schlecht darin, zukünftige Zeitabläufe einzuschätzen. Den typischen Fehler, bei seiner Arbeit Zeit zu verplempern, nennt man in der Wissenschaft »planning fallacy«, also den »Planungs-Trugschluss«.[54] Mit ein Grund dafür ist ebenjene Eigenschaft des Gehirns, Zeit nicht verlässlich messen zu können. Wenn wir eine Aufgabe erledigen sollen, schätzen wir in aller Regel die dafür benötigte Dauer zu kurz ein. Jeder, der schon mal Weihnachtsgeschenke gekauft hat, weiß, was das in der Wirklichkeit bedeutet. Man weiß in etwa, was man besorgen will – und auch die »Deadline« (im Falle des Weihnachtsfestes ein etwas unglücklicher Begriff) ist fix. Dennoch kann man alljährlich hektische Panikkäufe in den letzten Tagen vor Heiligabend beobachten. Denn im Durchschnitt, und das ist wissenschaftlich untersucht, hat man das Geschenke-Kaufen vier Tage später erledigt, als man es zu Dezemberbeginn prognostizierte.[55]

Der Grund scheint auf der Hand zu liegen: Wir sind einfach zu optimistisch und berücksichtigen nicht, dass uns etwas bei unseren Projekten in die Quere kommen kann. Doch ganz so einfach ist es nicht. Denn wenn man Personen bittet, sich nicht nur den Optimalfall, sondern auch ein »Worst-Case-

Szenario« auszumalen, bleiben sie genauso schlecht beim Vorhersagen ihres Projektendes. Tatsächlich liegt der Fehler nämlich in unserer Zeitwahrnehmung: Wenn wir uns vorstellen sollen, wann eine Aufgabe vollendet ist, orientieren wir uns an der Vergangenheit. Wir überlegen, wie lange eine ähnliche Arbeit früher einmal gedauert hat, und ziehen das als Hilfestellung für die Vorhersage heran. Dabei vergessen wir aber eines: dass unsere Erinnerungen zeitlich komplett verzerrt sind. In der Rückschau erscheint getane Arbeit ständig zu kurz (besonders, wenn sie eintönig war). Und mit einer so zusammengestauchten Erinnerung kann man eben keine guten Vorhersagen treffen.

An dieser Stelle gleich zwei Hilfestellungen, um die Zeit besser in den Griff zu kriegen: Erstens, fragen Sie jemanden, der sich *nicht* mit der Sache auskennt. Okay, beim Kauf von Weihnachtsgeschenken ist das etwas schwierig, aber im Berufsalltag finden Sie sicher jemanden, der keine Ahnung von dem hat, was Sie tun. Denn in Untersuchungen zeigt sich: Fachleute schätzen die Abläufe, für die sie Experte sind, zwar reproduzierbar und präzise ein – leider aber auch reproduzierbar und präzise am falschesten. Denn je mehr Erfahrungen man gemacht hat, desto mehr schrumpfen diese Erfahrungen in der Rückschau zeitlich zusammen. Wer sich also besonders gut mit bestimmten Abläufen auskennt, ist genau deswegen besonders schlecht darin, eigentlich vertraute Arbeit zeitlich vorauszusagen.[56] Expertise muss nicht immer von Vorteil sein.

Zweitens, wenn Sie ähnliche Aufgaben öfters erledigen, schreiben Sie auf, wie lange Sie gebraucht haben, und nutzen Sie diese gesammelten »Ablauf-Zeiten«, um die Zukunft besser einzuschätzen. Manchmal kann es schon helfen, später nochmal auf die tatsächlich gemessene Zeit zurückzugreifen und überrascht zu sein, dass diese doch viel länger war, als man sich zu erinnern glaubt. Schließlich schrumpft in unserem Gedächtnis nachträglich alles auf wenige Augenblicke zusammen. Kein Wunder, dass wir uns da zeitlich verzetteln. Es reicht eben nicht, wenn man versucht, sich bloß an die Vergangenheit zu erinnern, denn an die Zeit können wir uns nicht erinnern, sie existiert ja nicht für unser Gehirn.

Ohne Sinn für die Zeit

Wir haben also keinen Sinn für die Zeit – und zwar im wahrsten Sinne des Wortes. Alle anderen äußeren (und inneren) Reize nehmen wir mit einem besonderen Sinnesorgan auf. Das klappt zwar auch nicht immer optimal, wie wir von zahlreichen akustischen und optischen Täuschungen wissen, aber zumindest ist es unserem Gehirn in diesen Fällen möglich, etwas real Existierendes zu messen (eine Farbe, eine Tonhöhe oder eine Temperatur). Doch für die Zeit gibt es kein Sinnesorgan. Vielmehr wird unser Zeitempfinden künstlich im Nachhinein erzeugt. Wir erleben eine Abfolge von Sinnesreizen und betten diese anschließend in ein zeitliches Konstrukt ein. Wir messen Zeit also nicht, sondern »erfinden« diese nachträglich, sodass sie zu unseren Wahrnehmungen passt.

Jeder Physiker würde darüber den Kopf schütteln. Was für ein unfassbar schlechtes Verfahren, um etwas so Wichtiges wie chronologische Abläufe aufeinander abzustimmen – und extrem fehleranfällig noch dazu. In unserer technischen Welt ist das anders: Eine gewöhnliche Armbanduhr geht pro Tag etwa eine Sekunde falsch, Atomuhren sind weit exakter. Die präzisesten Modelle gehen in 140 Milliarden Jahren gerade mal eine Sekunde vor oder nach. Keine Ahnung, wofür man solche Genauigkeit braucht, schließlich ist das Universum gerade mal knapp 14 Milliarden Jahre alt. Aber so sind sie, die Ingenieure: Wenn sie schon nicht genau wissen, wann alles begonnen hat – zumindest auf den Sekundenbruchteil könnten sie es bestimmen.

Da ticken die Uhren im Gehirn anders. Genauer gesagt tickt da gar nichts. Noch nicht mal den gröbsten aller Taktgeber, den Tagesrhythmus, kriegen wir messbar auf die Reihe. Hat man nämlich das Glück, von eifrigen Neuropsychologen zu Testzwecken in ein Zimmer eingesperrt zu werden, das vom Tageslicht und der Außenwelt abgeschnitten ist, passt sich unser innerer Schlaf-Wach-Rhythmus an einen 25-Stunden-Zyklus an. Noch nicht mal einen Tag von 24 Stunden können wir also innerlich abpassen! Aus diesem Grund nennt man den eingebauten Tagesrhythmus auch »circadian« (also »circa einen Tag«). Damit es dann im Alltag dennoch passt und wir pünktlich mit der Dunkelheit müde werden, wird dieser zentrale 25-Stunden-Taktgeber jedes Mal von den Lichtreizen, die auf das Auge treffen, nachjustiert. Hier sieht man schon, was Präzision in der Neurobiologie bedeutet: Während Sie Ihre Armbanduhr einmal im Jahr nachstellen sollten, um nicht fünf Minuten zu spät zu kommen, wird Ihr Gehirn täglich um eine ganze Stunde angepasst. Würde das nicht passieren, ginge unsere »innere Uhr« nach einem Jahr ganze zwei Wochen falsch. So würden Sie garantiert jeden Termin verpassen.

Zeitfehler »live«

Apropos Armbanduhr: Tragen Sie gerade eine solche am Handgelenk oder haben Sie eine andere Uhr mit Sekundenzeiger im Blickfeld? Schauen Sie kurz darauf. Fällt Ihnen etwas auf, sobald Sie Ihren Blick auf die Uhr richten? Manchmal scheint der Sekundenzeiger (oder ein digitales Blinken) beim ersten Mal länger stehenzubleiben, als er es später tut. Sie richten Ihren Blick auf die Uhr, der Zeiger »friert kurz ein« und tickt dann normal weiter – ein Phänomen, das man *Chronostasis* (griechisch für »stehende Zeit«) nennt. Verantwortlich dafür ist die Änderung unserer Aufmerksamkeit bei gleichzeitiger Bewegung. Denn wir passen unsere Zeitwahrnehmung dynamisch der Aufgabe an.

Besonders gut klappt das bei der Einschätzung von Gesichtern. Je ausdrucksstärker diese sind, desto intensiver und länger nehmen wir sie wahr, obwohl wir sie unter Umständen genauso lang betrachten wie neutrale Gesichter (die so ausdrucksvoll sind wie ein Passbild). Wenn Probandinnen beispielsweise als unattraktiv eingestufte weibliche Gesichter präsentiert bekommen, nehmen sie diese kürzer wahr als neutral blickende oder attraktive Gesichter, die beide gleich lang wahrgenommen werden.[57] Wenig überraschend, wer schaut schon gerne auf ein hässliches Gesicht? Doch fehlte in dieser Studie das Kontrollexperiment. Ich bin nämlich sicher, dass männliche Probanden anders reagiert und attraktive weibliche Gesichter länger angeschaut hätten als neutrale Passbild-Gesichter …

Hier sieht man, dass unsere Zeitwahrnehmung maßgeblich von unserer Umwelt beeinflusst wird. Ein fröhliches Gesicht, und schon ist es dahin mit der objektiven Zeitwahrnehmung. Allerdings nur, wenn es uns möglich ist, dieses Gesicht auch zu imitieren (was oft unweigerlich passiert, wenn wir ein Foto betrachten). Sollten Probanden nämlich die Dauer des Zeitraums einschätzen, in dem sie fröhliche Gesichter anschauten, wurde diese Dauer als umso länger eingeschätzt, wenn sie die Gesichter nachahmen konnten. Hatten sie allerdings währenddessen einen Stift im Mund, sodass sie ihre Gesichtsmuskeln nicht zum Imitieren nutzen konnten, verschwand der Effekt.[58] Jeder, der sich ab jetzt nicht mehr von attraktiven Gesichtern ablenken lassen möchte, weiß nun, was er zu tun hat: auf einen Kuli gebissen, und schon kann man die Zeit endlich wieder genauer einschätzen. Neurowissenschaftliche Erkenntnisse können also durchaus alltagsnah sein.

Scherz beiseite, unsere Zeitwahrnehmung unterliegt ganz offenbar den bei Naturprodukten üblichen biologischen Schwankungen. Interessanterweise wird dabei so gut wie nie unser momentanes Zeitempfinden beeinflusst, sondern erst in der Rückschau verfälscht. Bei besonders intensiven emotionalen Erlebnissen hat man ja manchmal das Gefühl, dass alles »wie in Zeitlupe« zu laufen scheint – als würde das Gehirn in diesem Moment die eintreffenden Informationen schneller verarbeiten. Das ist aber nicht der Fall, denn das Gehirn arbeitet immer gleich schnell. Erst, wenn man sich daran erinnert, kommt es einem länger vor. Dies untersuchte man anhand von Freiwilligen, die sich 31 Meter im freien Fall in ein Sicherheitsnetz hinunterstürzten (man nutzte für dieses wissenschaftliche Experiment extra eine Freizeitpark-Attraktion). Man könnte erwarten, dass sich eine solche Stresssituation auch auf das Zeitempfinden auswirkt und einem der freie Fall länger vorkommt. Das tut er auch, aber erst hinterher. Denn während des Fallens arbeitet das Gehirn genauso flott wie sonst auch. Diese optische Verarbeitungsgeschwindigkeit des Gehirns kann man nämlich konkret messen. Denn alles, was im Abstand von maximal acht Hundertstelsekunden gesehen wird, nehmen wir als gleichzeitig wahr. Wenn man Probanden also eine lückenhafte Figur zeigt

A s zu B is l d es T x

und anschließend eine Figur, die genau diese Lücken auffüllt

l o   m e pie i en e t

dann nehmen sie diese beiden Figuren als Einheit wahr, wenn sie schneller als im Abstand von acht Hundertstelsekunden abwechselnd aufblinken:

Also zum Beispiel diesen Text.

Sie verschmelzen quasi zu einer einheitlichen Figur. Würde das Gehirn hingegen unter Stress schneller arbeiten, müsste es auch bei schnellerem Hin-und-her-Blinken die beiden Figuren noch auseinanderhalten können. Doch vom Turm runterfallende Probanden sahen während des Fallens genauso nur eine einzige sozusagen verschmolzene Figur wie Probanden, die nirgendwo runtersprangen (die Teilnehmer trugen dazu ein abwechselnd blinkendes Armband während des Sprungs). Das Gehirn arbeitet also im freien Fall genauso schnell wie sonst auch, doch im Anschluss schätzten die gesprungenen Teilnehmer ihre eigene Fallzeit um 36 Prozent länger ein, als wenn sie andere springen sahen.[59]

Merke: Nachträglich kann sich das Gehirn noch eine passende Zeitwahrnehmung erfinden. Das ist wichtig, denn auf diese Weise speichern wir das Aufregende auch besonders ausgiebig ab und können verschiedenzeitige Ereignisse als gleichzeitig wahrnehmen. Schließlich hat es Vorteile, wenn wir unsere Umwelt als Einheit erleben, selbst wenn sich zeitliche Verschiebungen auftun.

Die Rosamunde-Pilcher-Irritation

Schon wenn es darum geht, Körperbewegungen mit der Außenwelt in Einklang zu bringen, hat das Gehirn ein Problem. Denn unsere Sinnesorgane arbeiten unterschiedlich schnell und müssen trotzdem alle unter einen Hut gebracht werden. Deswegen nutzt das Gehirn einen Trick, es beschleunigt oder verlangsamt die Verarbeitung der unterschiedlichen Sinne und synchronisiert sie auf diese Weise.

Dazu orientiert es sich immer an dem zugrunde liegenden Handlungsziel und nutzt dieses als Bezugspunkt für die Zeitwahrnehmung. Dabei ist es ein sehr egoistisches Organ, denn nichts ist wichtiger als die eigene Handlung. Werden Probanden zum Beispiel aufgefordert, auf einen Knopf zu drücken, um dadurch einen Ton zu erzeugen, nehmen sie die Zeit zwischen dem Drücken und dem Ton als kürzer wahr, als sie eigentlich ist.[60] So sorgt das Gehirn dafür, dass unsere Handlungen auch besonders intensiv und schnell verarbeitet werden. Manchmal jedoch zu schnell: Lässt man Probanden sich nämlich an den zeitlichen Abstand vom Drücken des Knopfes bis zum ausgelösten Signal gewöhnen und sorgt dann plötzlich dafür, dass das Signal zeitgleich zum Knopfdruck erscheint, kommt es den Teilnehmern so vor, als würde das Signal schon *vor* ihrem Knopfdrücken ertönen.[61] Man antizipiert aufgrund der Gewöhnung zukünftige Ereignisse und lässt ihre Dauer zusammenschrumpfen – ein Grund mehr, weshalb wir uns beim Weihnachtsgeschenkekaufen verzetteln.

Zeitliche Täuschungen beobachte ich manchmal auch beim Rosamunde-Pilcher-Schauen (nicht, dass das häufig vorkäme, ich schalte lediglich ein, um neuropsychologische Effekte zu überprüfen, oder wenn der »Tatort« nicht aus Münster kommt). Werden Filme nämlich nachträglich in einer anderen Sprache synchronisiert, passt die Lippenbewegung nicht mehr zum gesprochenen Wort, das Gehirn kann sie also nicht mehr zeitlich zur Deckung bringen. Aus Laboruntersuchungen weiß man jedoch, dass sich das Gehirn schon nach wenigen Silben auf eine solche Nachsynchronisation einstellt, und wir bemerken gar nicht mehr, dass das Bild eigentlich nicht zum Ton passt.[62] Problematisch wird allerdings der Wechsel: Wenn deutsche und fremdsprachige Schauspieler miteinander reden und anschließend eine der beiden Personen synchronisiert wird, kann das befremdliche Gefühl einer sprachlichen Verzögerung eintreten. Bei einer Person passen die Mundbewegungen zur Sprache, bei der anderen nicht. Eine Dissonanz, die unser Gehirn gar nicht gernhat. Nur aus diesem Grund schalte ich bei Rosamunde-Pilcher-Filmen schnell wieder weg.

Eine geistige Zeitachse

Merke daher: Um ein Zeitgefühl zu erzeugen, orientiert sich das Gehirn nicht an den tatsächlichen zeitlichen Abläufen. Die zu messen, wäre zum einen recht aufwendig. Zum anderen ist es für das Gehirn oft auch unnötig. Denn viel wichtiger ist es, Ereignisse in einen Sinnzusammenhang einzuordnen und über diesen Umweg anschließend die Zeit anzupassen. Doch wie geht das Gehirn dabei praktisch vor?

Wir haben schon zu Beginn dieses Kapitels gesehen, dass wir uns bei der Planung unserer Handlungen zeitlich verzetteln, weil wir ähnliche Handlungen aus der Vergangenheit nicht mehr richtig einschätzen können. Gerade Routinetätigkeiten schrumpfen in der Rückschau zusammen, sodass sie uns kürzer vorkommen, als sie tatsächlich sind. Der Grund dafür ist, dass das Gehirn keine Sekunden oder Minuten misst, sondern Erlebnisse. Die Erlebnisse werden auf einer »Erlebnisachse« angeordnet, um sie in eine zeitliche Reihenfolge zu bringen. Diese Achse ist dabei nicht zeitlich, sondern »lebendig« kalibriert. Je mehr Erlebnisse und je intensiver diese sind, desto mehr Zeit wird jener Abfolge anschließend zugeordnet. Erst kommt das Erleben, dann die Erinnerung daran und zum Schluss erst das zeitliche Empfinden.

Eine Hirnregion, die diese Aufgabe übernimmt, ist die Inselrinde, die an der Kopfseite knapp über der Schläfe liegt und im Laufe der Hirnentwicklung durch Einstülpungen und -furchungen der Großhirnrinde überwuchert wurde. Ein Teil dieser Inselrinde ist offenbar so etwas wie eine Sammelstelle für emotionale Momente und deren zeitliche Abfolge.[63] Er kombiniert aus allen eintreffenden emotionalen Zuständen unser

Gesamterlebnis, sodass wir uns als gefühlsmäßige Einheit wahrnehmen. So kann das Gehirn eine geistige Zeitachse konstruieren, indem es Erlebnisse chronologisch anordnet. Was besonders intensiv erlebt wurde, nimmt die Inselrinde auch besonders stark in Beschlag; es bekommt auf unserer persönlichen Zeitachse viel Platz (und wird in der Rückschau betrachtet länger). Langweilige Ereignisse nehmen die Inselrinde weniger in Anspruch und bekommen deswegen auch keinen Raum auf der Zeitachse. Im Extremfall können wir uns an eine langweilige Episode gar nicht mehr erinnern – es kommt uns vor, als hätte sie nie stattgefunden. Merke: Zeit wird nicht gemessen, sondern im Nachhinein künstlich erzeugt.

Warum die Zeit im Alter zu rasen scheint

Gerade weil das Gehirn Zeit gar nicht misst, sollte man sich auch nicht auf sein Zeitempfinden verlassen. Es ist praktisch immer falsch, denn es orientiert sich daran, was wir subjektiv erleben. Das ist auch ein Grund, weshalb wir die Zeit unterschiedlich schnell wahrnehmen, je nachdem, wie alt wir sind.

Wenn wir uns zurückerinnern, kommen uns Phasen unserer Kindheit oft länger vor, als sie tatsächlich waren. Je älter wir werden, desto schneller scheint die Zeit jedoch zu laufen. Wochen, Monate und Jahre scheinen wie im Flug zu vergehen, man kommt kaum noch hinterher, seine Arbeit rechtzeitig zu erledigen. Das kann zwei Gründe haben: Entweder man hat wirklich zu viel zu tun, oder das Zeitverständnis ist verzerrt. Glücklicherweise ist meist Letzteres der Fall, denn das eröffnet die Möglichkeit, an seiner subjektiven Wahrnehmung zu drehen, um wieder mehr Zeit zu »gewinnen«.

Dass die Zeit im Alter schneller vergeht, liegt nicht daran, dass unser Zeitgefühl generell schlechter funktionieren würde. Ältere und jüngere Menschen sind gleich gut darin, ein Zeitintervall von einigen Sekunden oder Minuten abzuschätzen.[64] Was sich hingegen ändert, ist das subjektive Empfinden. Bittet man nämlich ältere und jüngere Probanden einzuschätzen, wie lange es dauert, eine Straße zu überqueren, liegen die Jüngeren deutlich näher an der tatsächlichen Dauer. Ältere Menschen unterschätzen die Dauer jedoch systematisch.[65] Das liegt nicht nur daran, dass man sich im Alter noch so jung und fit fühlt, wie man dereinst war, sondern dass das Gehirn bekannte Ereignisse zeitlich zusammenschnurren lässt. Man ist einfach schon so oft über eine Straße gelaufen, da erinnert man sich nicht mehr an jedes Detail und vergisst dabei, wie lange es tatsächlich gedauert hat.

Weil Zeit erst nachträglich unseren Erlebnissen zugeordnet wird, verändert sich die Zeitwahrnehmung im Laufe des Lebens. Früher waren so viele Ereignisse völlig neu, oder man erlebte sie zum ersten Mal. Mit anderen Worten: In der gleichen Zeit passierten mehr erinnerungswürdige Dinge, die Erlebnisdichte war höher. Da das Gehirn nachträglich die Erlebnisse in der Inselrinde sortiert und erst in der Rückschau ein Zeitgefühl erfindet, dehnt sich die Zeit aus. Wenn die gleichen Dinge dann häufiger passieren, sind sie nicht mehr neu und werden im Gedächtnis ausgespart, wodurch die Erlebnisdichte sinkt. Anders gesagt: Die Aussage »Mir kommt es so vor, als sei es gestern gewesen, dass wir uns gesehen haben« ist nichts anderes als ein Offenbarungseid der Langweiligkeit des eigenen Lebens. Wer hingegen immer wieder neue Dinge ausprobiert, für den wird die Vergangenheit länger. Unseren ersten Kuss haben wir hoffentlich noch sehr klar vor Augen, und er zieht sich in der Erinnerung ewig in die Länge. Wer jedoch häufiger küsst, weiß: Es kommt einem mit der Zeit immer kürzer vor. Das ist zwar auch oft messbar der Fall, aus vielen Minuten werden Bruchteile von Sekunden (fragen Sie Ihren Partner/Ihre Partnerin), doch selbst wenn jeder Kuss exakt gleich lang dauern würde, der allererste wäre dennoch der »gefühlt längste«.

Im Alter geht die Zeit also nicht schneller, man fühlt noch nicht mal, dass sie im konkreten Moment schneller verstreicht. Doch in der Rückschau entsteht die Illusion, dass die Ereignisse immer dichter aufeinanderfolgen, weil die meisten Ereignisse nicht mehr neu sind. Einen ähnlichen Effekt kennen Sie vielleicht aus dem Alltag, wenn Sie zu Freunden fahren und anschließend den gleichen Weg zurück nehmen. Der Weg nach Hause kommt Ihnen immer kürzer vor.[66] Das Gleiche gilt im Kino: Wer einen langen Film das zweite Mal schaut, wundert sich, wie schnell er vorbei ist.

Der Vorteil zeitlicher Verzerrungen

Ganz offenbar ist das Gehirn sehr schlecht darin, zeitliche Abläufe objektiv nachzuvollziehen. Im Gegenteil, es widersetzt sich sogar aktiv jeder zeitlichen Präzision und opfert diese zum Wohle einer lebendigen Erinnerung. Doch warum tut es das? Schließlich wird es dadurch sehr fehleranfällig und irrt sich häufig.

Viel wichtiger als eine mathematisch präzise Zeitachse ist es, bedeutende Ereignisse aus der Vergangenheit besonders präsent zu halten – und zwar im Wortsinne: in der Gegenwart. Wichtige Lernerfahrungen genauso wie intensive Erlebnisse dürfen nicht auf eine mechanische Zeitachse gesetzt werden, denn so werden sie im Laufe der Zeit immer weniger verfügbar und von unwichtigeren Erfahrungen verdrängt, die vielleicht zeitlich jünger, aber bei weitem nicht so bedeutsam sind. Das Zeitempfinden als Abfallprodukt unseres Erinnerungsvermögens ist notgedrungen subjektiv. Nur dadurch, dass wir neuen und intensiven Erlebnissen auch viel Zeit in unserer Erinnerung einräumen, erhalten wir deren Lebendigkeit.

Deswegen komprimiert oder dehnt das Gehirn Zeitabläufe je nach Bedarf. Das entscheidende Kriterium dafür ist nicht die absolute Zeit, sondern die Erlebnisdichte. Je mehr man erlebt, desto länger scheinen diese Ereignisse retrospektiv gedauert zu haben. Die Routine ist hingegen ein wahrer Zeitbeschleuniger: Wenig Neues, immer das Gleiche, nix Spannendes – da streicht das Gehirn die Erinnerung zusammen, bis zum Schluss nur noch ein Bruchteil der tatsächlich verstrichenen Zeit übrigbleibt. Auf diese Weise wird das Wichtige intensiv erinnert, das Unwichtige zeitlich verkürzt. Je langweiliger ein Leben ist, desto schneller vergeht es. Ein praktischer Trick unseres Gehirns, wie ich finde.

Glückwunsch, Sie haben etwas Zeit gewonnen

Wenn diese Annahmen der Neurowissenschaft stimmen, ist es eigentlich gar nicht schwer, mehr Zeit für sich zu gewinnen. Verabschieden Sie sich zuallererst von der Vorstellung, dass Sie die absolute Zeit, die Sie in eine Aktivität investieren, später auch genau so erinnern. Einfach doppelt so lange etwas zu tun, wird später nicht als doppelt so lange empfunden (wenn es langweilig war, vielleicht sogar nur als halb so lange oder gar nicht mehr).

Wer das allgemeine Gefühl hat, alles laufe immer schneller, und man komme gar nicht mehr hinterher, sollte sich eher fragen, warum das Gehirn in der Rückschau genau diesen Eindruck erzeugt: weil die Dinge zu langweilig sind, zu wenig Neues passiert! Wenn Sie Ihren Alltag in ein Schema gepresst haben und hocheffizient eine eingespielte Routine abspulen, wird das Gehirn das Zeitempfinden ebenso hocheffizient zusammenstreichen.

Zeit gewinnt man nicht im konkreten Moment, sondern erst, wenn das Gehirn in der Rückschau das passende Zeitempfinden konstruiert – und das wird umso länger, je neuer und abwechslungsreicher Ihr Leben ist. Wer seine Routine ganz gezielt durch verrückte Aktionen stört, wird überrascht sein, wie lange sich diese anfühlen werden, wenn man sich an sie erinnert. Sie können entweder an einem Sonntagabend einen Rosamunde-Pilcher-Film anschauen und anderthalb Stunden darauf warten, dass er gut ausgeht (das wird er, ich verrate nicht zu viel), oder Sie laden fünf Freunde zum Mau-Mau-Spielen ein. Wenn das ein lustiger Abend werden sollte, vergeht er vielleicht wie im Flug, kommt ihnen später aber dennoch deutlich länger vor als das routinierte TV-Liebesgeplänkel in Südengland.

Was uns besonders viel Spaß macht, vergeht offensichtlich wie im Fluge. Und umgekehrt gilt dasselbe: Wenn etwas besonders schnell vorbeizugehen scheint, kommt es uns angenehmer vor, selbst wenn es eigentlich eintönig war. Dieser interessante Zusammenhang kam heraus, als man das Zeitempfinden von Probanden in einer Laborstudie manipulierte. Zwei Gruppen bearbeiteten eine langweilige Aufgabe und

sollten jeweils zehn Minuten lang Wörter mit Doppelbuchstaben (also zum Beispiel das Wort »Doppelbuchstaben«) durchstreichen. Doch während man den Teilnehmern der einen
Gruppe anschließend sagte, dass sie nur fünf Minuten gearbeitet hätten, teilte man der anderen Gruppe mit, dass schon
ganze zwanzig Minuten vergangen wären. Interessanterweise
schätzte letztere Gruppe, die glaubte, die Zeit sei schneller als
gefühlt vergangen, die genau gleiche monotone Tätigkeit als
angenehmer und positiver ein.[67] Könnte es also nicht auch
umgekehrt sein: Nicht nur, dass schöne Dinge wie im Flug
vergehen, sondern dass die Dinge, die im Flug vergehen, auch
schöner sind? Vielleicht werden Erlebnisse erst dann besonders kostbar, wenn die Zeit dafür besonders knapp ist…

Nun gut, auf eine stressige Aufgabe im Beruf, für die tatsächlich zu wenig Zeit zur Verfügung steht, wird das wohl
nie zutreffen. Doch wie sieht das mit anderen, privaten, all-
täglicheren Dingen aus? Oft wünschen sich Menschen, dass
sie »mehr Zeit« für die schönen Dinge des Lebens zur Verfügung haben und dass die Zeit nicht so rasen soll. Doch
genaugenommen wollen sie etwas anderes: dass sie nämlich
den Moment intensiver und ausgiebiger erleben. Paradoxer-
weise sind jedoch genau diese tollen Erlebnisse im konkreten
Moment äußerst flüchtig. Was uns besonders viel Spaß macht,
geht rasend schnell vorbei. Würden wir mit besonders viel Zeit
die Intensität dieser schönen Momente nicht abschwächen?
Viele Menschen wollen gerne unsterblich sein. Doch sobald
sie diesen uralten Menschheitstraum verwirklicht haben, stelle
ich mir solche Menschen als nicht besonders glücklich vor:
Denn wenn du ewig Zeit hast, warum solltest du dann den
Moment genießen?

Fragen Sie sich daher: Wollen Sie wirklich, dass die Zeit

langsamer läuft – oder dass das, was Sie erleben, besonders angenehm und beglückend ist? Wenn Sie Letzteres bevorzugen, können Sie sicher sein, dass Sie immer zu wenig Zeit dafür haben. Denn es geht wie im Fluge vorbei. Aber es sind gerade diese rasanten Momente, die so intensiv sind, dass sie später von Ihrer Inselrinde mit besonders viel Zeitempfinden bedacht werden. Zum Glück lügt sich Ihr Gehirn also in die eigene Tasche und sorgt dafür, dass das, was vielfältig, spannend oder einfach das ist, was Sie glücklich macht, später als besonders lang wahrgenommen wird. Dafür brauchen Sie aber nicht im konkreten Moment mehr Zeit, sondern mehr Intensität und Abwechslung, weniger Automatismen und Routine.

Zeit gewinnt man also, indem man die Schwäche des Gehirns zu seiner Stärke macht. Statt Langweiliges später zeitlich zusammenschrumpfen zu lassen, tun Sie was Unterhaltsames und Abwechslungsreiches, das wird in der Rückschau gedehnt. Je routinierter Ihr Leben ist, desto vergänglicher wird es Ihnen auch vorkommen – mit den bekannten Folgen. Dass wir manchmal zu spät zu Terminen kommen, ist da kein Wunder. Obwohl dabei neben unserer Zeiteinschätzungsschwäche auch ein anderer Aspekt eine Rolle spielen könnte. Was ist nämlich für das Gehirn noch schlimmer, als zu spät zu kommen? Wenn man zu früh da ist und warten muss. Denn Warten hasst das Gehirn wie die Pest. Warum, das sehen Sie im nächsten Kapitel.

Kapitel 6

LANGEWEILE

Warum wir nicht abschalten können –
und wie aus Tagträumen Muße wird

So, genug gelesen, jetzt wird es Zeit für etwas Entspannung.
Und was wäre da besser, als endlich einmal nichts zu tun und
die »Seele baumeln zu lassen«? Kein Problem, ich gönne es
Ihnen und verschaffe Ihnen einen Augenblick der Ruhe. Setzen Sie sich entspannt hin, atmen Sie gleichmäßig und tief,
bringen Sie frischen Sauerstoff in Ihr Gehirn. Schließen Sie die
Augen und denken Sie mal an: nichts.

Nicht weiterlesen, Augen geschlossen halten! Und an nichts
denken!

Ich weiß zwar nicht, wie ich Sie jetzt zum Weiterlesen auf-
fordern soll, wenn Sie weiter die Augen geschlossen haben,
aber ich vertraue einfach auf Ihre Neugier, die Sie wissen
lassen will, wie es weitergeht. Denn gerade wenn man an
»nichts« denken soll, stellt man fest: Das ist gar nicht so einfach – wenn Sie nicht gerade ein Meditationsprofi sind. Ständig funken irgendwelche Gedanken dazwischen und bilden
die seltsamsten Ideenketten: »Nun sitze ich hier. Soll ich die
Augen auf- oder zumachen? Wie soll man denn da lesen? Der
Autor stellt schon komische Aufgaben. Aber mit geschlosse-

nen Augen hört man besser zu. Oh, da fährt ein Auto vorbei.
Mein Auto muss ich noch zur Tankstelle bringen. Da riecht es
immer seltsam. Duschen muss ich auch.«

Das Gehirn kann wirklich viel. Aber nichts tun, das kann
es nicht. Entweder denken wir – oder nicht, im letzteren Fall
sind wir tot. Keine schöne Vorstellung, auch nicht für den, der
dann nicht mehr denkt. Prinzipiell gibt es keinen Zustand, in
dem das Gehirn wirklich gedankenlos wäre. Selbst während
des Schlafes liegt es nicht untätig auf der faulen Hirnhaut,
sondern ist permanent aktiv.

Wirklich abzuschalten ist also nicht die Stärke des Gehirns,
und das kann uns auf zweierlei Weise belasten. Zum einen
sind wirkliche Zeiten der Langeweile äußerst unangenehm.
Jeder, der behauptet, im Urlaub endlich mal »nichts tun« zu
wollen, unterschätzt, wie fies und geradezu schmerzhaft dieses Nichts sein kann. Denn keine Tätigkeit ist für das Gehirn
grausamer als die totale Langeweile. Und wie wir gleich sehen
werden, unternimmt das Gehirn die verrücktesten Anstren-
gungen, einem solchen Bore-out zu entkommen.

Zum anderen resultiert aus dem permanenten Gedanken-
wälzen, dass wir oftmals schlechte Laune bekommen. Nicht
loslassen zu können führt dazu, dass uns ungelöste Probleme
und Konflikte genau dann in den Sinn kommen, wenn wir
einen Moment der Ruhe haben und eigentlich abschalten
könnten. Aber das kann das Gehirn eben nicht – deswegen
spielt es nicht nur Ideen, sondern auch Probleme immer wieder im Geiste durch.

Aus diesem Grund haben Langeweile und Tagträumereien
einen schlechten Ruf in unserer Gesellschaft. Zu Recht, denn
wer so wenig zu tun hat, dass er es sich leisten kann, gedanklich abzugleiten, ist eben nicht produktiv. Doch gleichzeitig

ist das Schweifenlassen der Gedanken auch eine der größten Stärken des Gehirns. Nur so kann es kreative Sprünge machen und aus festgefahrenen Denkroutinen ausbrechen.

Werfen wir in diesem Kapitel also einen Blick auf die Licht- und Schattenseiten des Nichtstuns. So nervig und belastend es sein kann, hilft es uns auch, neue Ideen freizusetzen. Die Kunst ist dabei, die Perspektive zu ändern und aus der negativen Langeweile eine positive Mußestunde zu machen.

Unsere geistige Grundeinstellung

Dass wir den Stress dieser Welt nicht auf Knopfdruck loslassen können, sondern unser Gehirn immer wieder seine Gedanken durchkaut, hat mit dessen Grundeinstellung zu tun. Und zwar im wahrsten Sinne des Wortes. Denn im Gehirn gibt es eine eigene Region, die dafür verantwortlich ist, einen »Grundmodus des Denkens« auszulösen, wenn man mal nichts zu tun hat.[68] Wir denken also immer, grundsätzlich. Nicht, dass plötzlich unser Gedankenstrom ausfällt und zufällig ein vorbeilaufender Neurologe uns für hirntot erklärt. Dieses Risiko kann das Gehirn nicht eingehen und leistet sich einen geistigen Leerlauf, ein mentales Standgas, wenn man so will. Genau aus diesem Grund trägt das beteiligte Nervenzellnetzwerk auch den englischen Namen *»default mode network«* – also Grundeinstellungsnetzwerk.

Entdeckt wurde diese sonderbare Hirnregion, als man die geistige Aktivität von Probanden in einem »Hirnscanner« untersuchte. Man schiebt dazu Freiwillige in einen Kernspintomografen und stellt in einem aufwendigen Verfahren fest, wo der Blutfluss und damit der Energieumsatz im Gehirn bei einem konkreten Denkprozess erhöht ist. Nicht, dass wir uns falsch verstehen: Man misst nicht, welche Gedanken gerade gedacht werden, sondern wie sich das Gehirn seinen Blutfluss zum Denken einteilt. So ähnlich wie auf dem Oktoberfest: Wo am meisten Bier fließt, geht's in der Regel auch hoch her. Theoretisch könnte man also am Brezel-, Bratwurst- und Bierkonsum (also dem Energieumsatz) im Bierzelt ablesen, wo die feierwütigen Besucher am lautesten sind. Das ist zwar etwas ungenau und zeitlich verzögert, aber so ähnlich misst man auch die »Aktivität« von Nervenzellen im Gehirn – indirekt und zwei Sekunden verzögert über den Fluss des Blutes.

Nun hat man als Wissenschaftler ein Problem: Wenn man messen will, wo im Gehirn gedacht wird, braucht man einen Vergleichswert. Stellen wir uns vor, wir möchten messen, was passiert, wenn jemand das Bild von Manuel Neuer sieht. Naheliegenderweise zeigt man dazu der Testperson im »Hirnscanner« ein Bild von unserem Torwart-Helden und registriert, welche Regionen des Gehirns (vorwiegend im Nackenbereich, wo die Bildverarbeitung stattfindet) stärker durchblutet werden. Davon müssen Sie aber noch die Hirnaktivität abziehen, die sowieso schon im Ruhezustand stattfindet, also das geistige Grundrauschen.

Wie uns die Erfahrung lehrt, ist dieses geistige Rauschen, das »Nichtdenken« sozusagen, bei allen Menschen ziemlich ausgeprägt. Bei einer Vergleichsmessung zeigt man den Probanden gerne ein Bild mit einem kleinen Kreuz (damit man auch weiß, wo man in dieser unsäglich lauten Kernspinröhre hinschauen soll). Doch dabei denkt das Gehirn nicht an nichts, sondern es wandert mit den Gedanken umher: »*Gleich sehe ich ein Bild von Manuel Neuer. Fußball ist ja eigentlich nicht so mein Ding. Aber auf Schalke hat er mal gespielt.*

Die sind ja nicht so erfolgreich beim Toreschießen. Vielleicht nennt man sie deshalb ›die Knappen‹.«[69]

Kurz gesagt: Auch wenn wir an nichts Besonderes denken, geht es in unserem Gehirn ziemlich rund. Interessant wurde es, als man erkannte, dass diese grundrauschenden Hirnregionen bei allen Menschen die gleichen sind: ein Zusammenschluss von Arealen, die gemeinsam ebenjenes Grundeinstellungsnetzwerk bilden, das immer dann anspringt, wenn wir eigentlich Zeit fürs Nichtdenken hätten.

In diesem Netzwerk hat sich die Crème de la Crème für geistiges Rumspinnen versammelt: seitliche Hirnbereiche, um Sprache und Erinnerungen zu integrieren, zentrale Regionen, die unsere Aufmerksamkeit auf unser Inneres richten[70], und ein Areal, das gewissermaßen als Umschaltstelle zwischen äußerer und innerer Wahrnehmung dient, der *Precuneus* kurz hinter unserem Scheitel.[71] Diese Hirnregionen sind auch an der Reflexion der eigenen Gedanken beteiligt und liefern die Erklärung dafür, dass wir nicht bewusst tagträumen können – unser Selbstbewusstsein wird vom Grundeinstellungsnetzwerk in Beschlag genommen, und wir merken in aller Regel erst anschließend, dass wir gerade mit den Gedanken umhergewandert sind.[72]

Gut geschockt ist weniger nervig

Unser geistiger Grundmodus lautet deswegen: Selbst wenn an nichts Konkretes gedacht werden muss, muss gedacht werden. An was auch immer. Oder anders gesagt: Wir können nicht abschalten – und wenn wir dazu gezwungen werden, geht uns das gehörig auf die Nerven.

Wenn man nichts tun soll, wird einem schnell langweilig. Eine mentale Einstellung, die in der Wissenschaft lange Zeit ein Schattendasein gefristet hat. Denn Langeweile zu untersuchen ist gar nicht so einfach. Man könnte Testpersonen zunächst ein langweiliges Video zeigen (zum Beispiel davon, wie ein Wasserhahn tropft, oder ein Fußballspiel der italienischen Nationalmannschaft) und anschließend deren geistige Leistung in Konzentrations- und Aufmerksamkeitstests untersuchen. Dabei stellte man jedoch fest, dass die eigentlichen Tests oft noch langweiliger waren als das schon ziemlich lahme Video. Denn was uns wirklich anödet, das sind monotone Tätigkeiten. Das kennt jeder, der stumpfsinnige Formulare ausfüllen oder seitenweise Tabellen ergänzen soll. Wenn man jemanden also wirklich langweilen will, gibt man ihm am besten eine möglichst gleichförmige Aufgabe: Texte Korrektur lesen, Reißzwecken sortieren oder Schrauben und Muttern zusammendrehen. Oder man isoliert ihn völlig von jeder Beschäftigung, setzt ihn einfach in einen Raum und lässt ihn warten.

Genau in diesem Moment des erzwungenen Nichts- oder sinnlosen Tuns springt das Grundeinstellungsnetzwerk im Gehirn an. Mit anderen Worten: Unsere inneren Gedanken kommen wieder hoch, wir fangen an abzuschweifen. Und das ist offenbar kein schönes Gefühl. Denn wenn man Probanden in einem Raum für gerade mal fünfzehn Minuten warten lässt und ihnen die Möglichkeit gibt, entweder nichts zu tun oder sich selbst unangenehme Elektroschocks zu verpassen, greifen zwei Drittel der Männer und immerhin ein Viertel der Frauen zum Schocker.[73] Wie seltsam ist das denn? Schließlich tragen wir ein Gehirn mit uns herum, nicht irgendeines, sondern das leistungsfähigste der gesamten Natur! Mit diesen anderthalb Kilogramm könnten wir in einer Viertelstunde die schönsten Melodien komponieren oder die tollsten Gedankenreisen unternehmen. Stattdessen greifen wir zum Elektroschocker, um uns Schläge zu verpassen. Warum jedoch so viel mehr Männer zum Stromschlag ansetzen? Vielleicht weil die hirneigenen Gedanken der Männer so schrecklich sind, dass ein Stromstoß die bessere Wahl ist? Man weiß es nicht.

Wissenschaftlich besser untersucht ist hingegen die Tatsache, dass Personen beim Betrachten langweiliger Filme gerne zu ungesundem Essen greifen. Sollen Testpersonen für eine Stunde einen sich immer wiederholenden Filmclip (von knapp anderthalb Minuten Länge) anschauen, verdoppelt sich ihr Konsum von M&M's (die Anzahl der sich selbst verabreichten Stromstöße nimmt in einem parallelen Experiment übrigens auch zu – und zwar im Schnitt auf einen Stromschlag alle drei Minuten).[74] Der Grund für die Fressattacke ist dabei nicht, dass man sich ein positives Gefühl verschaffen möchte, indem man zu Snacks und Süßigkeiten greift. Vielmehr möchte man einfach das äußerst unangenehme Gefühl der Langeweile vermeiden. Süßigkeiten oder Chips sind also keineswegs eine leckere Belohnung, sondern der einzige Ausweg, um der seelischen Bestrafung durch einen öden Streifen zu entgehen. Man könnte auch sagen: Wer beim Filmeschauen dauernd knabbert, den nimmt die Story in aller Regel nicht wirklich mit. Seitdem ich das weiß, achte ich beim Kinobesuch verstärkt auf die Snackmeile am Eingang: Je mehr Knabberzeug es gibt, desto schlechter müssen die Filme sein, die dort laufen.

Kurz gesagt, in vielen Studien zeigt sich, dass Langeweile mit schlechter Laune einhergeht. Gerade weil man in einer erzwungenen Wartesituation mit seinen eigenen Gedanken konfrontiert wird, kommt man dabei oft ins Grübeln und wälzt Probleme hin und her. Wir können eben nicht abschalten – und das macht uns unglücklich, denn die meisten Gedanken, die wir beim Tagträumen haben, drücken auf die Stimmung. Genau das kam heraus, als man 2010 mittels einer iPhone-App über 2200 Teilnehmer regelmäßig zu ihrem aktuellen Gemütszustand, ihrer momentanen Tätigkeit und ihren eventuellen Tagträumen befragte.[75] Ergebnis: Wir beschäftigen uns bei unseren Tätigkeiten fast die Hälfte der Zeit mit Gedanken, die mit unserem Tun nichts zu tun haben, wir schweifen geistig ab. Außerdem führen Tagträume und geistiges Umherwandern in aller Regel zu einer Verschlechterung unserer Laune. Eine Ausnahme in der Studie war lediglich, wenn sich die Probanden gerade mit jemandem im Bett verlustierten – aber wer will dabei schon mit seinen Gedanken abschweifen oder gar von einer iPhone-App gestört werden? Wobei… auch das kommt auf die konkrete Situation an. Knapp die Hälfte der deutschen Frauen würde nämlich eher einen Monat auf Sex als auf ihr Smartphone verzichten.[76] Kein Wunder, schließlich sind Bedienungsfreundlichkeit, Erreichbarkeit und Organisationstalent eines Smartphones unübertroffen – beim Mann hingegen stark modellabhängig.

Langeweile? Selber schuld!

Unser Gehirn schaltet also nicht nur in langweiligen Situationen, sondern in fast 50 Prozent aller praktischen Tätigkeiten irgendwann in den »Tagträum-Modus« – und ist anschließend meist schlechter drauf als vorher. Seinen eigenen Gedanken nachzuhängen, ist nicht automatisch eine gute Sache. Vielmehr ist die Schwäche unseres Gehirns, nicht abschalten zu können, auch tatsächlich dafür verantwortlich, dass wir grübeln und Konzentrationsfehler begehen. Langeweile verstärkt diese Tendenz – und genau deswegen gilt sie in unserer Gesellschaft auch als uncool, ja geradezu als Makel.

Dabei liefern unser Berufsleben und Arbeitsalltag genau die notwendigen Zutaten für eine gepflegte Runde Langweiligkeit: mit Arbeitsabläufen, die möglichst effizient und abweichungsarm zu neuer Produktivität verhelfen sollen, mit monotonen Prozessen, die jede Form von Abwechslung unterdrücken. Nur was sich in ein kontrollier- und messbares Schema pressen lässt, ist schließlich wirtschaftlich. Doch standardisierte Vorgänge minimieren zwar Fehler und Ablenkung – schaffen aber gleichzeitig den perfekten Nährboden für Langeweile. Menschen sind nämlich nicht für hocheffiziente Arbeitsabläufe gemacht, sondern benötigen die Abwechslung, um konzentriert zu bleiben. Das ist gerade bei geistiger Arbeit (einer generell schwer zu messenden Größe) ein Problem. Denn solange unsere Leistung noch anhand der abgearbeiteten Stunden gemessen wird, bringt derjenige die größte Leistung, der zuletzt das Licht ausmacht und damit länger Produktivität vorgaukelt als der Kollege – auch wenn man sich die letzte Stunde vor dem Feierabend ausschließlich auf Wetter-Seiten im Netz rumgetrieben hat.

Wer sich langweilt, hat heute einen schweren Stand. Ganz im Gegensatz zum erfolgreich durchgeführten Burn-out. Denn wer so hart gearbeitet, so leidenschaftlich für sein Projekt gebrannt hat, dass er irgendwann kollabiert, dem verzeiht man auch mal eine anschließende Schwächephase – wenn er denn geläutert, gestärkt und effizienter daraus hervorgeht. Der Zusammenbruch gilt quasi als geistige Katharsis für die weitere Karriere. Ein Burn-out, yeah, das ist das Gütesiegel des passionierten Leistungsträgers. Eine mentale Narbe, die man auf dem weiteren Weg nach oben hervorzeigen kann wie eine Trophäe. Das Gegenteil jedoch, der Bore-out, das Angeödetsein von ewig gleichen monotonen Abläufen oder das geistige Abschweifen, genießt weit weniger Respekt.

Doch Langeweile trägt nicht nur eine negative Kraft in sich. Mit den Gedanken umherzuwandern ist nämlich auch eine menschliche Stärke, um Probleme neuartig zu lösen. Das widerspricht unserer gängigen Wahrnehmung von Produktivität. Wer im Berufsalltag leistungsfähiger werden will, der besucht ein Seminar zu Themen wie: »Effizient denken im Arbeitsalltag!« oder »Wie Sie Ihre Konzentration zu Höchstleistungen bringen«. Aber ich habe noch nie einen Workshop, ein Buch oder Seminar gesehen, das den Titel »Langweilen in 10 Schritten!« oder »Eine Anleitung zur effektiven Langeweile!« trug. Warum eigentlich nicht? In der Langeweile, so grausam sie für das Gehirn sein kann, steckt auch kreatives Potenzial, so viel Möglichkeit, Ideen neu zu kombinieren – eigentlich genau das, was wir in unserer Welt ständig fordern. Ich sehe ihn schon vor mir, den professionellen Langeweile-Kurs: »Treten Sie ein und langweilen Sie sich, wie Sie es noch nie zuvor getan haben«. Stattdessen ist derjenige, der sich langweilt, ein Loser, ein Versager, jemand, der sonst wohl nichts zu tun hat. Wer nur rumhängt und sich langweilt, bringt eben keine messbare Leistung, lebt nicht entsprechend seiner Begabungen, sondern verschwendet sein Talent. Oder könnte es in seltenen Fällen auch andersherum sein? Er hat so viel zu tun, dass er die wirklich wichtigen Ideen nur bekommen kann, wenn er sich auch mal langweilt?

Müßiggang ist aller Ideen Anfang

Nun gut, ich gebe zu, »sich langweilen« ist in diesem Zusammenhang vielleicht der falsche Begriff, denn die Langeweile hat, wie gerade gelesen, aus gutem Grund ein schlechtes Image. Sie wird uns schließlich gegen unseren Willen aufgezwungen. In der Regel entscheidet man sich eben nicht dazu, sich mal ein halbes Stündchen gepflegt zu langweilen, sondern muss auf etwas warten oder kann aus anderen Gründen nicht das tun, was man eigentlich wollte. Langeweile ist deswegen so etwas wie die kleine und gemeine Schwester der *Grande Dame* der Ideeninkubation: der Muße, die schon in der Antike ob ihrer schöpferischen Kraft verehrt, ja sogar griechisch vergöttert wurde. Zu Recht, denn wie wir aus der Neurowissenschaft wissen, ist eine etwas zurückgenommene mediterrane Arbeitseinstellung eine wichtige Zutat, um besonders gut zu denken. Müßiggang mag aller Laster Anfang sein, aber gleichzeitig steht die Mußestunde auch am Beginn aller Kreativität. Wer ständig ohne Pause so produktiv wie ein hocheffizienter Industrieroboter arbeitet, ist am Ende auch genauso geistig stark wie dieser. Fragen Sie dazu Siri, die Stimme der Maschinenwelt. Mir beantwortete sie die Frage »Wie wichtig ist es, Pause zu machen?« mit der Behauptung: »Ich kenne keine App dafür. Aber ich kann im App-Store nach einer App ›Pause machen‹ suchen.« Nein, Siri, du liegst falsch! Denn auch noch die letzten Reste geistiger Freizeit mit einer App zu bekämpfen, ist gerade *nicht* die Lösung. So opfern wir unsere eigentliche Stärke: dass wir in einer Pause auch mal mit unseren Gedanken rumspinnen können. Das kann offensichtlich keine Maschine nachvollziehen.

Dass unser Gehirn nicht dazu gebaut ist abzuschalten, sondern ständig seinen eigenen Gedanken nachhängt, hat eben auch einige positive Aspekte. So können sich Teilnehmer unter Laborbedingungen mit den stumpfsinnigsten Tätigkeiten geradezu zu Tode langweilen (nebenbei bemerkt, scheint sich häufige Langeweile tatsächlich negativ auf die Lebenserwartung auszuwirken[77]), aber trotzdem finden Menschen Entspannung, Kontemplation und Freude in eigentlich ennuyanten Tätigkeiten wie Stricken, Bücher ausmalen oder Meditieren. Der Grund ist klar: Selbstgewählte Momente des Abschaltens unterscheiden sich qualitativ von der aufgezwungenen Langeweile. Und während sich der tagträumende Grübler insgeheim schämt, schon wieder die Zeit mit sinnlosem Gedankenschweifen vertrödelt zu haben, fühlt sich der Strickende am Ende geistig frisch und befreit. Auch wenn niemand den kratzenden Pulli anziehen will.

Ob wir uns in einem Zustand der Langeweile oder der Muße befinden, macht einen kleinen, aber feinen Unterschied im Gehirn. Langeweile zeichnet sich dadurch aus, dass man zwar die Möglichkeit hätte, etwas zu tun, aber die Situation so öde ist, dass man sich nicht dazu aufraffen kann. Einige Regionen des zuvor erwähnten Grundeinstellungsnetzwerks, die normalerweise genau diese Handlungsaktivierung auslösen, sind in der Langeweile weniger aktiv.[78] Im Prinzip könnten wir also etwas machen, um der Langeweile zu entkommen, sind aber zu gelangweilt dafür. Mußestunden zeichnen sich hingegen dadurch aus, dass man nicht von außen mit Monotonie konfrontiert wird, sondern sich selbständig fürs produktive Faulenzen entscheidet. Folglich interagieren wir aktiv mit unserer Umwelt – und können dadurch den Gedanken freien Lauf lassen.

Das Nicht-abschalten-Können nutzen

Das Gehirn kann nicht abschalten und wandert mit seinen Gedanken hin und her, das Grundeinstellungsnetzwerk sorgt schon standardmäßig dafür, und dagegen können wir auch nichts machen. Ein so zeitintensiver und fest im Gehirn verankerter Prozess wie das geistige Abschweifen ist aber mit Sicherheit nicht einfach so entstanden, sondern muss einen gewaltigen Vorteil haben. Warum akzeptiert das Gehirn all die Nachteile, die das Nicht-Abschalten, Grübeln und Tagträumen mit sich bringen?

Würden wir uns immer nur auf den konkreten Moment konzentrieren, wären wir nicht viel mehr als biologische Automaten, ausschließlich dazu imstande, reflexartige Antworten auf die Erfordernisse des Augenblicks zu liefern. Doch das sind wir eben nicht. Wir können uns geistig von der Gegenwart lösen und andere Perspektiven einnehmen. Wir können gedanklich durch die Zeit reisen und so Entscheidungen besser planen. Wir können uns in andere hineinversetzen und unsere Mitmenschen dadurch besser verstehen. Wir können unsere mentalen Scheuklappen ablegen und auf neue Ideen kommen. Unser lange Zeit wenig beachtetes Grundeinstellungsnetzwerk scheint dabei so etwas wie unsere mentale Geheimwaffe zu sein, um uns von den reflexhaften Frage-Antwort-Schemata unserer Umwelt zu lösen und neue Perspektiven einzunehmen.

Gut taggeträumt ist halb gewonnen

Ob das Grundeinstellungsnetzwerk dafür sorgt, dass wir Gedanken auf produktive Art durchkauen, hängt maßgeblich von der Art der Aufgabe ab. Je konkreter diese ist, desto mehr lenken uns Gedanken von der Arbeit ab. Wenn wir beispielsweise konzentriert einen Text lesen sollen und gleichzeitig daran denken, warum uns unser Kollege vorhin so schief angeschaut hat, werden wir Probleme haben, uns anschließend an den Text zu erinnern. Vielleicht ist genau das bei Ihnen während des Lesens von diesem Text auch passiert. Sie haben so vor sich hin gelesen und sich dann dabei ertappt, dass sie gedanklich ganz woanders waren. Während ein typischer Autor nun enttäuscht und traurig wäre, bin ich jedoch umso froher. Denn das zeigt, dass auch Ihre persönliche Gedankenreise-Funktion astrein funktioniert. Ich wünsche mir gar keine Leser, die jedes Wort einzeln fokussieren. Sondern auch ab und zu nicht bei der Sache sind. Denn das sind die Kreativsten.

Dennoch dürfen Sie sich nun weiter auf den Text konzentrieren. Denn während wir uns manchmal durchs geistige Umherwandern von einer konkreten Aufgabe wegträumen, ist das bei einem anderen Aufgabentyp geradezu erwünscht. Denn bei sogenannten offen gestellten Aufgaben, die wenig Stress und Fleiß erfordern, spielt unser Nicht-abschalten-Können seine ganze Stärke aus. Anders gesagt: Wenn Sie die letzte Aufstellung unserer Nationalmannschaft runterbeten sollen, sollten Sie möglichst nicht abschweifen, sondern sich konzentrieren. Wenn die Frage jedoch lautet, wie Sie die Aufstellung verändern sollten, um das nächste Spiel zu gewinnen, kann es nützlich sein, mal rumzuspinnen.

Es kommt also darauf an, Konzentration und Abschweifen in ein Gleichgewicht zu bringen und der Aufgabe anzupassen. Personen, die das wissen und gezielt praktizieren, sind deswegen nicht nur kreativer, sondern treffen auch weniger impulsive Entscheidungen. Logisch, denn wer in seinem Geiste erstmal durchspielt, was eine Entscheidung für Folgen haben könnte, lässt sich nicht so schnell zu einer Kurzschlusshandlung hinreißen. Deswegen können sich solche produktiven »Träumer« auch für eine spätere Belohnung zurückhalten und treffen dadurch bessere Entscheidungen.[79] Denn wer in einer stressigen und emotional aufgeladenen Situation den Blick fürs große Ganze behalten will, der muss dafür auch kurz innehalten, sich geistig bewegen, einen mentalen Schritt zurücktreten – gerade das wird mithilfe des Grundeinstellungsnetzwerks möglich.

Beim kreativen Denken wird die Doppelgesichtigkeit des Gedankenwanderns besonders deutlich. Denn neue Ideen erzeugt man nur, wenn man sich von einer konkreten Aufgabe löst und unterbewusst mögliche Lösungen durchdenkt. Genau dabei hilft uns unser inneres »Tagträum-Netzwerk«. Bittet man nämlich Probanden in einem klassischen Kreativitätstest, in ein, zwei Minuten möglichst viele Verwendungsmöglichkeiten für einen Ziegelstein (oder einen anderen gewöhnlichen Gegenstand) zu finden, zeigt sich, dass erst eine Pause zwischen solchen Kreativitätstests zu wirklich neuen Ideen führt – aber nur, wenn in dieser Pause auch taggeträumt wurde. Das erreicht man im Labor, indem Probanden beispielsweise eine monotone Aufgabe für kurze Zeit durchführen sollen (zum Beispiel zehn Minuten lang Buchstaben in einem Text wegzustreichen). Langweilen sie sich jedoch während der Pause, weil sie einfach nur beschäftigungslos warten müssen, ist das genauso wenig kreativitätsfördernd wie eine konzentrierte Beschäftigung während der Pause (beispielsweise ein Gedicht zu lernen).[80]

Merke: Ob unser Gehirn in den nervigen Langeweilemodus schaltet oder sich in einer kreativen Mußestunde befindet, entscheidet sich durch das Umfeld. Wer eine kreative Aufgabe lösen soll (oder abstrakte und weitreichende Entscheidungen treffen muss), für den lösen zwischengeschaltete monotone Tätigkeiten keine Langeweile, sondern Muße aus. Schließlich ist dies genau das Phänomen der Mußestunde: die Balance zu finden zwischen entspanntem Wenigtun und geistiger Wachsamkeit.

Wenn man jedoch zu lange kreativ sein soll, ist es vorbei mit dem Vorteil des Tagträumens. Stellen Sie sich vor, Sie müssten nicht in einer Minute möglichst viele Verwendungsmöglichkeiten für einen Ziegelstein raushauen, sondern geschlagene zwanzig Minuten lang neue Ideen entwickeln. Da können Sie vorher noch so viel taggeträumt und sich von Musen geküsst haben lassen, aber zwanzig Minuten hält kein kreativer Flow. Spätestens nach drei, vier Minuten schweift man schon wieder mit seinen Gedanken ab.[81] Das Tagträum-Netzwerk grätscht sich dazwischen, weil es uns eine geistige Auszeit verschaffen will – und so wandern wir wieder mit den Gedanken umher und von der eigentlichen Aufgabe weg. Hier zeigt sich einmal mehr, dass unser Grundeinstellungsnetzwerk nur im richtigen Umfeld seine Stärken ausspielt. Achten Sie deswegen darauf, wann Sie die Tagträum-Power Ihres Gehirns genau aktivieren. Einfach mal eine Trödelpause zu machen, um das geistige Umherschweifen prinzipiell zu fördern, hat wenig Sinn. Nur, wenn Aufgaben offen gestellt werden, Entscheidungen langfristig und nicht ad hoc getroffen werden oder Sie ein Problem auf neuartige Weise lösen müssen, entfaltet das Abschweifen seine Kraft. Dann konzentrieren Sie sich intensiv für kurze Zeit auf das Problem, lassen danach in einer Pause Ihr Grundeinstellungsnetzwerk mal schön den Tagträum-Modus anwerfen und kehren daraufhin genauso intensiv und konzentriert zur Aufgabe zurück, wie Sie sie begonnen haben.

Die Kunst des Wechselspiels von An- und Entspannung

Dass uns ständig Gedanken im Kopf herumgehen, die uns auf die Stimmung drücken oder uns zum Grübeln bringen, ist gewissermaßen der Preis dafür, dass wir uns gedanklich lösen und ungewohnte Perspektiven einnehmen können. Man stelle sich die Alternative vor: Ohne die Freiheit, geistig abzuschweifen, wären wir nicht mehr als intelligente Roboter, die automatisiert Sinnesreize verarbeiten. Hocheffizient, aber langweilig und immer gleich. Genau für solche Arbeiten ist das Gehirn nicht gemacht. Denn je monotoner die Tätigkeit, desto mehr schweifen wir ab. Das mag am Anfang noch kreativitätsfördernd sein, doch irgendwann wird das zu langweilig, und wir brauchen neuen Input. Das hält uns neugierig und macht unser Leben abwechslungsreich, dem Grundeinstellungsnetzwerk sei Dank.

Besonders in Situationen, in denen wir frei eine wenig anspruchsvolle Aufgabe wählen, können unsere Gedanken auf produktive Wanderschaft gehen. Kein Wunder, dass vielen gerade dann die neuen Ideen einfallen, wenn sie duschen, die Wohnung putzen oder Musik hören. Das kontrollierte Nichts- oder Wenigtun, die gepflegte Mußestunde sollte in unserer Gesellschaft nicht zu kurz kommen. Fast jeder trägt ein Smartphone mit sich herum – da ist es kaum noch möglich, seinen Gedanken die geistige Luft zu geben, die sie brauchen. Unser Leben besteht eben nicht aus einer Aneinanderreihung von zu lösenden Problemen, sondern aus einem Wechselspiel von An- und Entspannung. Gerade die häufig unterschätzte Mußestunde ist ein wertvolles Werkzeug, um wirklich wichtige Gedanken zu denken.

Und was sollten Sie nun tun, wenn Sie nicht abschalten können und Ihnen ungelöste Probleme dauerhaft durch den Kopf gehen? Deaktivieren Sie Ihr Grundeinstellungsnetzwerk – ganz einfach, indem Sie anspruchsvolle Tätigkeiten durchführen. Ich fahre sehr viel Rennrad, aber das ist genau falsch, wenn ich über etwas grüble. Denn je monotoner die Aufgabe, desto gleichförmiger kreisen die Gedanken um das immer selbe Thema. Besser ist es, in abwechslungsreicher Umgebung mit Leuten zusammenzukommen. Denn je geistig fordernder die Tätigkeit, desto weniger Ressourcen hat das Gehirn zum Abschweifen. Lassen Sie sich besser von außen ablenken, dann lenken Sie Ihre Gedanken nicht von innen ab. Sie können auch meditieren. Das senkt nämlich ebenfalls die Aktivität des Grundeinstellungsnetzwerks.[82] Dann werden Sie zwar gleichzeitig auch weniger kreativ, aber irgendeinen mentalen Preis muss man im Gehirn immer zahlen.

Kapitel 7

ABLENKUNG

Warum wir uns so leicht stören lassen –
und welche Störungen uns kreativer machen

Heutzutage haben wir ein großes Problem. Denn…

Sekunde, da kommt gerade eine E-Mail rein, die muss ich schnell beantworten.

…denn oftmals werden wir bei unserer Arbeit abgelenkt. Das ist im Prinzip nichts Neues, wahrscheinlich ist die Ablenkung von der Arbeit genauso alt wie die Arbeit selbst. Schließlich sind wir von Grund auf kommunikative Wesen. Und je mehr Möglichkeiten es zur Kommunikation gibt, desto leichter können wir eben auch abgelenkt werden. In aller kulturwissenschaftlichen Bescheidenheit befinden wir uns derzeit vermutlich im kommunikativsten Zeitalter der Menschheitsgeschichte. Jedenfalls war es bis vor wenigen Jahren noch nicht möglich…

Oh, eine Nachricht von meiner Schwester aus Australien. Einen Augenblick bitte.

…noch nicht möglich, auf beleuchteten Glasscheiben tippend mit Menschen auf der ganzen Welt in Kontakt zu bleiben. Fluch und Segen zugleich, denn was unsere Aufmerksamkeit auf sich zieht, macht uns auch unproduktiv. Schließlich ist die Ablenkung der natürliche Feind der Konzentration.

Kein Wunder, dass Unterbrechungen der Leistungskiller Nummer eins auf der Arbeit sind. Laut einer Studie des US-Karrierenetzwerks CareerBuilder soll etwa ein Viertel der Angestellten mehr als eine Stunde pro Tag damit zubringen, auf der Arbeit persönliche Nachrichten zu verschicken oder mit Freunden und der Familie zu telefonieren – sich also nicht auf die eigentliche Arbeit zu konzentrieren.[83] Unfassbar, eine ganze Stunde während der Arbeitszeit die sozialen Medien für Privatkram nutzen! Darüber können amerikanische Jugendliche (Dreizehn- bis Achtzehnjährige) natürlich nur müde lächeln. Denn diese verbringen im Schnitt täglich geschlagene neun Stunden mit dem Konsum von Medien. Und da ist das Texten, Teilen und Liken während des Unterrichts noch gar nicht eingerechnet.[84] Statistisch betrachtet beschäftigen sie sich während des Wachseins also mehr als die Hälfte der Zeit mit ablenkenden Computerspielen, Surfen im Netz oder Posten von Nachrichten. So gesehen sind Schule und Hausaufgaben heute die lästige Ablenkung vom Medienkonsum. In derselben Studie kam übrigens heraus, dass nur zehn Prozent der Teenager soziale Medien wie Facebook oder Snapchat als »Lieblingsmedium« angaben. Noch haben die kalifornischen Netzwerke die Jugend also nicht im Griff, denn die hockt zu mehr als der Hälfte immer noch lieber vor der Glotze. Ein Glück, ans Fernsehen hat man sich ja schon fast gewöhnt.

Wer das vorherige Kapitel aufmerksam…

Und schon wieder brummt das Handy. Da muss ich rangehen, Sie entschuldigen kurz.

…aufmerksam und konzentriert gelesen hat (keine leichte Aufgabe, ich weiß), wird sich auch daran erinnern, warum das so ist: Langeweile und Monotonie sind Gift für unsere Hirnfunktionen. Denn das Gehirn ist ständig daran interessiert, etwas Neues zu erleben. Es kommt aber noch ein anderer Grund hinzu: Die Filtermechanismen unseres Gehirns, die normalerweise störende Ablenkungen unterdrücken, werden von unserem Arbeitsalltag und unserer Mediennutzung clever ausgetrickst. Das führt zum einen dazu, dass wir der Versuchung eines zappelnden Handys leicht nachgeben und unkonzentriert werden. Zum anderen zeigt es aber auch, dass die Neugier, die Suche nach Abwechslung, unser Gehirn wirklich antreibt. Nur durch solche Ablenkung können wir überhaupt über den Tellerrand hinausschauen.

Wie viele Eigenschaften des Gehirns ist auch sein Faible für Ablenkungen eine zweischneidige Sache: Es hilft uns, neue Ideen aufzugreifen, und blockiert gleichzeitig unsere Produktivität. Was kann man also tun, um auf der einen Seite seine angeborene Schwäche fürs Abgelenktsein zu nutzen und seine Offenheit für neue Inspiration zu bewahren und auf der anderen Seite dennoch genau dann konzentriert zu sein, wenn es darauf ankommt? Dazu muss man verstehen, wie das Gehirn Informationen gewichtet und ins Bewusstsein lässt. Und ich verspreche Ihnen, ich lasse mich dazu bei den Erklärungen auf den folgenden Seiten nicht mehr ablenken. Vorher muss ich nur noch kurz die Mails checken.

Balance zwischen Abenteuer/Inspiration + Fokus

Ein Spamfilter fürs Gehirn

Apropos E-Mails. Bevor man überhaupt produktiv per Mail kommunizieren kann, muss man in aller Regel erstmal aufräumen – und zwar sein Postfach, das von Spammails überflutet wird. Laut der aktuellen Analysen von Cybersecurity-Firmen wie Norton oder Kaspersky ist über die Hälfte aller versendeten E-Mails unnützer oder gar schädlicher Müll.[85] Überhaupt gehen fast 50 Prozent des weltweiten Internetverkehrs auf Kosten automatisierter Programme (sogenannter »Bots«), die nervige Anfragen an Websites richten oder Spammail-Netzwerke aufbauen.[86] Merke: Auch Computer werden von störenden Kollegen genervt. Zum Glück gibt es Filtermechanismen, mit denen man lästige Anfragen abschirmen kann. In meinem E-Mail-Programm klicke ich einfach auf die Einstellung »Spammails filtern«, und schon ist Schluss mit nerviger Viagra-Werbung und dubiosen Kontoanfragen.

Wer genau hinschaut, erkennt bei den meisten E-Mail-Programmen, dass man Spammail auf unterschiedliche Weise filtern kann. Entweder man weist die nervigen Schrottmails gleich zu Beginn ab und lässt sie gar nicht ins Postfach. Oder man sammelt sie erstmal im Spamordner und kann dann später nochmal kontrollieren, ob nicht doch eine wichtige Nachricht dem Spamfilter zum Opfer gefallen ist. Vielleicht ergibt sich ja mal die Gelegenheit, dass man ein Viagra-Angebot wahrnehmen möchte, wer weiß...

Ähnliche Filtermechanismen hat man auch im Gehirn erforscht, und zwar schon in den 1990er Jahren[87], also lange bevor es Spammails gab. So ähnlich wie ein Spammailfilter entweder eintreffende Schrottmails sofort beim Eintreffen löschen oder noch für später aufheben kann, filtert auch das Gehirn Sinneseindrücke entweder sofort raus oder behält sie zunächst, um sie dann später entweder zu löschen oder zu nutzen. Wir haben also im Prinzip zwei Filter im Kopf: einen frühen, der Sinneseindrücke sofort abblocken kann, und einen späten, der entscheidet, ob ein vielleicht wichtiger Sinnesreiz später doch bewusst wird. Dabei geht das Gehirn aber bei weitem nicht so statisch vor wie ein E-Mail-Filtersystem, bei dem ich vorher festlegen muss, wie gefiltert wird. Das Leben des Gehirns ist nämlich abwechslungsreicher als das eines Computers, und deswegen muss es seine Filter dynamisch anpassen, je nachdem, wie angestrengt wir geistig arbeiten. Mit anderen Worten: Ob uns etwas ablenkt oder nicht, hängt nicht so sehr vom störenden Reiz an sich ab, sondern vor allem davon, wie stark unser Gehirn arbeitet. Denn prinzipiell haben wir sehr leistungsfähige Spammail-, pardon, Sinnesreizfilter in unserem Gehirn.

Wir filtern Eindrücke komplett oder und

Das Vorzimmer des Großhirns

Der frühe Filter des Gehirns blockt störenden Reizmüll gleich zu Beginn ab. So kommen einige Sinnesreize gar nicht in unser Bewusstsein, wir blenden sie aktiv aus. Dieser Filter liegt unterhalb der beiden Großhirnhälften: der Thalamus im Zwischenhirn. Das Zwischenhirn reguliert einen Großteil unserer unterbewussten Körperfunktionen wie beispielsweise den Herzschlag oder die Körpertemperatur, der Thalamus sorgt aber auch dafür, dass eintreffende Informationen erstmal sortiert werden. Getreu seines griechischen Namens (*thalamos* bedeutet so viel wie »Raum«) ist er sozusagen das Vorzimmer des Großhirns. Er entscheidet darüber, wer durchdarf und wer nicht. Die allermeisten Sinneseindrücke müssen durch dieses Vorzimmer hindurch und werden dabei auf den richtigen Weg ins Großhirn weitergeleitet. Wichtige Informationen gelangen so ins Bewusstsein, Unwichtiges wird in Hirnregionen geleitet, die unterbewusst arbeiten. Da stört es keinen. Zunächst.

Alles, was das Gehirn wahrnimmt (bis auf den Geruch, der wird in einem eigenen Riechhirn als Teil des Großhirns verarbeitet), muss durch diesen Informationsfilter hindurch. Nun ist der Thalamus recht schnell gelangweilt. Genauer gesagt ist er sogar der Großmeister des Gelangweiltseins. Wenn sich ein Sinneseindruck nicht spätestens alle zwei Sekunden ändert, ist es vorbei mit der bewussten Aufmerksamkeit, und die Information wandert ins Unterbewusstsein. Wie ein besonders scharf eingestellter Spamfilter sortiert der superschnell angeödete Thalamus eintreffende Reize aus, wenn diese immer gleich sind. Das bedeutet im Umkehrschluss: Ob eine Information für uns wichtig ist, liegt nicht an ihrem Inhalt, sondern vor allem daran, ob sie sich auch ändert. Deswegen greifen wir so leichtfertig zum Handy, wenn es eine neue Nachricht anzeigt. Der Inhalt der Nachricht ist für das Gehirn dabei nicht so interessant wie die Tatsache, dass sich gerade etwas geändert hat. Veränderungen machen Informationen spannend.

Überquellender Filter

Der Thalamus ist so etwas wie die erste Abwehrreihe gegen störende Ablenkungsmanöver. Doch das Gehirn hat noch einen weiteren Filter auf Lager: unser Arbeitsgedächtnis. So, wie man in einem E-Mail-Postfach entscheiden kann, ob eintreffende Schrottmails sofort gelöscht oder erstmal in den Spamordner verschoben werden, kann auch unser Gehirn bestimmte Informationen auf Abruf halten, falls es diese nochmal braucht. Das geschieht im Arbeitsgedächtnis, das Informationen für wenige Sekunden bereithalten kann. Das bedeutet auch: Je kleiner unser Arbeitsgedächtnis ist, desto schneller ist dieser späte Filtermechanismus überfordert, und wir werden abgelenkt. Als wäre das Spam-Postfach voll und würde ins reguläre E-Mail-Postfach überlaufen.

Deswegen wird man umso leichter abgelenkt, je weniger man sich merken kann.[88] Überprüft man nämlich zunächst die allgemeine Merkfähigkeit von Probanden (also wie viele Gegenstände oder Begriffe sie sich in einer Liste merken können) und testet anschließend, wie leicht sie in einem Konzentrationstest abgelenkt werden (zum Beispiel, wie oft sie auf störende Einblendungen bei einem Suchrätsel achten), schneiden diejenigen schlecht ab, die sich nicht so viel merken können. Umgekehrt gilt aber auch: Selbst die größten Gedächtniskünstler werden abgelenkt, wenn der geistige Speicher überfordert ist, denn dann gelingt die Priorisierung von Wichtigem und Unwichtigem nicht mehr so leicht.

Das merkt man manchmal, wenn man anstrengende Texte liest.[89] Also nicht in diesem Moment, wie ich hoffe. Sie lesen so vor sich hin und müssen sich viele Sachen merken. Manchmal ist das jedoch zu viel, Ihr Gedächtnis ist überfordert, und Sie fangen an abzuschweifen. Plötzlich ertappen Sie sich dabei, wie Sie mit Ihren Gedanken ganz woanders sind, weil Sie auf ein Gespräch im Nachbarzimmer geachtet haben. Denn sobald Ihr Arbeitsgedächtnis überfordert ist, kann ein neuer Reiz nur noch schwer als relevant oder unwichtig eingeordnet werden. Da sagt sich das Gehirn: »Besser mal ablenken lassen, bevor noch was Wichtiges ausgeblendet wird.«

Schwer verständliche Texte liest man deswegen häppchenweise, um seinem Arbeitsgedächtnis immer wieder die Möglichkeit zu geben, sich zu sortieren. So schafft man Kapazitäten, um zu entscheiden, ob etwas Neues wichtig oder unwichtig ist. Absatz für Absatz oder Kapitel für Kapitel kann man kurz innehalten, die wichtigste Botschaft notieren und sein Arbeitsgedächtnis wieder fit machen für die nächste Runde an Informationen. Jetzt wäre zum Beispiel eine gute Gelegenheit dafür.

Hören Sie nicht auf Ihr Herz!

Ganz offenbar haben sich sehr ausgefeilte Filtersysteme entwickelt, die uns vor unnützen Sinnesreizen schützen sollen.
Und auch wenn es auf den ersten Blick so scheint, dass wir in
unserem Leben sehr leicht abgelenkt werden, ist schon unser
eingebauter früher Filter im Thalamus so mächtig, dass er
manchmal sogar Dinge abblockt, die wir eigentlich sehr intensiv wahrnehmen müssten.

Der permanenteste und langweiligste Reiz, den das Gehirn
wegfiltern muss, ist… der eigene Herzschlag. Auch wenn der
Herzschlag in Kunst, Dichtung und Musik leidenschaftlich
besungen wird und ein durchweg positives Image genießt: Für
das Gehirn gibt es nichts Nervigeres als dieses ständige monotone Dauerpochen. Schon bevor das Gehirn richtiges Bewusstsein hervorbringen konnte, hatte das Herz längst begonnen zu
schlagen. Also hatten unsere Nervenzellen nie eine Phase der
Ruhe und Entspannung, immer trommelte das Herz im Hintergrund. Völlig informationsbefreit und langweilig. Schrecklich. »Du bist vom selben Stern, ich kann deinen Herzschlag
hören«, heißt es in einem Lied von Ich + Ich. Doch wir müssen davon ausgehen, dass das kein angenehmer Zustand für
das Gehirn ist.

Kein Wunder, dass sich ein effektives System entwickelt hat,
die Wahrnehmung des eigenen Herzschlags zu unterdrücken.
Interessanterweise greift dieser Herzschlag-Filter ebenfalls auf
die Außenwelt über, wenn der Rhythmus des Herzens auch
in unserer Umwelt auftritt. So können im Laborversuch Probanden aufleuchtende Figuren nur schwer erkennen, wenn
diese im Rhythmus ihres eigenen Herzens flackern.[90] Blin-

ken die Figuren jedoch in einer anderen Frequenz, erkennt man sie ohne Probleme. Eine Warnung daher an alle Fitness-armbänder-Träger: Vergessen Sie Ihren Herzschlag, hören Sie nicht darauf! Ihr Gehirn weiß, warum es diesen eintönigen Reiz bewusst unterdrückt. Und wer sich an seinen Liebsten oder seine Liebste kuschelt, um den Herzschlag des anderen zu spüren: Tolle Sache – für ein paar Sekunden, dann hat Ihr Gehirn genug davon. Garantiert.

Gorillas in der Lunge

Nun ist es in der Regel kein Problem, wenn man banale Dinge wie den Herzschlag oder das Tragen eines Rings oder einer Brille nicht bemerkt. Der Informationsgehalt dieser Sinnes-reize ist ja recht begrenzt. Doch die Filtermechanismen des Gehirns sind alles andere als perfekt und schlagen manchmal über die Stränge. Genauso wie ein Spamfilter manchmal eben auch eine sinnvolle E-Mail abblockt. Ein Phänomen, das man in der Psychologie »Unaufmerksamkeits-Blindheit« nennt.

Über die Grenzen der psychologischen Forschung hinaus berühmt geworden ist mittlerweile das Gorilla-Experiment. Sollen sich Probanden ein Video anschauen und dabei zäh-len, wie oft Basketballspieler darin sich den Ball zupassen, bemerkt etwa die Hälfte nicht, dass mitten durchs Bild ein Mensch in einem Gorilla-Kostüm läuft.[91] Und zwar nicht ver-steckt und heimlich, sondern in voller Primatenpracht und sich auf die Brust trommelnd.

Das passiert nicht nur Probanden, die ungeschult sind im Erkennen von Details, selbst professionelle Such-Spezialis-ten fallen auf diesen Filtertrick des Gehirns herein. In einem anderen Experiment mit erfahrenen Radiologen erkannten nämlich 75 Prozent von ihnen nicht, wenn in Röntgenaufnahmen von Lungengewebe ein Gorilla versteckt war, der 48-mal so groß war wie der Tumorknoten, den sie eigentlich finden mussten.[92] Nochmal zum Mitschreiben: Ein Gorilla, 48-mal so groß wie ein Tumor, wird von Fachärzten im Röntgenbild nicht erkannt – und das, obwohl Eye-Tracking-Versuche zeigen, dass die Ärzte sehr wohl auf den Gorilla geschaut haben. Da kann man von Glück sagen, dass sich so selten Menschenaffen in unserem Lungengewebe tummeln.

Verblüffend, könnte man meinen. Doch das Gorilla-Basketball-Experiment stammt bereits aus dem Jahre 1999. Niemand konnte ahnen, dass wir es heute noch weit skurriler treiben. Wer wissen will, was ich meine, gibt am besten bei YouTube die Suchanfrage »texting while walking« ein und bestaunt anschließend, wie gut unsere eingebauten Filter eintreffende Umweltreize ausblenden können. Denn dort sieht man sie, die Smartphone-User, wie sie auf ihr Display starren und völlig unverhofft in Swimmingpools purzeln, in Blumenkübel fallen und gegen unschuldige Rentner prallen. Vor allem junge Menschen bis fünfunddreißig Jahre sind betroffen, von denen laut einer aktuellen Studie über ein Fünftel das Handy benutzt, während es mit gesenktem Kopf durch den Straßenverkehr läuft.[93] Was kann man tun? Ampeln im Boden, die Bompeln, könnten eine Lösung sein (wird in Augsburg versucht). Oder eigene Bürgersteigspuren für Smartphone-User, damit diese separiert vom Rest nicht den Fußgängerbetrieb aufhalten (das probiert man in China). Und wenn man trotzdem weiter auf sein Display starrt und in einen Hundehaufen tritt? Die Smartphone-Industrie weiß Rat: Mit einer App lässt sich der Bildschirm transparent schalten, sodass man beim WhatsApp-Schreiben auch mitbekommt, wo man hinläuft. Klasse, was kommt als Nächstes? Eine »Fenster-App«, bei der ich das Smartphone vors Fenster halte und sehe, was draußen passiert?

Die Arbeitspensums-Schleuse

Dieser kleine Exkurs macht deutlich, wie zweischneidig unsere Aufmerksamkeitsfilter sind. Wenn wir uns auf etwas stark konzentrieren, blenden wir umliegende Dinge einfach aus. Nein, weit mehr als das, wir nehmen sie aktiv gar nicht mehr wahr. So zeigen Hirnscans, dass die Teile des Gehirns, die an der Verarbeitung von Hintergrundbildern beteiligt sind, kaum aktiv sind, wenn wir uns auf den Vordergrund konzentrieren.[94] Das liegt daran, dass die Filterfunktionen des Thalamus aktiv vom Großhirn eingeengt werden, wenn wir angestrengt in Bildern nach Details suchen. Schließlich ist der Thalamus über weitreichende wechselseitige Nervenverbindungen bestens mit dem Großhirn verbunden – und wenn Letzteres entscheidet, einen bestimmten Sinneskanal zu bevorzugen, kann es die Aufmerksamkeit auf andere Sinne aktiv unterdrücken. So wie der Boss seinem Sekretariat sagt, dass er ungestört bleiben möchte und niemand mehr durchgestellt werden soll außer der Geliebten.

Diese Top-down-Kontrolle gibt es auch im Gehirn. Sie können Ihren Thalamus-Filter aktiv dazu anhalten, Sinnesreize durchzulassen oder zu unterdrücken. Haben Sie beispielsweise einen Ring am Finger oder eine Brille auf der Nase? Ja? Dann merken Sie jetzt, wie der Ring am Finger sitzt oder die Brille auf der Nase drückt. Sie haben Ihrem Thalamus quasi mitgeteilt, dass er diese Reize kurz durchlassen darf, bevor er sie gleich wieder abblockt. Umgekehrt gilt genauso: Je höher die geistige Belastung, desto mehr filtert der Thalamus weg, sogar völlig fremde Sinnesreize, zum Beispiel die Verarbeitung von Tönen.

Diese Konzentrationsblindheit misst man im Labor, wenn sich Probanden einer komplizierten Suchaufgabe widmen müssen (im Experiment soll man dabei in der Regel einen bestimmten Buchstaben in einer Ansammlung von ähnlichen Buchstaben erkennen, zum Beispiel ein V umgeben von lauter Störbuchstaben: WIWVWWIW). Je unübersichtlicher die Suchaufgabe, desto weniger lässt man sich von Störgeräuschen oder eingeblendeten Bildern ablenken. Man wird also nicht nur blind, sondern auch taub für Reize von außen.[95] Dagegen können Sie gar nichts machen. Wenn Sie das nächste Mal Ihren Partner ansprechen, während er konzentriert die Sportschau schaut, kann er Sie schon aus physiologischen Gründen gar nicht hören. Wenn er nicht antwortet, ist er nicht unhöflich, er kann nun mal nicht anders. Denn Fußball mag für Außenstehende simpel erscheinen, fordert aber seinen Tribut: die kompletten Ressourcen des Gehirns.

Unsere Filtermechanismen sind also keineswegs so statisch wie ein Spamfilter für unser E-Mail-Postfach, sondern passen sich dynamisch unserem Leben an. Je anspruchsvoller die mentale Belastung, desto unempfänglicher werden wir für Ablenkungen. Wenn jedoch der Anspruch der Aufgabe sinkt, sind wir auch für Störungen leichter empfänglich. Das bedeutet aber im Umkehrschluss auch: Sich einfach vorzunehmen, sich weniger ablenken zu lassen, nützt herzlich wenig – die Aufgabe muss auch anspruchsvoll genug sein.[96] Wenn wir aber stark genug eingespannt sind, werden wir auch nicht abgelenkt, solange das Umfeld gleichmäßig geschäftig ist und sich nicht dauernd ändert. Anders gesagt: Ein schallisoliertes Einzelzimmer oder ein betriebsames Großraumbüro mit permanentem Hintergrundgemurmel macht für das Gehirn zunächst einmal keinen Unterschied. Es ist an beiden Orten gleich produktiv, solange die Aufgabe für das Gehirn anstrengend genug ist. Wer ein spannendes Projekt gerade zum erfolgreichen Abschluss bringt, für den ist es auch egal, ob die Kollegen gerade ein Schwätzchen halten. Wer hingegen immer die gleichen Excel-Tabellen ausfüllen muss, den treibt schon das leiseste Türquietschen in den Wahnsinn.

Die Tricks der Ablenkung

Alles gut, könnte man meinen. Der Thalamus ist so clever, dass er nur dann etwas durchlässt, wenn es für unser Arbeitspensum gerade passt. Wenn das so wäre, hätten wir nie Probleme mit der Konzentration, solange uns eine Aufgabe richtig fordert. Doch leider umgehen viele Ablenkungen die Filtermechanismen unseres Gehirns. Denn manche Reize sind so interessant, dass sie auch einen streng arbeitenden Thalamus umgehen. Sie nutzen quasi einen geistigen Bypass und werden kaum gefiltert.

Ein solches Bypass-Kriterium kennen Sie bereits: die Veränderung. Monotone Reize werden kurz registriert, dann schnell vom Thalamus abgeblockt. Genau aus diesem Grund sind die Grundeinstellungen vieler Medien besonders tückisch. Jedes Klingeln, Vibrieren oder Aufblinken sorgt für einen neuen Veränderungsreiz für das Gehirn. Schließlich könnte sich dahinter eine spannende Sache verbergen. Dies löst eine Denkkaskade im Gehirn aus, die uns von der eigentlichen

Aufgabe loslöst. Im vorigen Kapitel haben Sie schon von der Macht des Tagträumens gelesen, und genau dieses geistige Abschweifen kann schon durch ein kurz vibrierendes Smartphone verursacht werden. So zeigt sich im Labor, dass das bloße Signal des vibrierenden Handys ausreicht, um unsere Konzentration genauso zu verschlechtern, wie wenn man das Handy nach dem Klingeln anschließend auch benutzt.[97] Denn entscheidend für die Ablenkung ist nicht, dass wir auch tatsächlich etwas anderes machen (zum Beispiel eine Whats-App-Nachricht lesen oder schreiben). Es reicht schon, dass wir gedanklich aus unserem Arbeitsfluss gerissen werden. Die anschließende geistige Wanderschaft schränkt unsere kognitive Leistung massiv ein, indem von den bewussten Kontrollregionen des Gehirns geistige Kapazitäten abgezweigt und fürs Abschweifen genutzt werden.

Emotional positive Reize tricksen unseren Aufmerksamkeitsfilter genauso gut aus. Sollen sich Probanden in einem Labortest nämlich besonders intensiv konzentrieren und einen bestimmten Buchstaben in einem Umfeld ähnlicher Buchstaben finden, werden sie umso leichter abgelenkt, je angenehmer die störenden Bilder sind, die man neben dem Buchstabensalat einblendet.[98] Konkret stellte man wissenschaftlich fest: Nackte Frauen stören zwanzigmal mehr als verstümmelte Körper, fröhliche Gesichter mehr als wütende. Überhaupt sind Gesichter der goldene Schlüssel für unsere Aufmerksamkeit, als hätten sie quasi bevorzugten Zutritt zu unserem Gehirn. Wenn Probanden in einem ähnlichen Experiment wieder konkrete Buchstaben finden sollen, fühlen sie sich von seitlich eingeblendeten Gesichtern mehr gestört als von seitlich eingeblendeten Musikinstrumenten – besonders dann, wenn es sich um Gesichter von berühmten Persönlichkeiten handelt.[99]

Was lenkt also am meisten ab? Wenn Ihr Handy vibriert und Sie das Bild einer lächelnden Angela Merkel erwarten. Dagegen kann auch der beste Thalamus nichts machen.

Das Vorzimmer trainieren

Was bedeutet das nun konkret für unsere Ablenkungsfilter-Kompetenz? Soll man Umgebungsgeräusche minimieren, Konzentrationsübungen machen, sein Smartphone entsorgen?

Nun, es kommt darauf an. Denn Sie haben gerade gesehen, dass die am meisten störenden Ablenkungen eigentlich nicht beim nervigen Sinnesreiz, sondern immer im Gehirn beginnen. Sie können Ihre Filter scharf stellen oder durchlässig werden lassen, je nachdem, wie sehr Sie geistig beschäftigt sind. Das wird besonders deutlich, wenn man untersucht, wie sich die Arbeitslautstärke in einem Klassenzimmer (oder in einem Großraumbüro) auf unsere Leistungsfähigkeit auswirkt. Eine Lärmverschmutzung am Arbeitsplatz ist schon aus gesundheitlichen Gründen keine gute Sache – und oft hört man, dass auch die Konzentration unter zu viel Lärm leide. In einer Studie aus dem Jahre 2013 wurde dazu die Schulleistung von französischen Schülern (Acht- und Neunjährigen) mit der Lautstärke in ihrem Klassenraum und in ihrem Kinderzimmer in Beziehung gesetzt. Siehe da: Je lauter es war, desto schlechter schnitten die Schüler in Französisch und Mathe ab. Wer in einer um zehn Dezibel lauteren Umgebung lernte (das entspricht immerhin einer Verdopplung des Schalldrucks), hatte in Französisch- oder Mathetests im Schnitt vier Prozent weniger Punkte.[100] Wohlgemerkt: Es wurde ein Zusammenhang festgestellt, kein Ursache-Wirkungs-Prinzip. Denn, und das

ist der springende Punkt, Lautstärke allein macht noch keine
Ablenkung. Sie muss sich auch verändern – und das Gehirn
dafür empfänglich sein. *[handschriftlich: wäre es immer gut – bla]*

Was würde wohl passieren, wenn man sich plötzlich mehr konzentrieren müsste, zum
Beispiel, weil sich die Schriftart eines Textes ins schwer Leserliche ändert? Eine Studie von
schwedischen Wissenschaftlern aus dem Jahr 2014 macht deutlich, dass genau dann die
Geräuschkulisse weniger störend wird. Im konkreten Test sollten Schüler einmal einen Text
in einer ungewohnten und etwas undeutlichen Schriftart lesen, dann wiederum einen anderen Text in einer ihnen vertrauten und deutlichen Schrift. Beide
Male sollten störende Hintergrundgeräusche (ein latentes
sprachliches Gemurmel) die Schüler ablenken. Klar, dass sich
solch störendes Geplapper auswirkte und die Schüler weniger vom deutlich geschriebenen Text behielten. Doch war der Text
in der ungewohnten Schriftart geschrieben, hatte die Geräuschablenkung keinen negativen
Effekt. Die Schüler behielten genauso viel wie beim deutlich geschriebenen Text in ruhi-
ger Atmosphäre.[101] *Fazit:* Es kommt maßgeblich auf unsere innere
Einstellung an, ob uns etwas von außen ablenkt. Auf eine
ablenkende Umgebung zu schimpfen, greift zu kurz. Das Übel
packt man nicht an der Wurzel, indem man seine Umwelt
ändert, sondern indem man seine geistige Arbeit ändert. Kein
normal (weniger als 80 Dezibel) lautes Geräusch kann uns
ablenken, wenn uns etwas wirklich geistig fordert.

[handschriftlich: Der Thalamus filtet nach Bedarf, aber hat auch Schwächen → Smartphone]

Produktive Ablenkung

Nun sind manche Tätigkeiten während der Arbeit in der Tat
monoton und gleichförmig und damit potenziell ablenkungs-
gefährdet. Da kann ich noch so schlau daherschreiben, dass
die Arbeit packender werden soll. Doch man kann auch bei
vermeintlich gleichmäßigen Tätigkeiten störende Unterbre-

[handwritten: immer Abwechslung reinbringen, sonst Zeit]

chungen minimieren, indem man sich die größte Schwäche unseres Filtersystems zunutze macht, die Schwäche für Veränderung. Wer während seiner Arbeit die Aufgaben rechtzeitig variiert, beispielsweise Texte schreiben mit Telefongesprächen abwechselt, schafft schon eine Ablenkung *innerhalb* seiner Tätigkeit. Wichtig ist, dass man unterschiedliche Dinge macht, die aber immer auf die konkrete Aufgabe bezogen bleiben. So lernt der Thalamus, besser zu priorisieren, Informationen zu gewichten und dennoch bei der Sache zu bleiben.

Genauso wichtig: Die Filtermechanismen seines Arbeitsgedächtnisses nicht zu überfordern. Wer ständig und ohne Unterbrechung vor sich hin schafft, bringt irgendwann seinen Zwischenspeicher an die Kapazitätsgrenze und wird dann unkonzentriert. In kognitiven Tests ist das häufig schon nach 30 bis 45 Minuten der Fall. Bevor dann die unweigerliche Ablenkung kommt, kann man dieser schon vorgreifen und sich selbst »ablenken«, also eine Pause machen. Und zwar eine clevere Pause: sich nicht gleich auf ein anderes Problem stürzen, sondern kurz innehalten, aufstehen, sich unterhalten – und seinem Gehirn so die Möglichkeit zur geistigen Verdauung geben. Dafür reichen schon wenige Minuten aus, denn sonst schlägt sie wieder in ineffektive Ablenkung um. Dann dauert es einfach zu lange, bis Sie nach der Unterbrechung Ihr Gehirn wieder »hochgefahren« und auf die vorherige Aufgabe konzentriert haben. Besser kurz und knackig – dafür etwas öfter.

Dass wir irgendwann dem Drang nach Ablenkung nachgeben, können wir kaum vermeiden. Sie ist quasi die logische Konsequenz daraus, dass unser Arbeitsgedächtnis begrenzt ist und unser Gehirn Verschnaufpausen einfordert. Wenn man diese clever nutzt, ist man anschließend umso produktiver – sogar wenn es ausschließlich auf Effizienz ankommt.

[handwritten: Balance zwischen Konzentration und Entspannen maximal 45 Minuten Arbeitszeit]

2009 hatte die Bank of America ein Problem: Die Produktivität von Callcenter-Mitarbeitern unterschied sich zum Teil beträchtlich. Während einige Teams besonders schnell und problemlösend die Anfragen in der Kundenhotline abarbeiteten, hinkten andere deutlich hinterher. Um die Effizienz auch der langsamen Teams zu verbessern, installierte man einen straffen Zeitplan und regulierte die Kaffeepausen so, dass die Teammitglieder immer abwechselnd eine Pause machen konnten. So sollten sich die Angestellten nicht durch lästige Plaudereien an der Kaffeemaschine ablenken und gegenseitig von der Arbeit abhalten. Das war zumindest die Idee. Doch die war falsch. Als man nämlich analysierte, was die produktivsten von den unproduktivsten Mitarbeitern unterschied, kam heraus: Es war genau die vermeintlich ablenkende Kaffeepause, die man gemeinsam verbrachte. Je mehr man mit seinen Kollegen in der Pause quatschte, desto schneller arbeitete man anschließend die Telefonanrufe ab. Die Lösung: Die Kaffeepausen wurden so gelegt, dass immer das gesamte Team freibekam und die Pausen zusammen verbrachte (die Anrufe wurden einfach auf ein anderes Team umgeleitet, was bei einem großen Callcenter kein Problem ist). Der soziale Austausch, der während der laufenden Arbeit ablenkend wäre, entfaltete so in der Pause seine produktive Kraft. Zurück an der Arbeit, beschleunigte sich die Arbeitsgeschwindigkeit (die Zahl der abgearbeiteten Anrufe) um 20 Prozent, bei gleichzeitigem Anstieg der Kundenzufriedenheit um zehn Prozent. Als die Bank dieses Konzept für alle 25 000 Callcenter-Mitarbeiter ausrollte, steigerte sie ihre Produktivität um insgesamt 15 Millionen Dollar.[102] So kann's gehen, wenn man versteht, was Ablenkung für das Gehirn bedeutet.

Auf geistiger Diät

Wenn wir also nicht die Möglichkeit nutzen, in einer Pause geistig aufzutanken (vorzugsweise durch Austausch mit anderen Menschen), wird sich die Ablenkung irgendwann Bahn brechen und uns stören. Je gleichförmiger die Arbeit, desto stärker ist diese Tendenz. Die schlechte Nachricht ist: Diese Anfälligkeit für Ablenkung verstärkt sich mit der Zeit. Denn wenn man viele Medien gleichzeitig nutzt, wird man immer schlechter darin, das Hin-und-Her-Springen zwischen Smartphone, Papierkram, Computer und persönlichen Gesprächen zu regulieren. Gerade die intensivsten Mediennutzer sind am schlechtesten darin, zu priorisieren und Störungen zu vermeiden. So lassen sich Jugendliche (Dreizehn- bis Vierundzwanzigjährige) bei Konzentrationsaufgaben im Labor besonders stark ablenken, wenn sie im Alltag ihr Smartphone oft für vermeintliches Multitasking (zum Beispiel Texten bei gleichzeitigem Videoschauen) nutzen.[103] Wer viel hin und her springt und oft abgelenkt wird, verliert dadurch im Laufe der Zeit seine Kompetenz, Informationen und eintreffende Reize zu gewichten, ein Teufelskreis. Die gute Nachricht ist: Wir können den Thalamus trainieren, gegen Smartphone- und Medienablenkung resistenter zu werden.

Wann ist eine Ablenkung am verlockendsten? Beim ersten Mal, wenn sie ganz plötzlich kommt. Vermeiden Sie deswegen den ersten Impuls: nämlich aufs Handy zu schauen, wenn es vibriert. Nehmen Sie sich nicht vor, das Smartphone nicht zu beachten, sondern ignorieren Sie es aktiv. Wenn es summt, dann registrieren Sie es und greifen ganz bewusst nicht dorthin. Wer es aktiv nicht bedient, entscheidet sich auch aktiv gegen den eintreffenden Nachrichtenstrom. Genau dieses wichtige Priorisieren lernt auch der Thalamus und wird mit der Zeit widerstandsfähiger gegen die Ablenkung.

Genauso wichtig ist es im nächsten Schritt, die Nutzung von Medienkanälen zu reglementieren. Das Gefährlichste für unser Konzentrationsvermögen ist nämlich gar nicht, dass wir ein Smartphone während der Arbeit nutzen, sondern dass wir es zu unregelmäßig tun. Wenn wir ohne Rhythmus mal die E-Mails auf dem Rechner, mal die SMS auf dem Handy checken, verliert der Thalamus die Fähigkeit des effektiven Filterns. Besser: Man macht es wie bei einer strikten Ernährung. Wenn man zu festen Uhrzeiten frühstückt, zu Mittag und zu Abend isst, passt sich der Stoffwechsel auch entsprechend an und man hat in den Phasen dazwischen weniger Hunger. Dafür knurrt pünktlich um halb eins der Magen, aber das kann man ja einplanen und das Mittagessen vorbereiten. Wenn es doch mal turbulent zugeht, kann man noch einen Zwischensnack einschieben, um frische Energie zuzuführen, aber der Stoffwechsel bleibt doch geregelt. Genauso passt sich unser Gehirn an, wenn man es auf eine regulierte »Mediendiät« setzt. Wer zu bestimmten Zeiten seine Nachrichten abruft, wird in den Abschnitten dazwischen weniger empfänglich für eine mediale Heißhungerattacke.

Inspirierende Ablenkung

Eigentlich komisch: Unsere hirneigenen Filtermechanismen sind so effektiv und so robust, dass wir aufs Smartphone glotzend gegen Laternenpfähle laufen. Und dann lassen wir uns wieder von den kleinsten Kleinigkeiten ablenken. Warum nur sind wir nicht dauerhaft konzentriert bei der Sache? Warum muss man sich zwingen, nicht abgelenkt zu werden?

Ablenkung ist aus neurobiologischer Sicht nicht automatisch etwas Negatives, sondern ein wichtiger Grund dafür, dass wir mehr sind als störungsresistente Konzentrationsmaschinen. Denn wer mentale Scheuklappen aufhat, kann auch nur in eine Richtung laufen und verpasst vielleicht die Abzweigung in eine bessere Zukunft. Würden wir nie gestört werden, wären wir ablenkungs-, aber auch inspirationsresistent. Dann könnten wir eine konkrete Aufgabe fokussiert lösen – aber auch nur diese.

Kreative Menschen lassen sich jedoch leichter ablenken, und zwar auch, weil ihre Filtermechanismen nicht so gut funktionieren wie diejenigen von weniger kreativen Personen. Sie können Geräusche nicht so gut ausblenden und fühlen sich oft von banalen Dingen im Hintergrund schnell belästigt. Das ist sogar im Gehirn messbar, denn besonders kreative Menschen (Künstler, Wissenschaftler oder Designer) blenden sich wiederholende Reize nicht so stark aus wie weniger kreative Menschen. Mit anderen Worten: Kreative sind organisch in ihrem Gehirn darauf eingestellt, sich nicht so schnell an Reize zu gewöhnen, weniger wegzufiltern und sich ablenken zu lassen.[104] Für einen kreativen Menschen ist ein neues Geräusch zunächst keine lästige Störung, sondern eine potenzielle Inspiration.

Viele Kreative ziehen es daher vor, in einem Umfeld mit mäßiger Ablenkung neue Ideen anzulocken. In einem Straßencafé bei moderatem Hintergrundgemurmel, bei gedämpfter Musik, bei monotonen Tätigkeiten wie Autofahren oder Spazierengehen. Interessanterweise sind genau solche Orte mit gemäßigter Ablenkung auch besonders kreativitätsfördernd.

Nicht nur, dass Studienteilnehmer besonders schnell auf originelle Verwendungsmöglichkeiten für Alltagsgegenstände kommen, wenn sie von einem gleichmäßigen Hintergrundgeräusch (einer Geräuschkulisse aus einer Cafeteria) beschallt werden. In einer inspirierenden Akustik (wie bei gleichmäßigen Hintergrundgesprächen) entscheiden sich Kunden auch für den Kauf von neuartigeren, innovativeren Produkten.[105] Optimalerweise liegt eine solche Kreativitätslautstärke bei 70 Dezibel, was etwa einem recht lauten Gespräch entspricht.

Ob uns etwas ablenkt oder unsere Kreativität fördert, hängt also von der Art der Fragestellung und dem Umfeld ab. Nicht immer sind Ablenkungen negativ, denn gerade wenn wir eine Aufgabe neuartig lösen sollen (zum Beispiel einen Slogan entwickeln, etwas designen oder einen Schlachtplan für den nächsten Kindergeburtstag erstellen), können leichte Ablenkungen inspirierend sein. Auch hier gilt: Die Dosis macht das Gift. Besonders kreative Menschen achten auf ein Gleichgewicht zwischen Konzentration und Ablenkung. Sie fokussieren sich zunächst auf ein Problem, begeben sich dann in eine Zone kontrollierter Ablenkung (zum Beispiel in ein Straßencafé) und kehren dann wieder an einen ruhigeren Ort zurück. So kann unser Gehirn seine Sinnesfilter optimal justieren und immer das durchlassen, was für die Aufgabe benötigt wird.

Apropos durchlassen. Gerade sind wieder neue Nachrichten in mein Postfach getrudelt. Sie entschuldigen mich kurz...

Kapitel 8

MATHEMATIK

Warum das Gehirn ohne Zahlen
am besten rechnet

So, Schluss mit den vielen Wörtern, geschriebenen Erklärungen und abstrakten Texten, kommen wir nun zu einer deutlich
logischeren und universelleren Art, die Welt zu beschreiben:
der Welt der Zahlen.

Ein Aufschrei wird nun durch einen Teil der Leserschaft
gehen, denn kaum eine Disziplin polarisiert so stark wie die
Mathematik. So ergab eine repräsentative Forsa-Umfrage im
Jahre 2010, dass 40 Prozent der befragten Erwachsenen und
35 Prozent der Schüler Mathe als ihr Lieblingsschulfach anse-
hen – und immerhin 68 Prozent rechnen auch im Alltag gern.
Leider fällt es den Befragten wohl etwas schwerer, ein Gefühl
für statistische Zusammenhänge zu entwickeln, wenn lediglich 18 Prozent in der gleichen Umfrage angaben, dass das mit
dem spaßigen Rechnen auch auf die anderen zutrifft.

Wirklich? Spaß an Zahlen und am Rechnen? Ich finde,
dass schon im vorigen Absatz viel zu viele Zahlen und Pro-
zentangaben versteckt sind. Da stockt man doch in jedem
Satz und stolpert von Zahl zu Zahl. Überhaupt, was soll eine
Aussage wie »68 Prozent« bedeuten? Man fühlt ja nicht, ob

sich 68 von 69 Prozent unterscheidet. Und was das Rechnen betrifft: Das mag im einfachen Einzelfall noch gut gelingen. 8×8, $27 + 59$ oder 3^4 kriegt man ja noch locker hin. Aber die Grenze zum kaum Beherrschbaren erreicht man doch recht schnell. Schon bei 3^5 dürfte es schwierig werden. Und zwar mehr oder weniger unabhängig davon, ob man selbst »gut« rechnen kann, Mathe als Lieblingsfach hatte oder sogar professioneller Mathematiker ist. Denn das Gehirn kann nicht gut rechnen. Okay, natürlich »rechnet« es ständig auf seine spezielle Art und verarbeitet nach seinen Regeln Informationen, »berechnet« Handlungen oder Gefühlszustände. Aber bei Zahlen hört die Freundschaft ganz schnell auf.

Auch wenn Sie Mathematik-Experte sind, verblasst Ihre Rechenkunst im Vergleich zu einem Taschenrechner. Der errechnet Ihnen in Sekundenbruchteilen den Tangens aus $\pi/3$ oder die vierte Wurzel aus 4,3. Da muss selbst ein Inselbegabter grübeln, denn für so komplizierte Rechnungen ist kein Gehirn geeignet.

Auch wenn billige Taschenrechner schon seit Jahrzehnten jedes Mathegenie in den Rechenschatten stellen, ist noch niemand auf die Idee gekommen, diese Computerleistung als Angriff auf unsere geistige Vorherrschaft zu interpretieren. Bei den aktuellen Erfolgen der »künstlichen Intelligenz« macht man es trotzdem, obwohl selbst die besten Computer genauso dumm sind wie Taschenrechner. Denn Computer können zwar schnell und fehlerfrei rechnen, wenn man sie einmal korrekt mit Rechenregeln programmiert hat. Aber sie scheitern daran, etwas mit diesen Rechenergebnissen anzufangen.

Wir hingegen können Rechnungen interpretieren und daraus ganze Gedankengebäude zusammenstellen. Computer rechnen (deswegen heißen sie so), Menschen betreiben Ma-

Taschenrechner verursacht keine Angst
vor K.I oder Technologie

thematik. Das ist ein Unterschied. Wer wissen will, was das bedeutet, kann gerne ein Mathebuch aufschlagen und sich bloß die Kapitelüberschriften durchlesen: »Zerlegung der Eins und Schnitte in Vektorraumbündeln«[106], »Die Pseudoinverse einer linearen Abbildung«[107] oder »Das begleitende Dreibein, Krümmung, Torsion«[108] heißt es da. Das klingt wie wissenschaftliche Poesie. Verrückt, zu welchen mentalen Gedankenreisen unser Gehirn in der Mathematik fähig ist. Und dennoch: In einer Welt, die immer mehr Wert auf Messbarkeit, Zahlen und Tabellen legt, muss die Neurobiologie klarstellen, dass Rechnen für das Gehirn gar nicht so einfach, um nicht zu sagen, extrem umständlich und fehlerbehaftet ist.

Dabei werden wir im Alltag ständig mit Zahlen zugeschüttet. Kein Lebensbereich, der sich erfolgreich dagegen wehren kann, numerisch zwangsquantifiziert zu werden. Dabei sind Zahlen oft nur Pseudoerklärungen und gaukeln eine analytische Eindeutigkeit vor, die unser Gehirn kaum nachvollziehen kann. Denn was bedeuten 40 Prozent Regenwahrscheinlichkeit? Soll ich mir Sorgen machen, wenn die Nebenwirkungen eines Medikamentes in »seltenen Fällen« Hautausschlag ankündigen? Oder ist es gefährlicher, zehn Minuten in der Sonne zu liegen? Kann ich große Zahlen wie 285 000 000 000 begreifen, oder muss ich mir immer mit schiefen Vergleichen helfen (die Hälfte der jährlichen Steuereinnahmen des Bundes, das 1140-fache der Bevölkerung Indonesiens)? Bedeutet eine durchschnittliche Lebenserwartung von einundachtzig Jahren, dass jemand anderes neun Jahre früher sterben musste, wenn meine Oma gerade neunzig geworden ist?

Wenn man genau hinschaut, wird deutlich, dass das Gehirn auf Zahlen (besonders auf große Zahlen) nur schlecht eingestellt ist. Auch das Rechnen fällt uns nicht leicht. Mit ein bisschen Übung oder dem einen oder anderen Mathetrick können wir vielleicht schneller ans Ziel kommen. Aber selbst dann hätten wir gegen eine Gratis-Taschenrechner-App auf unserem Smartphone keine Chance. Und das ist eine gute Sache. Denn dahinter versteckt sich die wohl größte Stärke des Gehirns überhaupt: das Denken in Mustern, Bildern und Zusammenhängen. Wir mögen vergleichsweise schlecht darin sein, Zahlenkolonnen in Tabellen zu ordnen – doch wir sind wahre Meister darin, aus solchen Zahlenansammlungen Bilder und Geschichten zu erzeugen. Fragen Sie einen Astronomen. Wenn der die Daten seiner Teleskope auswertet, erhält er im Prinzip nur endlose Zahlenreihen – die versteht keiner. Erst, wenn er die Zahlen zu Mustern ordnet, bekommen wir eine Vorstellung von fantastischen Dingen wie »roten Riesen«, »schwarzen Löchern« oder »dunkler Materie« im Universum. Das gelingt nur, weil wir nicht gut rechnen können. Denn wenn wir es könnten, wären wir auch genauso fantasielos wie ein Computer.

Zahlen? Nein danke!

Beim Rechnen mit Zahlen, Wahrscheinlichkeiten und großen Mengen machen wir häufig Fehler und irren uns. Auch ich bin nicht vor Fehlern gefeit, wenn ich ein wissenschaftliches Buch schreibe. Daher wurde ich von meinem Verlag gewarnt: Pass bloß auf, schreib auf keinen Fall eine Formel ins Buch, das kommt im Zweifel schlecht an, sieht kompliziert aus und kostet Leser! Mag sein, aber ich tue es trotzdem, denn dank der Hirnforschung wissen wir jetzt auch, warum manche mathematische Formeln so unschön, ja geradezu hässlich rüberkommen und die Leserschaft verschrecken: Sie enthalten zu viele Zahlen, denn Zahlen machen keinen Spaß. Beispiel gefällig?

$$\frac{1}{\pi} = \frac{2\sqrt{2}}{9801} \sum_{k=0}^{\infty} \frac{(4k)!\,(1103 + 26390k)}{(k!)^4 396^{4k}}$$

Gut, werden Sie sagen, das ist wirklich recht spröde. Eine Gleichung, um die Kreiszahl Pi zu errechnen – mit einer geradezu chaotischen Anordnung von irgendwelchen Zahlen. Schrecklich. Und damit sind Sie nicht alleine, denn diese Formel wurde von Mathematikern zur hässlichsten überhaupt gewählt.

Wie angenehm erfrischend ist doch da der Gegenentwurf, die nach Abstimmung unter Mathematikern schönste Formel der Welt:

$$e^{i\pi} + 1 = 0$$

Der Mathematikdilettant wird spöttisch einwerfen, dass die zweite Formel ja viel kürzer sei und deswegen logischerweise schöner, weil einfach und richtig zugleich. Und außerdem kommen bis auf die Null und die Eins keine weiteren Zahlen vor (und auch ich stimme da voll zu, aber ich bin ja auch kein Mathematiker). Gleichzeitig aktiviert diese Formel im Gehirn von Mathematikern eine Region, die auch von als schön empfundener Kunst oder Musik aktiviert wird, nämlich den *medialen orbitofrontalen Cortex*[109], einen Teil des Stirnlappens, der direkt über der Glabella, der meist unbehaarten Stelle zwischen Ihren Augenbrauen, liegt. Das trifft aber nur auf Mathematikinteressierte zu. Normalsterbliche konnten in der konkreten Untersuchung mit den allermeisten Formeln gar nichts anfangen und hatten dementsprechend auch keinen emotionalen Bezug dazu. Und das hat einen guten Grund.

Für jemanden, der keine Ahnung von Mathematik hat, sehen alle Formeln irgendwie gleich kompliziert aus, egal, ob sie länger oder kürzer sind. Denn ohne Vorbildung haben Menschen keinen intuitiven Bezug zu Zahlen oder Formeln. Wir »spüren« sie nicht so, wie wir es spüren können, wenn die Sonne auf unsere Haut scheint oder wir ein leckeres Eis essen. Wir fühlen auch nicht eine Wahrscheinlichkeit von 40 Prozent oder 1:140 Millionen. Mathematik ist wie eine Fremdsprache aus einer anderen, abstrakten Welt, die wir mühsam erlernen müssen. So, wie wenn man eine »echte« Fremdsprache lernt und dort zu Beginn auch kein Gefühl für die Wörter hat. Ohne mit der Wimper zu zucken, können wir auf Englisch, Französisch oder Spanisch mit den schlimmsten Schimpfwörtern um uns werfen – doch wenn wir die gleichen Wörter auf Deutsch sagen würden, würde uns ein Schauer den Rücken runterlaufen.

Der Grund ist einfach: Menschen sind keine Zahlen- oder Sprachroboter. Sie analysieren die Zahlen oder Wörter nicht, um sie anschließend wieder zu neuen Formeln oder Sätzen zusammenzubauen. Computer machen das so, sie haben daher auch kein Problem, für uns komplizierte mathematische Berechnungen durchzuführen. Doch wir können uns nur sehr schlecht Vokabeln und Formeln merken (siehe Kapitel 2). Was wir hingegen besser können: die Dinge zu verstehen und Vokabeln oder Formeln in einen Zusammenhang zu packen. Das Wort »Sonne« ist für uns keine Ansammlung von fünf Buchstaben mit 40 Bit Speicherplatz, sondern dieses wärmende Objekt, das uns im Sommer gute Laune und Sonnenbrand bringt. Oder welches Bild/Gefühl auch immer Sie gerade vor Ihrem geistigen Auge haben, Sie spüren etwas beim Gedanken an die Sonne.

Und was spüren Sie bei der Zahl 9801? Nichts? Hören Sie tief in sich rein, vielleicht ist da ja was… Wohl kaum, denn Zahlen sind so abstrakt, dass wir nur selten Geschichten, Gefühle oder Bilder dazu aufbauen können (Ausnahme vielleicht die 13, bei der »spüren« manche Menschen ein Gefühl des Glücks oder Unglücks).

Zahlen, bitte!

Manchmal hört man von Menschen, dass sie von sich behaupten, ein »Zahlenmensch« zu sein – also besonders gut mit Nummern und Berechnungen klarzukommen. Nun sind Zahlen an sich komplett tot, völlig bedeutungslos. Und so wichtig Zahlen sind, um die Welt zu beschreiben, sie beschreiben eben nur. Noch nie hat eine Zahl die Welt verändert – wohl aber die Geschichten, die hinter den Zahlen stecken.

Zahlen sind nichts wert. Wenn ich Ihnen sage: »Drei!«, dann sagen Sie: »Drei was? Drei Musketiere? Drei Fragezeichen? Dreimal schwarzer Kater? Drei-Finger-Regel der rechten Hand?« Und das zu Recht, denn ohne Kontext ist die Zahl Drei ohne irgendeinen Sinn. Dennoch kann das Gehirn die Zahl Drei verarbeiten und verstehen, dass drei mehr sind als zwei.

Das führt zu einer interessanten Frage, nämlich, ob die Zahlen unabhängig von Menschen existieren oder eine menschliche »Erfindung« sind, um die Welt zu ordnen. Mathematik ist eine Geisteswissenschaft, doch bedeutet das auch, dass sie nicht mehr existiert, wenn niemand mehr daran denken würde? Was passiert mit der »Drei«, wenn keiner mehr da ist, um »Drei« zu denken? Ich werde mich hüten, einen existentialistischen philosophischen Exkurs in dieses Buch zu packen, doch aus neurowissenschaftlicher Sicht ergeben sich einige spannende Hinweise, die deutlich machen, dass Zahlen mehr sind als künstliche mentale Krücken, um die Welt zu ordnen. Wir scheinen Zahlen nämlich tatsächlich so wahrzunehmen wie andere Dinge aus unserer Umwelt.

Wenn wir auf die Welt kommen, können wir nicht zählen, zumindest nicht im klassischen Sinn. Da können Schwangere noch so sehr ihre Pränatalen mit klassischer Musik beschallen, das Konzept von Mathematik bildet sich erst Schritt für Schritt heraus. Und dennoch bringen wir schon alle notwendigen anatomischen Voraussetzungen mit, um mit Zahlen umzugehen. Gewissermaßen eine mathematische Grundausstattung, um überhaupt mit numerischen Gedanken beginnen zu können. Offenbar sind wir dafür mit drei Grundtechniken ausgerüstet, die uns von Beginn an helfen, mit Zahlen umzugehen.

Die mathematische Grundausrüstung

Eine dieser Grundtechniken nennt man in der Wissenschaft »Subitizing«, was sich mit »sofortigem Abschätzen« übersetzen ließe. Gemeint ist Folgendes: Wie viele Punkte sehen Sie hier?

o o

o   o

Kein Problem, das sind vier. Und wie viele sind das?

Schon schwieriger, denn wir können nur etwa von einer Handvoll an Objekten sofort die Menge erkennen. Dabei zählen wir nicht ab, wir »sehen« vielmehr unmittelbar, um wie viele Objekte es sich handelt. Das ist schon mal ein guter Start, wenn man sich schnell in einer Welt aus kleinen Zahlen orientieren will.

Ein zweites, grundlegendes Zahlenprinzip ist die Zahlenabschätzung. Im Gegensatz zum eben erwähnten Subitizing sehen wir hier nicht die korrekte Anzahl, sondern setzen Größen zueinander in Beziehung. Vier ist größer als zwei. Zehn ist größer als fünf. Wenn man jene Zahlenabschätzung genauer untersucht, stellt man einen weiteren Grund dafür fest, weshalb wir so schlecht mit Zahlen umgehen können. Stellen Sie sich vor, Sie müssten auf einem Zahlenstrahl verschiedene Zahlen relativ einordnen, sagen wir die Zahlen 1, 2, 3, 5, 10 und 50. Wer in der Grundschule aufgepasst hat, wird sich daran erinnern, dass ein solcher Zahlenstrahl etwa so aussehen muss:

123_ 5____10_____50

Doch wenn Zweitklässler oder erwachsene Mitglieder von Eingeborenenstämmen, die oft nicht weiter zählen als bis fünf, einen solchen Zahlenstrahl aufmalen müssen, kommt eher Folgendes heraus:

1__2___3____5_____10_____50

In Worten, nicht in Zahlen ausgedrückt: Je größer die Zahlen, desto ungenauer wird die Abschätzung. Denn unser Zahlenverständnis ist von Grund auf nicht linear, sondern logarithmisch eingestellt.[110] Für uns sind schließlich nicht immer die Absolutwerte entscheidend, viel spannender sind doch die Unterschiede, die Vergleiche. Das kennen Sie, wenn Sie abends ein paar Chips knabbern. Wenn Sie gerade den ersten gegessen haben, dann kommt schnell die Frage auf: »Soll ich noch einen essen? Schließlich habe ich dann ja doppelt so viel verputzt wie zuvor.« Der zweite Kartoffelchip kostet noch ein bisschen Überwindung des schlechten Gewissens. Aber spätestens beim 39. ist der Damm gebrochen. Spielt dann ja auch keine Rolle mehr, ob Sie 40 oder 41 Chips gegessen haben. Viele sind es sowieso.

Dieses Phänomen ist in der Wissenschaft als Webersches Gesetz bekannt: Die subjektive Wahrnehmung von Sinneseindrücken folgt einer logarithmischen Abhängigkeit. Praktisches Beispiel: Wenn wir einen Gewichtsunterschied feststellen wollen, muss das zusätzliche Gewicht etwa zwei Prozent der zu wiegenden Gesamtmasse ausmachen. Sie heben also Ihren Einkaufskorb von sieben Kilogramm hoch. Wenn Sie eine 100 Gramm schwere Tafel Schokolade dazulegen, werden Sie das kaum merken, denn erst ein zusätzliches Gewicht von 140 Gramm macht sich bemerkbar. Das Webersche Gesetz ist auch sehr unpraktisch, wenn man abnehmen will. Wenn man 120 Kilogramm wiegt, spürt man erst ab 2,4 Kilogramm Abnahme, dass sich was tut. Wer von vornherein nur 50 Kilos auf die Waage bringt, der fühlt sich schon nach der Morgentoilette spürbar erleichtert.

Das Webersche Gesetz gilt auch für unser Zahlenverständnis, aber nur für abgrenzbare Zahlen (siehe Kartoffelchips). Sobald diese ein Muster bilden, können wir sie schon wieder besser abschätzen und vergleichen.[111] So ist es uns leicht möglich, eine Gesamtheit an Einzelteilen mit einer anderen Gesamtheit in Relation zu bringen, ohne genau zählen zu müssen. Wenn Sie beispielsweise zwei verschiedene Kartoffelchips-Sorten vor sich ausbreiten, die rötlichen mit Paprika und die eher gelblichen mit Zwiebelaroma, dann können Sie nicht auf Anhieb sagen, wie viele Paprika-Chips Sie sehen, oder ob es mehr sind als die Zwiebel-Chips. Wenn Sie aber alle Chips zerbröseln und anschließend eine rote Paprika-Chipsfläche neben einer gelben Zwiebel-Chipsfläche verteilen, fällt es Ihnen leichter zu bestimmen, welches Krümelmosaik größer ist. Jeder, der kleine Kinder zu Hause rumspringen hat, weiß, wie so was praktisch angewendet wird.

Mit diesen Grundtechniken ist das Gehirn schon mal gut aufgestellt, um später präzise zu rechnen. Und in der Tat scheint dieses mathematische Verständnis angeboren zu sein, wenn selbst Kinder vor ihrem Spracherwerb oder indigene Völker, die nur über eine Eins-zwei-viele-Zählweise verfügen, die soeben genannten Prinzipien anwenden können. Außerdem deutet schon die Tatsache, dass unsere Zahlenabschätzung dem Weberschen Gesetz folgt, darauf hin, dass wir Zahlen eher wahrnehmen, als sie künstlich zu erzeugen. Genau wie bei anderen Sinnen gewöhnen wir uns übrigens an Zahlen. Wenn Probanden zunächst auf eine Anordnung aus 30 Punkten schauen, schätzen sie anschließend eine andere Anordnung aus 30 Punkten richtigerweise als ebenfalls aus 30 Punkten bestehend ein.[112] Schauten Sie jedoch zunächst Bilder aus 400 Punkten an, schätzten sie die Anzahl der Punkte in einem

100-Punkte-Bild auf 30. So ähnlich, wie wenn man von einer Autobahn runterfährt und abbremst. Dann kommen einem die 60 km/h auch vor wie 30. Zahlen werden offenbar nicht erfunden, sondern ebenso wie andere Sinneseindrücke wahrgenommen. Als würden sie unabhängig von uns existieren. Und dieser Eindruck verstärkt sich, wenn man sich anschaut, wie Nervenzellen Zahlen verarbeiten.

Per demokratischer Abstimmung zur Zahl

Was passiert im Gehirn, wenn Sie die Zahl 5 sehen? Oder fünf Objekte zur gleichen Zeit? Oder direkt hintereinander? Oder fünf aufeinanderfolgende Töne hören? Interessanterweise antworten immer die gleichen Zellen auf diesen numerischen Reiz, egal, ob er vom Gehör oder vom Auge kommt. Denn wir haben spezielle Zahlen-Neuronen, die sich ganz genau auf diese konkrete Form der Wahrnehmung konzentriert haben.[113]

Beim Menschen sitzen diese Nervenzellen in zwei verschiedenen Regionen, dem hinteren Scheitellappen und dem seitlichen Stirnlappen der Großhirnrinde. Beide Regionen sind geradezu mustergültig positioniert, um abstrakte Zahlen zu repräsentieren, denn sie erhalten von anderen Hirnregionen schon bearbeitete Inputs aus den Hör- oder Sehzentren. Für uns spielt es deswegen keine Rolle, ob wir fünf Punkte sehen oder fünf Piepstöne hören. Wir erzeugen in beiden Fällen das abstrakte Gebilde »fünf«.

Unser Zahlenverständnis beginnt dabei im hinteren Scheitellappen, wo die ersten Zähl-Neuronen den Input der Sinneswahrnehmungen mit einer Zahl verknüpfen. Diese Information wird anschließend in den seitlichen Teil des Stirnlappens geleitet, dort weiter abstrahiert und, wenn nötig, mit anderen Zahlen verrechnet. Offenbar existieren dafür ebenfalls spezialisierte Rechen-Neuronen, die einzelne Rechenoperationen (zum Beispiel »mehr als«) codieren können. Wir nehmen also die numerische Eigenschaft von Dingen aus unserer Umwelt wahr (so weit können das auch andere Tiere), sind dann aber in der Lage, diese Eigenschaft zu abstrahieren (da kommen Affen noch mit) und schließlich zu komplett geistigen Rechengebilden zu formen (spätestens da steigt der Primat aus).

Zahlen haben in unserer Welt deswegen einen guten Ruf, weil sie so objektiv und sachlich rüberkommen. Eine Fünf ist eine 5, ist eine V, ist eine ⃦⃦⃦, egal wo auf der Welt. Dabei geht es im Gehirn deutlich demokratischer zu. Denn welche Zahl wir wahrnehmen, darüber wird quasi jedes Mal »abgestimmt« – im Prinzip sind Zahlen im Gehirn alles andere als objektiv, sondern eine Mehrheitsentscheidung.

Stellen Sie sich vor, Sie befinden sich im *intraparietalen Sulcus* des hinteren Scheitellappens. Um Sie herum: die Besten der Besten – Nervenzellen nämlich, die sich alle auf unterschiedliche Zahlen spezialisiert haben. Da gibt es einige, die sind besonders aktiv, wenn sie die Zahl 3 präsentiert bekommen, andere hingegen reagieren eher auf die Zahl 6. Nun sind Nervenzellen eben nicht perfekt, sondern sehr viel fehleranfälliger als ein Computerbauteil. Deswegen reagiert die Zahl-3-Zelle auch ein bisschen auf die angrenzenden Zahlen 2 und 4 und noch ein wenig schwächer auf die Zahlen 1 und 5. Ähnliches gilt für das Zahl-6-Neuron, auch dieses spricht ein bisschen auf die Zahlen 5 und 7 an. Ein einzelnes Neuron ist sich also nie so ganz sicher, ob es von seiner persönlichen Zahl tatsächlich gerade stimuliert wurde. Für das Gehirn ist es allerdings wohl wichtig, eine konkrete Zahl zu erkennen. Deswegen »stimmen« alle Zellen im Scheitellappen ab, jede mit ihrem individuellen Zahlenprofil. Aus der Summe, der Gesamtaktivität ergibt sich das Ergebnis, um welche Zahl es sich konkret handeln muss. Wurde die Zahl 3 präsentiert, sind eben mehrere Zahl-3-Neuronen aktiv, die feuern anschließend am stärksten und überstimmen die Zahl-8- oder Zahl-1-Neuronen. Das Ergebnis wird dann in den Stirnlappen geleitet. Die dortigen Nervenzellen nutzen die Zahl, um anschließend zu rechnen oder um eine Entscheidung zu planen (siehe Kapitel Nummer 9, um mal wieder eine Zahl ins Spiel zu bringen).

Dieses Zahlendenken hat für die Praxis zwei Vorteile. Zum einen können wir Unterschiede in unserer Umwelt schnell erkennen, ein Phänomen, das man als Distanzeffekt kennt: Je größer der Abstand zweier Zahlen, desto leichter können wir sie auseinanderhalten. Bei 2 und 10 geht das besser als bei 5 und 6. Es hat schließlich Vorteile, wenn man sich beim ersten Blick nicht in Details verliert, sondern die Umgebung grob und schnell einschätzen kann. Der Grund dafür liegt genau in der etwas »verschmierten« Aktivierung der Zahl-Nervenzellen: Je weniger sich benachbarte Zahl-Neuronen (also beispielsweise ein Zahl-5- und ein Zahl-6-Neuron) in ihrer Aktivität überlagern, desto eindeutiger das Signal. Wenn Sie Bilanzen fälschen wollen, machen Sie sich also am besten genau diese Eigenschaft zunutze. 11 100 gegen 11 110 auszutauschen, das sieht keiner. Aber 11 100 durch 45 879 zu ersetzen, ist etwas dreist.

Zweiter Vorteil: Kleine Zahlen sind leichter zu verarbeiten als große. Da sich das Aktivitätsspektrum der Zahl-Nervenzell-Gruppe im Scheitellappen mit großen Zahlen immer mehr verbreitert, wird es für uns immer schwieriger, diese Zahlen auseinanderzuhalten. Ist auch in der Regel nicht schlimm, denn große Zahlen sind irgendwann so groß, da spielt der Unterschied auch keine Rolle mehr. Ob die Bayern mit 70 oder 71 Punkten Meister werden, geschenkt. Aber ob Darmstadt 98 am Ende 38 oder 39 Punkte hat, kann einen Riesenunterschied ausmachen. Vor allem kleine Zahlen, die noch mit den Fingern abzählbar sind, können wir gut nachvollziehen. Aber irgendwann verlieren wir den Bezug. Das mag ein Grund sein, weshalb die Mundurukú aus dem Amazonasgebiet überhaupt nur bis fünf zählen. Das hindert sie aber nicht daran, auch größere Zahlen richtig miteinander zu vergleichen.[114]

Muster statt Zahlen

Wir haben ein einfaches Rüstzeug, um kleine Größenordnungen schnell abzuschätzen, Vergleiche zu ziehen und kleine Mengen abzuzählen. Das war's dann aber auch. Denn unser arithmetisches Können ist sehr begrenzt. Wozu sollte sich in unserem Gehirn auch ein System entwickelt haben, um Zahlen jenseits der 10^{11} zu verarbeiten? Konnte ja keiner ahnen, dass sich ganze Staaten mittlerweile so hoch verschuldet oder Silicon-Valley-Firmen so viel Geld in Cash vorrätig haben. Bei Wahrscheinlichkeiten steigt das Gehirn ganz aus, und vom Wurzelziehen haben Neuronen bei der Geburt auch nicht viel. Wir können im Geiste kaum mehr, als die vier Grundrechenarten und ein paar Punkte zählen – dennoch haben wir topologische Räume entwickelt, können Noethersche Ringe beschreiben und Apollonische Kreise berechnen. Und warum? Weil wir das können, was Computer nicht tun: die Rechenregeln erweitern und neu anwenden. Überlassen wir das lang-weilige zahlenfixierte Ausrechnen ruhig Computern. Wer sich aber damit brüstet, Tabellenkalkulationen besonders effizient, schnell und fehlerfrei zu beherrschen, begibt sich auf das Niveau eines Algorithmus. Dann darf er sich später aber auch nicht wundern, wenn bald eine Software kommt, die genau das besser kann. Denn effizient mit Zahlen umzugehen, ist nicht die Stärke des Gehirns, im Gegenteil. Und doch gibt es Dinge, die auf absehbare Zeit nicht ersetzbar bleiben, und die verarbeitet das Gehirn ausgerechnet in den Zahlenregionen von vorhin.

Man könnte ja meinen, dass Mathematik ans Sprachverständnis gekoppelt ist. Ohne Sprache kein Sinn für Zahlenräume. Nur, was man benennen kann, findet auch statt im Gehirn. Schließlich können die Amazonas-Indianer auch nicht 12 plus 34 rechnen. Doch das stimmt so nicht. Denn Sprache hat mit Mathe im Gehirn so gut wie nichts zu tun.

Stellen Sie sich vor, Sie lesen folgenden Satz: »Es existieren nicht-diskrete Räume, deren verbundene Bestandteile auf einen Punkt reduziert werden können.« Aha, alles klar, werden Sie sagen, das klingt logisch. Und wie steht es mit der Aussage »Nach dem Vatikan ist Monaco das kleinste Land der Welt«? Sicher, ist auch korrekt. Eigentlich sind beide Sätze recht kompliziert, man muss in beiden Fällen Beziehungen, Vergleiche, Abstraktionen erstellen, in beiden Fällen spielt Sprache eine wichtige Rolle. Und doch wird der erste Satz im Gehirn nicht in den Sprachregionen verarbeitet (zumindest, wenn Sie ein professioneller Mathematiker sind), der zweite schon.[115] Wenn Sie keine Ahnung von höherer Mathematik haben, bleiben beide Sätze in den Sprachzentren. Mathematiker rekrutieren hingegen genau die Hirnregionen, die normalerweise für das rudimentäre Zahlenverständnis notwendig sind, um auch diese komplizierten mathematischen Behauptungen zu zerlegen – selbst, wenn darin keine einzige Zahl vorkommt. Gleichzeitig sind die Regionen für Gesichtserkennung bei Mathematikern weniger aktiv, vielleicht ein Grund für das verbreitete Vorurteil des »soziophoben« Mathe-Nerds, der alleine in seinem Zimmer vor sich hin rechnet? Das wage ich sehr zu bezweifeln und möchte der Mathematik an dieser Stelle den neurobiologischen Stellenwert geben, den sie verdient. Denn mathematisches Denken ist ein erstklassiger Beweis dafür, dass wir weit mehr sind als biologische Rechenmaschinen (auch wenn wir uns im Berufsalltag mitunter dazu degradieren lassen). Im Prinzip sind wir das genaue Gegenteil davon.

Zweckentfremdete Hirnregionen

Die Schwäche des Gehirns für komplizierte Rechnungen oder große Zahlen entpuppt sich als seine große Stärke. Denn so bleiben wir nicht in einem Zahlensalat gefangen, sondern können diesen interpretieren. Mathematiker denken eben nicht ständig in Zahlen, sondern in Mustern und Bildern, in Beziehungen und Räumen. Selbst im Hirnscanner wird deutlich, dass sie die Regionen aktivieren, die auch für die Bildverarbeitung und Mustererkennung zuständig sind.[116] Denn Zahlen sind und bleiben uninteressant. Ihre Beziehungen untereinander, die Dynamik ihrer Verrechnung ist hingegen viel spannender.

So ähnlich wie beim Schachspiel. Wo schauen professionelle Schachspieler hin, wenn sie aufs Schachbrett schauen?

Man könnte denken, dass sie sich die Figuren anschauen, denn die müssen sie schließlich bewegen. Das tun sie auch – und zwar vor allem die relevantesten Figuren für den nächsten Zug. Doch noch wichtiger als die Figuren sind die freien Stellen dazwischen, auf die Schachprofis besonders intensiv schauen.[117] Denn nur, wenn man die Zwischenräume sinnvoll nutzt, können neue Muster entstehen.

Genauso konstruieren wir uns auch unsere Welt – ob wir Mathematiker, Schachspieler oder Lastwagenfahrer sind. Entscheidend ist es, die Beziehungen untereinander zu erkennen. Genau dafür ist das Gehirn gut ausgerüstet, obwohl es sich dabei auf die Regionen verlässt, die auch simple Grundrechenarten und das Zählen verarbeiten. Der Sinn für kleine Zahlen ist also angeboren (genauso wie ein Sinn für Zeit und Raum), egal, ob man am Amazonas oder in San Francisco geboren wird. Doch erst durch Bildung wird es uns möglich, die rudimentären Denkwerkzeuge für ein abstraktes Denken zu nutzen. In der Evolution hat sich das Gehirn sicherlich nicht für die Diagonalisierbarkeit von Matrizen entwickelt. Macht aber nichts, denn die grundlegenden Matheregionen lassen sich auch dafür zweckentfremden. Ein Phänomen, das der Fachmann Präadaption nennt, quasi die Alternativnutzung von Fähigkeiten. Das machen wir ständig: Wenn Sie beispielsweise das Feuer beherrschen, können Sie damit Ihre Suppe kochen oder Ihrem Sportwagen-Verbrennungsmotor die Sporen geben und die 310 Pferde von der Leine lassen. Genauso können die Hirnregionen, die Zahlen wahrnehmen und verarbeiten, auch abstrakte mathematische Gebilde, Formeln und Konzepte entwickeln und anwenden.

Das hat mit Zahlen dann aber nur noch entfernt etwas zu tun. Denn wir denken nicht in Ziffern oder Nummern, sondern in Mustern und Bildern. Das zeigen zumindest die Experimente, in denen Mathematiker mathematische Sätze nicht mit den Sprach-, sondern den Zahlenregionen verarbeiten und im Laufe des abstrakten Denkens immer mehr bildverarbeitende Areale hinzuziehen. Ludwig Wittgenstein (»Die Grenzen meiner Sprache bedeuten die Grenzen meiner Welt«) hatte also nicht recht. Denn dort, wo die Sprache endet, beginnt die Welt des Gehirns. Wir sind mehr als biologische Automaten, die Zahlen, Zeichen und Buchstaben verarbeiten. Denn erst, wenn wir daraus Bilder erzeugen, hat es für uns einen Wert und eine emotionale Bedeutung. *Assoziationsstoff*

Das trifft nicht nur auf die Mathematik, sondern auf nahezu jede Form des menschlichen Denkens zu. Spannend wird es für das Gehirn erst dann, wenn es sich von den Niederungen der Zahlen- und Zeichenwelt erhebt und daraus Geschichten bastelt. Selbst ich, wenn ich genau in diesem Moment dieses Buch schreibe, habe in erster Linie nicht die Buchstaben und Wörter im Kopf, die ich gerade abtippe, sondern ein Bild, eine Botschaft, einen roten Faden, den ich Ihnen vermitteln will. Genauso sind für Sie die einzelnen Buchstaben oder Zahlen in diesem Buch völlig uninteressant, dennoch können sie in Ihrem Kopf eine spannende Idee auslösen: dass nämlich das Gehirn im Umgang mit Zahlen und Zeichen Fehler machen muss, um die Freiheit zu haben, abstrakt zu denken. Einen Text mit einer Idee im Hinterkopf zu schreiben, macht Spaß. Den Text anschließend Korrektur zu lesen, nicht. An dieser Stelle sende ich daher einen Gruß an den fleißigen Korrektor dieses Buches. Mein größter Respekt gilt dieser orthografischen Leistung, für die Ihr Gehirn eigentlich gar nicht gebaut ist.

Dabei ist alleine schon das Schreiben des Buches ein strategischer Fehler. Denn wir alle wissen: Ein Bild sagt mehr als tausend Worte. Ein 90-minütiger Film mit 24 Bildern pro Sekunde sollte also mehr sagen als 129 600 Wörter. Und wer mit dem Gedanken spielt, den Inhalt dieses Buches in eine TV-Wissenssendung zu packen: Vollumfänglich gelingt das in ziemlich genau 45 Minuten, dann sind gut alle 60 000 Wörter dieses Buches in Bilder übersetzt. Dass sich Bücher überhaupt noch verkaufen, liegt daran, dass ein Gehirn an dem genauen Text gar nicht so sehr interesssiert ist wie an den Bildern im Kopf. Vielleicht haben Sie daher den Rechtschreibfehler im vorigen Satz überlesen. Ist aber auch egal, Sie erzeugen dennoch einen Gedanken in Ihrem Gehirn – und auf den kommt es schließlich an.

Die Sprache des Gehirns

Das Gehirn rechnet vergleichsweise schlecht und kann dennoch seine Zahlen-Regionen zweckentfremden, um dafür abstrakte Denkgebäude zu erschaffen. Die Mathematik ist dabei der praktische Beweis dafür, dass wir weit mehr sind als auf Fehlerfreiheit getrimmte Rechenmaschinen, denn diese können vielleicht blitzschnell 145 099 + 27 845 addieren, aber nichts damit anfangen.

Es bleibt dabei: Die Sprache des Gehirns ist voller Muster und Emotionen. Das hat auch praktische Auswirkungen auf unser Verhalten, denn sosehr Sie Ihr Gegenüber mit Zahlenfakten zu beeindrucken suchen: Sie haben keine Chance gegen ein Bild. So verkauft Apple seine iPhones. Nicht, indem sie mit den technischen Details der Hardware protzen (übrigens weiß keiner so genau, wie schnell der iPhone-Prozessor wirklich ist), sondern indem sie ein Bild schaffen: Mit dem Smart-phone bist du dabei, verbunden mit deinen Freunden, knipst Bilder von deinen lachenden Verwandten und kannst deine Ideen mit der Welt teilen. Ist doch egal, wie schnell der doofe Prozessor ist.

Sie haben zwei Möglichkeiten, Ihr Geld einer Kinderhilfs-stiftung in Afrika zu spenden: Einmal lesen Sie, dass das Geld einem siebenjährigen Mädchen namens Rokia zugutekommt, die unter der Armutsgrenze lebt und mit ihrer Familie oft Hunger leidet. Eine Spende würde aber das Leben von Rokia viel besser machen. Ein anderes Mal lesen Sie, dass aufgrund von starken Regenfällen die Maisproduktion in Sambia um 42 Prozent zurückgegangen ist und 3 Millionen Einwohner Hunger leiden. Wann spenden Sie eher? Wenn Sie so ticken wie die Teilnehmer der entsprechenden Studie aus dem Jahr 2007, dann im ersten Fall. Legt man dann noch ein Bild der traurigen Rokia mit großen Kulleraugen daneben, spenden die Probanden fast exakt doppelt so viel wie diejenigen, die nur ein paar Zahlen und Statistiken gesehen haben.[118] Und das, obwohl die zweite Gruppe sehr viel mehr vom Leid vie-ler Menschen und nicht nur von einem Mädchen erfahren hat. Leider abstrakt und in Zahlenform – und damit wenig herz-erwärmend.

Wir kommen zwar mit einem Sinn für kleine Zahlen und Mengen auf die Welt, aber leider nicht für Wahrscheinlichkei-ten und Statistik. Erst die neuzeitlichen Rechenkünste haben uns schließlich diese emotionslosen Prozentzahlen beschert, mit denen wir glauben, die Welt verständlicher zu machen – wobei wir übersehen, dass jede Prozentangabe von unserem Gehirn mühsam in ein Bild übersetzt werden muss. Und dabei geht es sehr egoistisch vor, schließlich ist es nicht daran interessiert, was mit einer statistischen Grundgesamtheit passiert, sondern konkret mit ihm selbst.

Nehmen Sie einen Regenschirm mit, wenn Ihnen die Wetter-App eine Regenwahrscheinlichkeit von zehn Prozent ankündigt? Schließlich bedeutet das, dass eines von zehn Wettermodellen für einen konkreten Zeitraum mit absoluter Sicherheit Regen vorhersagt. Wenn Sie Pech haben, erwischen gerade Sie genau diese eine Regenmodell-Vorhersage und stehen bedröppelt da. Nützt ja nichts, wenn der Einzelfall so selten auftritt, wenn ausgerechnet Sie der Einzelfall sind.

Weil uns ein Sinn für Wahrscheinlichkeiten fehlt, laufen wir immer in die Falle. Wir kaufen zum Beispiel freiwillig Versicherungen. Das ist statistisch gesehen natürlich grober Quatsch, denn wir bezahlen mehr für eine Brandschutzversicherung, als dass wir statistisch einen Feuerschaden erleiden. Wenn unser Haus eine Million wert ist und die Wahrscheinlichkeit für ein Feuer mit Totalschaden im nächsten Jahr ein Prozent beträgt, dann liegt der erwartete Schaden bei 10 000 Euro (Verlust mal Eintrittswahrscheinlichkeit). Für eine Versicherung müssten Sie aber immer mehr als 10 000 Euro zahlen, sonst würde die ja keinen Gewinn machen. Versicherungen verdienen also genau mit dieser Denkschwäche viel Geld. Da ist es nur ein schwacher Trost, dass Versicherungskonzerne auf ihren eigenen Verkaufstrick reinfallen und sich bei Rückversicherern gegen ihre eigenen Versicherungsfälle absichern (macht niemand lieber als die deutschen). Eigentlich müssten sie es ja besser wissen.

»Na und?«, werden Sie sagen. »Wenn ich der statistische Einzelfall bin, hilft es mir auch nichts, dass die Statistik recht behält.« Völlig richtig, denn Wahrscheinlichkeiten und Zahlen sind nicht greifbar. Geschichten schon. Deswegen sind es auch genau die Menschen, die sich gegen Vulkanausbrüche in der norddeutschen Tiefebene versichern, die auch zum Lottoschein greifen, um die Wahrscheinlichkeit von 1:140 000 000 beim Schopfe zu packen.

Sachlich bleiben und verrückt denken

Sie sehen: Unser Sinn für Zahlen verleitet uns zu den seltsamsten Verhaltensweisen – gerade wenn wir unseren »angestammten« Zahlenraum verlassen und uns mit sehr großen oder kleinen Zahlen oder Wahrscheinlichkeiten beschäftigen. Je weitreichender eine Entscheidung ist, die Sie treffen wollen, desto eher sollten Sie deswegen versuchen, sich nicht von Einzelfällen oder -schicksalen verführen zu lassen. Vergessen Sie nicht: Hilflos den unanschaulichen Prozentwerten in unserer Welt gegenübergestellt, versucht das Gehirn alles, um diese Zahlen in ein bedeutsames Bild zu überführen. Bevor Sie sich also manchmal vorschnell von einer emotionalen Geschichte blenden lassen, halten Sie inne – und bedenken Sie, dass Sie zuweilen Ihrem eigenen Gehirn auf den Leim gehen. Dass dieses seinen Blick oftmals viel zu sehr einschränkt, nimmt es schließlich billigend in Kauf. Denn der Nutzen dieses Denkens ist im Allgemeinen ungleich größer.

Schließlich können wir uns über die Welt der Zahlen und Daten erheben. Computer mögen diese schnell und fehlerfrei in gigantischem Ausmaß sammeln, korrelieren und kombinieren können. Aber sie können Daten nicht wirklich auswerten. Nur wir können Zahlen einen »Wert«, eine Bedeutung für unsere Welt geben. Und noch viel wichtiger als die eigentliche numerische Eigenschaft einer Zahl ist deren Einheit. Fünf

Äpfel sind etwas anderes als fünf Häuserblocks in Manhattan. Beide Male wird die »Fünf« von den gleichen Zellen in den Zahl-Regionen des Gehirns verarbeitet. Aber erst im Zusammenspiel mit den restlichen Hirnregionen entsteht daraus ein Bild, ein Muster. Und nur so können wir die Welt verändern.

Kapitel 9

ENTSCHEIDUNGEN

Warum wir zu viel wagen –
und dennoch klug entscheiden

Stellen Sie sich vor, Sie sitzen bei Günther Jauch auf dem Quizstuhl. Da ich sicher bin, dass sich meine Leserschaft nur aus ausgewiesenen Wissensexperten rekrutiert, schaffen Sie es natürlich locker bis zur 500 000-Euro-Frage. Sie ahnen die Antwort, sind sich aber nicht sicher. Was würde Sie nun mehr ärgern: Wenn Sie eine falsche Antwort geben und auf 16 000 zurückfallen? Oder wenn Sie die 125 000 einsacken, aber eigentlich die richtige Antwort gewusst hätten? Sie haben also die Wahl, 109 000 Euro zu verlieren oder 375 000 Euro nicht zu gewinnen, was tut mehr weh?

Aus mathematischer Sicht ist der Fall klar: Selbst wenn Sie keine Ahnung haben und blind tippen würden, sollten Sie auf jeden Fall ins Risiko gehen. Denn der Erwartungswert eines Gewinns von 375 000 Euro (bei einer Wahrscheinlichkeit von 25 Prozent, die 500 000-Euro-Frage richtig zu beantworten) liegt über dem Erwartungswert des Verlustes von 109 000 Euro (mit einer Wahrscheinlichkeit von 75 Prozent). Verhältnis größer eins – Sie müssen raten, koste es, was es wolle. So eine gute Quote kriegen Sie nicht mal im Roulette.

Nun haben Sie im vorigen Kapitel gesehen, dass das Gehirn äußerst schlecht mit Zahlen umgehen kann. Genauer gesagt, hasst es abstrakte Zahlengebilde und kann damit emotional rein gar nichts anfangen. Statistischer Erwartungswert größer eins? Hilft nicht, wenn man alles verzockt und am Ende als mathematisch-rechthaberischer Depp dasteht. Und genau deswegen beobachtet man auch bei Entscheidungsprozessen, wie bei der 500 000-Euro-Frage, dass Menschen mehr Angst vor Verlusten als entgangenen Gewinnen haben. Ein eingebauter Schutzmechanismus (wo genau er eingebaut ist, sehen wir gleich), der uns vor zu großen Schäden schützen soll.

Das kann natürlich auch nach hinten losgehen. Fragen Sie Ronald Wayne, den neben Steve Jobs und Steven Wozniak dritten Gründer von Apple. Der bekam eine gute Woche nach der Firmengründung kalte Füße und gab seinen zehnprozentigen Anteil an der Firma zurück – für ganze 2300 Dollar.[119] Hätte er seine Aktien behalten, wären sie heute einige Milliarden wert, und er müsste nicht jede Woche 30 Dollar an einarmigen Banditen in Nevada verspielen.[120]

Wir kriegen also oft kalte Füße. Das hindert uns jedoch nicht daran, unser Leben voll von risikoreichen Entscheidungen zu führen. Wir fahren ohne Tempolimit auf der Autobahn, geben jedes Jahr über 34 Milliarden Euro fürs Glücksspiel aus und sind wahrscheinlich die einzige Nation, die herzhaft in ein rohes Mettbrötchen beißen kann. Mitunter begeben wir uns ganz bewusst ins Risiko und sausen auf schmalen Brettern Schneepisten runter, kaufen Telekom-Aktien oder gehen das größte Wagnis überhaupt ein – und heiraten. Bei einem solchen lebenslangen All-in-Investment mit einer Ausfallwahrscheinlichkeit von fast 50 Prozent, einer unbekannten Ertragsquote und keiner Möglichkeit, das Risiko zu streuen, würde jeder Investmentberater die Hände über dem Kopf zusammenschlagen. Und trotzdem heiraten 800 000 Menschen jedes Jahr. Was denken die sich nur dabei?

Unsere Entscheidungswege sind ganz offenbar irrational. Mal getrieben von Angst und einem Sicherheitsbedürfnis, dann wieder unserer Suche nach Abenteuer und dem Kick unterworfen. Und ganz offensichtlich verlassen wir uns dabei nicht auf sachliche Abwägungen, sondern treffen unsere Entscheidungen impulsiv, intuitiv und instinktiv – ohne dass unser rationales Großhirn groß mitbestimmen könnte. Oder doch?

Die Entscheidungswege in unserem Gehirn sind keinesfalls unergründlich. Dass wir so oft ins Risiko gehen oder uns auf unsere Intuition verlassen, ist dabei nur vordergründig ein Nachteil, denn es scheint dem Idealbild der »richtigen« Entscheidung zu widersprechen: Gut begründbar, sachlich, risikoabsichernd und nachhaltig sollte diese sein. Und bitte nicht emotionsgesteuert aus dem Bauch heraus. Doch das stimmt nicht immer. Denn das Leben ist keine Aneinanderreihung von Wahrscheinlichkeitsrechnungen. Und genau dafür ist das Gehirn optimal vorbereitet. Mit einem cleveren Entscheidungssystem, das zwar manchmal unnötigerweise ins Risiko geht – uns dadurch aber den entscheidenden Informationsvorsprung verschafft.

Entscheidungen sind keine Rechnerei

Bevor wir uns diesem ausgeklügelten Entscheidungssystem im Gehirn zuwenden, schicke ich noch einen wichtigen Gedanken vorneweg, der deutlich macht, dass Entscheidungen keine triviale Angelegenheit sind – und dennoch das, was Gehirne ziemlich gut können. Zumindest besser als jeder Computer auf der Welt. Denn im Wesen der Entscheidung liegt prinzipiell ein Moment der Unsicherheit. Wenn Sie nach einer absolut sicheren und logisch begründbaren Entscheidung ohne Risiko suchen, vergessen Sie's.

Einfaches Beispiel: Die Frage »Was ist 87 × 24?« beantwortet man nicht mit einer Entscheidung. Die Frage »Soll ich heiraten oder nicht?« schon. Wenn ich etwas vollständig objektiv berechnen kann, dann führt das eben nicht zu einer Entscheidung, sondern zum Lösen einer Rechenaufgabe, die auch eine Computersoftware beherrscht. Gibt man ihr genügend Daten und ein erprobtes Rechenschema, dann wird sie ein Ergebnis ausspucken. Und wenn die Rechnung nur unübersichtlich genug wird, kann es am Ende so erscheinen, als habe der Computer eine Entscheidung getroffen (denken Sie nur an einen Autopiloten im Flugzeug oder einen Spurhalteassistenten im Auto). Doch das stimmt nicht. In Wirklichkeit hat er eine Rechenaufgabe gelöst. Das reicht aber nicht, um eine eigenmächtige Entscheidung zu treffen. Im Prinzip hat der Algorithmus nur eine Option unter vielen nach einem bestimmten Regelwerk ausgewählt.

Doch für uns geht es bei Entscheidungen nicht darum, ein vorher festgelegtes Regelschema zu befolgen. Vielmehr können wir ganz individuell aus vielen unterschiedlichen Regeln unsere ganz persönlichen Entscheidungshilfen jedes Mal neu zusammenstellen. Die Entscheidung zu heiraten ist keine Lösung einer Rechenaufgabe, denn die Rechenregeln sind alles andere als eindeutig. Vielleicht möchten Sie auf jeden Fall kirchlich heiraten? Oder unter freiem Himmel? Oder Sie müssen unbedingt einen Junggesellenabschied planen? Oder Sie brauchen erst eine fünfjährige Probezeit? Oder Sie müssen diese Entscheidung Ihren Eltern und Geschwistern erklären? Oder Sie müssen mit Ihrem Partner vorher dreimal Schach gespielt haben? Jede einzelne dieser Fragen kann wichtig sein, doch wie wichtig genau, das legen Sie persönlich immer wieder neu fest.

Wenn ein Fahrassistenzsystem in einem Auto also dafür sorgt, dass es auf der Autobahn die Spur hält und aktiv lenkt, ist das keine Entscheidung des Autos. Diese bestand nämlich darin, das Fahrassistenzsystem überhaupt aktiviert zu haben. Vielleicht wird es in Zukunft komplett selbständig fahrende Autos geben, aber diese werden Entscheidungen nicht so treffen, wie wir es tun. Echte Entscheidungen sind mehr als bloße Rechnerei und das Befolgen von Regeln. Sie sind vielmehr das kreative Anwenden, das Interpretieren und das Neugewichten von Regeln. Sie sind subjektiv und vorher nicht vollständig berechenbar. Denn wenn es so wäre, wären wir nicht frei.

Mit anderen Worten: Objektive, berechnete Entscheidungen gibt es nicht. Eine Bilderkennungssoftware kann vielleicht nach dem »Betrachten« eines Bildes mit 99-prozentiger Sicherheit sagen, dass es sich um ein Gesicht handelt, doch man sollte sich hüten zu behaupten: »Die Software hat entschieden, dass es ein Gesicht ist.« Sie hat bloß eine Rechenaufgabe gelöst. Immer wieder hört man, dass »Computer für uns entscheiden« oder uns »Entscheidungen abnehmen«. Doch aus neuropsychologischer Sicht sind das keine Entscheidungen, sondern einfache Input-Output-Beziehungen: Man gibt einem Computer genügend Dateninput, und er berechnet aus verschiedenen Möglichkeiten die wahrscheinlichste, beste oder günstigste. Doch in all diesen Fällen steht vorher schon fest, nach welchen Kriterien man die Rechenlösung später bewerten muss.

Auch unsere Entscheidungen werden bewertet, wir werden belohnt oder bestraft, von uns selbst oder von anderen – doch wissen wir vor unserer Entscheidung nicht, was genau am Ende dabei herauskommt, und damit stehen auch die Bewertungskriterien nicht immer fest. Wann ist eine Heirat erfolgreich? Wenn Sie mindestens sieben Jahre zusammen sind? Wenn Sie zwei Kinder bekommen haben? Oder wenn Sie den Steuerfreibetrag maximal ausschöpfen konnten? Unser Gehirn spult kein standardisiertes Entscheidungsprogramm ab, sondern hat ein dynamisches und flexibles (und ganz individuelles) System geschaffen, mit dem wir auch in einem komplett anderen Umfeld eine Entscheidung hätten treffen können. Der Witz ist: Bei unserer Entscheidung können wir durchaus falschliegen – schließlich wissen wir im Vorhinein nicht, wann eine Entscheidung richtig war. Das liegt in der Natur der Sache und ist gar nicht schlimm. Deswegen geht es für das Gehirn nicht darum, die beste Entscheidung zu treffen, sondern diejenige, die wir nachträglich verantworten können. Denn wir können nur unsere Entscheidungs*findung* komplett beeinflussen – das endgültige Ergebnis oft nur zum Teil. Heiraten Sie, dann wissen Sie, was das praktisch bedeutet.

Entscheidend ist auf'm Kopf

Wer es immer schon geahnt hat, für den sind die aktuellsten Erkenntnisse der Hirnforschung keine Überraschung mehr: Das Gehirn entscheidet alles andere als rational, sondern ziemlich emotional. Im Grunde gibt es überhaupt keine Entscheidung, die ausschließlich auf Fakten beruht.

Nun ist das Gehirn ein ziemlich unübersichtlich vernetz-

Kein Entscheidungsteil im Gehirn

tes Organ, und schon vermeintlich einfache Handlungen wie Sprache, Bildverarbeitung oder eine Handbewegung erfordern das Zusammenspiel von zahlreichen Hirnregionen. Kommt es jedoch darauf an, eine Entscheidung zu treffen und umzusetzen, kann im Prinzip jedes Hirnareal hinzugezogen werden, was die neurowissenschaftliche Entscheidungsforschung etwas erschwert. Es gibt also keine »Entscheidungs-Region« im Gehirn, keinen Boss, der sagt, wo's langgeht. Denn in unserem Gehirn formen sich Entscheidungen vielmehr »von unten nach oben«, beginnen also in emotionalen Hirnregionen, werden dann von rationalen Hirnregionen ergänzt und schließlich in eine konkrete Handlung übersetzt. Diesen dreischrittigen Entscheidungsablauf beschreibt man in der Wissenschaft mit dem sogenannten Affekt-Integrations-Motivations-Modell.[121]

Affekt - Integration - Motivation

Schritt 1: Der Affekt legt die Richtung fest.

Freude + Schmerz

Bevor im Gehirn etwas entschieden wird, muss es zunächst festlegen, wohin die Reise gehen soll. Und die wichtigste aller Richtungsfragen lautet: Soll man so handeln, dass man sich eine Belohnung holt – oder so, dass man einer Bestrafung entgeht? Um solche Belohnungs- und Bestrafungsziele beurteilen zu können, haben sich im Gehirn zwei separate Nervenverbindungen ausgebildet. Sie entspringen dort, wo das Rückenmark endet und das Gehirn beginnt, im Mittelhirn in unserem Nackenbereich. Entgegen seines bedeutungsschweren Namens ist es lediglich 1,5 Zentimeter kurz und wichtiger Umschaltpunkt für Körperreflexe, die Steuerung unserer Atmung oder des Brechreizes. Und brechen muss ich an dieser Stelle auch, nämlich ein weiteres Mal mit der weitverbreiteten Vorstellung, dass es möglich ist, eine rationale Entscheidung zu treffen. Denn genau im Mittelhirn entspringen die

Mittelhirn: Atmung, Reflexe etc.
bedeutet: Schmerz + Freude unbewusst

zwei Nervenverbindungen, die unsere emotionale Einschätzung festlegen: Belohnung suchen oder Bestrafung vermeiden. Der »Belohnungsnerv« zieht sich bis ins limbische System, genauer gesagt den *Nucleus accumbens*. Die andere Nervenverbindung läuft vom Mittelhirn in eine Region der vorderen Inselrinde. Die Inselrinde scheint nicht nur für unser Zeitempfinden wichtig zu sein (ich verweise auf Kapitel Nummer 5), sondern erzeugt auch das unangenehme Gefühl einer Bestrafungserwartung, einer negativen Vorfreude gewissermaßen. Dieses Affekt-System gibt die grobe Richtung vor. Beispiel 500 000-Euro-Frage: Ich könnte mich darauf freuen, noch viel mehr Geld zu gewinnen (Nucleus accumbens aktiv) – oder vermeiden wollen, mit einer falschen Antwort alles zu verlieren (vordere Inselrinde aktiv).

Schritt 2: Gefühle und Fakten integrieren.

Nun sind wir weit mehr als rein affektive Wesen, die stumpfsinnig jeder Belohnung hinterherlaufen. Wobei… Im Prinzip sind wir es schon. Denn auch wenn wir rational abwägen und unsere Planungen, Ziele, Erfahrungen und unser Wissen zur Entscheidungsfindung zurate ziehen, tun wir das in erster Linie, um unseren emotionalen Impuls zu bestätigen. Erst kommt das Ziel, dann suchen wir nach Gründen und Erklärungen, warum wir diesem Ziel nachjagen sollten. Genau das geschieht in der vorderen Hirnrinde (wer es genau wissen will: dem *medial temporalen* sowie dem *lateral frontalen Cortex*), die direkt hinter unserer Stirn liegt. Denn das impulsive Mittelhirn schickt seine emotionale Botschaft nicht nur ins limbische System, sondern auch gleich in ebenjene vordere Hirnrinde. Die ist überhaupt sehr gut vernetzt und erhält Verbindungen auch aus der Inselrinde, dem Zwischenhirn und dem limbischen System. Auf diese Weise kombiniert es Erinnerungen, Werte und unseren inneren Zustand mit unserer emotionalen Grundeinstellung. So kann das Umfeld unseren Entscheidungsprozess beeinflussen, das nennt der Fachmann »Framing«. Wenn wir beispielsweise vor der 500 000-Euro-Frage sitzen und das Geld im Geiste schon für eine winzige 15-Quadratmeter-Wohnung in München Schwabing auf den Kopf hauen, riskieren wir eher eine Antwort, als wenn wir noch erschreckt darüber sind, wie direkt vor uns ein Kandidat leichtfertig auf 500 Euro zurückgefallen ist. Das Stirnhirn ist dabei der wichtige Umschlagplatz für diese inneren und äußeren Einflüsse. Seine Einschätzung schickt es wiederum in den Nucleus accumbens zurück. So ergibt sich ein Pingpong-Spiel: Emotionale Bewertungen werden vom limbischen System ins Stirnhirn geschickt, dort mit unseren Plänen und Erfahrungen verglichen und dann wieder zurückgespielt. Dieses Spielchen zwischen emotionalen und rationalen Regionen wiederholt sich unterbewusst etwa dreimal, bis sich unsere Entscheidungsabsicht immer mehr herauskristallisiert.

Schritt 3: Zur Handlung motivieren.
Der letztendliche Handlungsschritt ist dann die logische Konsequenz dieses Abwägungsprozesses. Als Neurowissenschaftler spricht man von einer sogenannten Motivation, also der Aufforderung zu einer Bewegung. Das Resultat unseres Entscheidungsprozesses wird in Form eines bestimmten Aktivitätsmusters an die Bewegungsregionen unserer Großhirnrinde (sitzen direkt unter unserem Scheitel) gesendet. Zwar müssen noch die konkreten Bewegungsmuster dazu ausgearbeitet werden – aber wozu hat man ein Kleinhirn, das diese lästige Rechenarbeit übernehmen kann?

Das Zocker-Kriterium

Eigentlich ist das ein ziemlich ausgewogenes System: Das Gehirn weiß schon recht früh, wohin die Reise gehen soll, und bastelt sich später noch ein paar Argumente dazu, um die eigentliche Gefühlsentscheidung besser zu begründen. Erst kommt die Emotion, dann der bewusste Grips. Das ist gut, um in einem unübersichtlichen Umfeld überhaupt eine Entscheidung zu treffen. Und dennoch können wir manchmal falsch entscheiden. Denn unser Entscheidungssystem hat drei Schwächen: Es hat Angst vor Verlusten. Es lässt sich von anderen risikoreichen Menschen anstecken. Und es ist einfach zu neugierig.

Zunächst zur Verlustangst: Wenn man risikoreiches Verhalten im Labor untersucht, verwendet man dafür meist sogenannte »bandit tasks«, »Banditen-Aufgaben«, weil sie der Spielidee von einarmigen Banditen ähneln: Man bekommt etwas Geld und darf dann entscheiden, ob man damit weiterzockt oder das Geld sicher mit nach Hause nimmt. Nun will wohl jeder gerne so viel Geld wie möglich erspielen, doch gleichzeitig spielt auch unsere Verlustangst – nämlich uns einen Streich. Gibt man beispielsweise den Probanden zum Spielstart 50 Pfund in die Hand (in der konkreten Studie waren es Briten, ein eher wettfreundliches Volk), dann spielt es für die Entscheidung zu zocken eine Rolle, wie sehr man den Verlust vor Augen hat. Sagte man den Teilnehmern, sie würden im schlimmsten Fall 20 Pfund behalten, dann spielten nur knapp 43 Prozent. Drohte man ihnen an, dass sie 30 Pfund verlieren könnten, wenn sie spielen, entschieden sich hingegen knapp 62 Prozent fürs Zocken.[122]

Eigentlich verrückt, denn erstens sagte man in beiden Fällen praktisch das Gleiche, formulierte es nur aus unterschiedlichen Perspektiven. Zum anderen verschiebt die Verlustgefahr unsere Risikobewertung. Wie sich durch Aufnahmen im Hirnscanner herausstellte, weil die Regionen des Gehirns, die Verlusterwartung und Bestrafung verarbeiten (der Mandelkern und die vordere Inselrinde), besonders stark in solchen Bedrohungsszenarien aktiv sind. Dennoch springen wir nicht sofort ins Risiko, nur weil wir einen Verlust vor Augen haben, sondern lassen uns das Zocken gut bezahlen. So muss ein möglicher Gewinn den erwarteten Verlust ums Zweifache übertreffen, bis unsere Risikoeinschätzung kippt und wir zu spielen anfangen.[123]

Was das praktisch bedeutet, kennen Sie von schlauen Motivationssprüchen: »Wer kämpft, kann verlieren, wer nicht kämpft, hat schon verloren«, heißt es da. Das ist natürlich Quatsch. Es müsste eigentlich heißen: »Wer nicht kämpft, hat noch nichts gewonnen.« Aber das klingt natürlich nicht so griffig – weil es nicht unser Angstgefühl bedient.

Aus Angst zum Risiko

Wenn man sich unser Verhalten anschaut, könnte man meinen, dass wir das Risiko suchen. Schließlich ist unser Leben alles andere als hundertprozentig sicher, ständig begeben wir uns in Gefahr. Jedes Jahr verletzen sich über 15 000 Menschen im Straßenverkehr, weil Alkohol im Spiel war, stecken sich über 200 000 Menschen an Geschlechtskrankheiten an, weil sie zu unvorsichtig waren, oder sind über 300 000 süchtig nach illegalen Drogen, weil sie den Kick suchen. Im Fernsehen schauen wir Actionfilme, fordern von Quizteilnehmern zu zocken, wollen, dass die Fußballmannschaft mutig nach vorne spielt. Dabei hat unser Gehirn eigentlich nur eines im Sinn: nicht zu verlieren.

Einen Grund für risikoreiches Verhalten haben wir gerade gesehen: die Angst vor Verlust. Eigentlich ist es paradox, aber gerade wenn uns ein Schaden droht, gehen wir ins Risiko, um diesen Schaden zu vermeiden. Viele denken, dass es die unersättliche Gier ist, die uns zu risikoreichem Verhalten treibt. Das ist natürlich nicht falsch, doch genauso werden wir von unserer Angst ins Risiko getrieben. Wann sind Boxer am gefährlichsten? Wenn sie angeschlagen sind. Wann spielt die deutsche Fußballmannschaft risikoreich nach vorne? Wenn sie 0:2 gegen Frankreich hinten liegt. Wann fahren wir zu schnell auf der Autobahn? Wenn wir zu spät zu kommen drohen.

Unternehmensberater wissen, wie man das praktisch nutzt. Wenn man einen Veränderungsprozess in einer Firma anstoßen will, hat man ein Problem: Keiner will den *Status quo* aufs Spiel setzen. Nun könnte man aufzeigen, wie toll es dem Unternehmen nach der Veränderung geht, welch rosige Zukunft ihm bevorsteht. Aber das zieht nicht. Besser funktioniert es, ein Bedrohungsszenario aufzumalen: »Wenn Sie sich nicht ändern, sind Sie in fünf Jahren weg vom Markt.« Denn erst, wenn nichts mehr geht, gehen Menschen ins Risiko.

Nach dem gleichen Muster kann man leicht Stimmung machen, wie man allenthalben den Medien entnehmen kann. Die Gesellschaft überaltert, heißt es da. Uns brechen die Fachkräfte weg, wir müssen die Ausbildung ändern. Die neuen Medien machen uns alle dümmer, wir müssen wieder mehr Bücher lesen (bin ich sehr dafür). Das disruptive Silicon Valley macht unsere Wirtschaft platt, wenn wir unsere Firmen nicht sofort lenken wie hippe kalifornische Start-ups. Ob das im Einzelfall genau stimmt, ist an dieser Stelle egal. Aber diese Methode der öffentlichen Meinungsbildung funktioniert. Denn nichts ist ansteckender als Angst. Wobei ... ich muss mich korrigieren. Auch die Gier kann infektiös sein.

Die Signatur des Börsenerfolgs

Grund Nummer zwei für risikoreiches Verhalten ist näm-lich die Ansteckung durch andere. »Die Menge schwankt im ungewissen Geist, dann strömt sie nach wohin der Strom sie reißt«, schrieb schon Goethe – und zweihundert Jahre später wissen wir dank der Neurowissenschaft auch, wo dieser unge-wisse Geist im Gehirn sitzt: nämlich im *Nucleus caudatus*.

Das klingt natürlich weit unpoetischer, als es mein Frank-furter Stadtgenosse im vorvorherigen Jahrhundert formu-lierte, liefert dafür aber eine Erklärung, weshalb wir selbst mehr Risiko eingehen, wenn es unsere Mitmenschen auch tun. Beobachtet man in einem Laborversuch nämlich, wie andere Probanden ihr Geld aufs Spiel setzen, lässt man sich anschlie-ßend leichter zu einer riskanten Zockerei hinreißen, wenn der eigene Nucleus caudatus besonders aktiv ist.[124] Diese Ansammlung aus Nervenzellen in der Mitte unseres Gehirns fungiert dabei als Schnittstelle zwischen eigenem Handlungs-antrieb und dem Erkennen von fremden Handlungen. Je besser diese mit den bewusst denkenden Stirnregionen des Gehirns verknüpft ist, desto leichter wirkt sich risikoreiches Verhalten von anderen auf unsere Entscheidungsprozesse aus, und wir lassen uns mitreißen.

Indem wir in unserem Entscheidungsprozess zu sehr die

Handlungen anderer Menschen berücksichtigen, können also kurzfristige Übertreibungen entstehen. An der Börse wären das Marktblasen, in der Kunst oder Musik hingegen ein Hype oder eine übertriebene Mode. In beiden Fällen verschiebt sich das fein ausbalancierte Entscheidungssystem in unserem Gehirn zugunsten der emotionalen Anteile. Auch das ist im Labor messbar durch eine Technik, die man Hyperscanning nennt (auch so etwas wie die neueste Mode in der Wissenschaft).

Damit ist es möglich, nicht nur die Hirnaktivität einer einzelnen Person in einem Hirnscanner zu vermessen, sondern gleichzeitig mehrere Personen zu untersuchen. Diese können dann beispielsweise gegeneinander spielen oder miteinander handeln, wie in einer Studie aus dem Jahr 2014. Dabei maß man die Hirnaktivität von Probanden, während diese eine Marktsituation an der Börse simulierten und Wertpapiere handelten. Die Wissenschaftler hatten erwartet, dass es in einigen dieser Börsenspiele zu einer Marktüberhitzung kommen könnte. Doch die Wirklichkeit zeigte, dass es in jeder Simulation, ich betone: in jeder, zu einer Phase der Kursübertreibung mit anschließenden Kurseinbrüchen kam. Interessant war nun, als man untersuchte, ob sich die Gehirne der erfolgreichen Marktteilnehmer (die kurz vor den Höchstständen verkauften) von denen der Verlierer unterschieden. Tatsächlich stellte sich so etwas wie eine »Signatur des Erfolgs« heraus: Diejenigen, die noch rechtzeitig aus dem Markt ausgestiegen und Gewinne mitgenommen hatten, zeigten unmittelbar vor ihrer Entscheidung eine Aktivierung der vorderen Inselrinde. Sie erinnern sich: Das ist der Teil des Gehirns, der an einer Verlusterwartung beteiligt ist. Hatte man sich hingegen verzockt, war der Nucleus accumbens (unsere Belohnungsregion) verstärkt in die Entscheidungsfindung eingebunden.[125]

Wohlgemerkt: Alle Probanden befanden sich in einem riskanten Marktumfeld – doch nur eine Gruppe traf die richtigen Entscheidungen und stieg rechtzeitig aus. Nicht, weil sie eine rationale und bewusste Entscheidung getroffen hatte, sondern weil sie zur richtigen Zeit die emotionalen Hirnregionen verstärkt aktivierte, die auf Risikovermeidung und Sicherheit abzielen. Als wäre quasi ein neuronales Warnsignal angesprungen, das ihre Gier zügelte. Aus einem stark steigenden Markt auszusteigen, ist natürlich keine einfache Sache, denn wie leicht ärgert man sich über entgangene Gewinne, wenn die Kurse weiter abheben. Doch die Gehirne der besten Entscheider zeichnen sich gerade dadurch aus, dass sie zur richtigen Zeit vorsichtig werden. Nur ein fein austariertes Entscheidungssystem kann in einem riskanten Umfeld erfolgreich sein. Das ist übrigens ein Grund, weshalb ältere Testpersonen bei ähnlichen Tests schlechter abschneiden als jüngere. Aufgrund des anatomischen Alterungsprozesses nimmt die Verbindung des Stirnhirns mit der Inselrinde und dem Nucleus accumbens ab. Als Folge werden Belohnungen übergewichtet, und Ältere schlagen sich in einem unsicheren Marktumfeld schlechter durch als junge Probanden, die Chancen und Risiken besser ins Verhältnis setzen können.[126] Erfahrung ist eben nicht alles im Leben.

Zwischenfazit an dieser Stelle: Kluge Entscheidungen entstehen im Gehirn durch einen Abwägungsprozess von Risiko und Sicherheitsbewusstsein. Zu riskant agieren wir dann, wenn dieses Gleichgewicht gestört wird, entweder, weil die Belohnungsregion zu stark aktiviert oder zu wenig gebremst wird. Aus dieser Perspektive erscheint ein riskantes Verhalten wie ein Makel des Gehirns (und das kann im konkreten Fall auch zutreffen, siehe Börsenspekulation) – doch risikoreiche Entscheidungen sind weit mehr als das. Denn der Hauptantrieb für eine gewagte Entscheidung ist nicht das Fehlverhalten von ein paar Hirnfunktionen, sondern der wichtigste Trieb des Menschen überhaupt.

Halb geschockt macht schlechte Stimmung

Stellen Sie sich vor, Sie erhalten mit hundertprozentiger Sicherheit *keinen* Stromschlag oder haben im anderen Fall eine 50:50-Chance, einen elektrischen Schlag zu erhalten, wissen also vorher nicht, was passiert, wenn Sie auf den Elektroschocker drücken. Was tun Sie? Logisch, werden Sie sagen, keiner ist wohl so blöd und greift zu einem möglichen Elektroschocker, wenn er die Wahl hat, einem Stromschlag zu entgehen. Doch da irren Sie sich. Menschen verhalten sich weit sonderbarer, als man denken könnte (oder es schon immer vermutet hat): Im konkreten Fall griffen fünfmal mehr Probanden zu möglicherweise funktionierenden Elektroschockern als zu den mit Sicherheit nicht funktionierenden.[127] Allerdings bleibt anzumerken, dass die meisten die Finger vom hundertprozentig funktionierenden Schocker ließen. Ganz so masochistisch sind wir also nicht.

Warum ist das so? Warum gehen wir ein kalkulierbares Risiko mit unangenehmem Ausgang ein, obwohl wir doch eine bessere Alternative hätten, den vermeintlichen Elektroschocker eben nicht zu drücken? Der wichtigste Grund lautet: weil die Alternative gar nicht besser ist, zumindest für Ihr Gehirn. Wenn Sie vor einem vielleicht funktionierenden Elektroschocker sitzen, kribbelt es schon in den Fingern, bevor man diesen überhaupt aktiviert. Man will einfach wissen, ob er jetzt funktioniert oder nicht. 50 Prozent Aussicht auf Bestrafung sind immer noch besser als 100 Prozent Unsicherheit. Das bisschen Elektroschock investieren Sie also, bloß um endlich Gewissheit zu haben.

Dieser Unsicherheitsstress ist sogar direkt messbar. In einem anderen Experiment sollten Teilnehmer ein Computerspiel spielen, bei dem sie Steine in einer Wüste umdrehten. War unter einem Stein eine Schlange, bekamen sie wieder einen Stromschlag (hier sieht man: Stromschläge sind bei neuropsychologischen Studien äußerst populär, schließlich stehen Menschen da drauf, wie wir jetzt wissen). Allerdings wussten die Probanden im Vorfeld nicht, ob sie einen Schlag kriegen würden – und genau dann war ihre Stressreaktion (Pupillenerweiterung, Angstschweiß) am größten.[128] Wussten sie jedoch mit Sicherheit, dass gleich eine Schlange hervorschauen und sie einen Stromschlag kriegen würden, war das weit weniger schlimm.

Hier sieht man, was uns wirklich auf die Palme bringt: die Unsicherheit. Jeder, der mal auf eine verspätete Bahn gewartet hat, weiß, wovon ich spreche. Dass die Bahn zu spät kommt – geschenkt. Dass man aber nicht weiß, wie viel Verspätung sie hat und warum sie überhaupt zu spät kommt, das ist richtig nervig. Und, liebe Bahn, da helfen auch keine Alibigründe, wie »Verzögerungen im Betriebsablauf«. Das ist genauso sinnvoll wie die Begründung: »Die Bahn kommt zu spät, weil sie zu spät kommt.« Wenn wir jedoch wissen, dass der Zug mit fünfzehnminütiger Verspätung einrollt, ist die Unsicherheit aufgelöst, und wir sind weit weniger gestresst. Vorausgesetzt, die geplante Verspätung wird wenigstens pünktlich eingehalten.

Noch etwas anderes wird hier deutlich: Neugier ist der

mit Abstand wichtigste Trieb überhaupt und überwiegt sogar noch unsere Angst und Verlustvermeidung. Wäre es andersrum, würden wir immer noch in Afrika durch den Busch streifen, so aber haben wir alle Kontinente der Welt besiedelt. Das erfordert Opfer – und doch können wir nicht anders, denn nichts ist stärker als der Drang, Neues zu erleben. Alle anderen Triebe können Sie locker unterdrücken oder verdrängen. Regelmäßiges Essen? Überbewertet, fragen Sie Unternehmensberater. Sieben Stunden Schlaf? Nicht notwendig, fragen Sie Investmentbanker. Schäferstündchen zu zweit? Überflüssig, fragen Sie Maschinenbaustudenten. Aber wenn wir kein neues Informationsfutter für unser Gehirn liefern oder gar in einem unsicheren Schwebezustand verharren, dann geht uns das auf den Nerv.

Der Drang nach Neuen ist der stärkste Trieb → Deshalb geht es uns so

Den Mutigen gehört die Welt

Bezahlt die Neugier neues erwartet. Du liegst [unleserlich]

Unser Gehirn ist ständig auf neuen Input angewiesen, koste es, was es wolle. Denn die Belohnung für die Befriedigung dieses Drangs ist meist größer als die drohende Bestrafung. Selbst im durchgeführten Elektroschocker-Test, bei dem die einzige Erkenntnis darin besteht, ob ein Schocker funktioniert oder nicht. Denn für das Gehirn ist die Neuigkeit schon der Wert an sich. Allein die Aussicht, etwa eine tolle Neuigkeit zu erfahren, stimuliert unsere Belohnungsregionen so sehr, wie es die tolle Neuigkeit dann tatsächlich tut.[129] Anders gesagt: Sich auf Geschenke zu freuen, ist für das Gehirn meist genauso schön wie das Geschenk selbst. Die schönste Freude ist nun mal die Vorfreude, nun auch wissenschaftlich bestätigt.

Die Neugier treibt uns zu risikoreichem Verhalten, und die-

Dopamin ⇒ positive Erwartung
Serotonin → danach

ses Verhalten ist sogar anatomisch in unserer Hirnstruktur verankert. So zeigt sich, dass die Teile des Entscheidungssystems, die unsere neugierige Impulsivität kontrollieren und im Zaum halten (also vor allem Teile der vorderen Hirnrinde), kleiner sind, wenn man eher der faustische und ausprobierende Typ ist.[130] Je weniger Hirn, desto mehr Risiko. Ob da ein Zusammenhang mit der Hirnstruktur gieriger Börsenspekulanten besteht, ist jedoch noch nicht untersucht worden.

Neugier ist also etwas Wunderbares, sie treibt uns ins Risiko und zu neuen Ufern. Dabei hat sie in der abendländischen Kultur ein schlechtes Image. Aus dem Paradies sollen wir geflogen sein, weil wir unbedingt vom Baum der Erkenntnis probieren mussten. Und weil wir uns nicht zügeln konnten, öffnete Pandora die Büchse, und das Unheil kam über die Welt. Dabei muss man sich aus neurobiologischer Sicht das Paradies nicht unbedingt als tollen Ort vorstellen. Es mag ja ganz schön sein, nackt durch botanischen Überfluss zu streifen, aber wer weiß... vielleicht gibt es noch was Besseres da draußen? Glück ist für das Gehirn kein Zustand von Dauer, sondern schwankt permanent. Zum Glück, denn nur so haben wir den Antrieb, uns zu ändern und anzupassen (und das ist in einer sich ändernden Umwelt immer nötig gewesen). Ich bin sicher, das Gehirn hätte am Paradies nicht lange Freude gehabt, sondern wäre nach einiger Zeit neugierig geworden, was es sonst noch gibt. Immer derselbe Luxus ödet irgendwann an, das kennt jeder, der täglich sein Lieblingsessen isst. Spätestens an Tag fünf kommen einem Schnitzel, Pommes oder Pizza zu den Ohren raus. Schließlich wissen wir aus der Neuropsychologie: Es zu 50 Prozent vielleicht besser zu haben ist besser, als es hundertprozentig gut zu haben.

Auch riskante Entscheidungen haben einen schlechten Ruf.

Zu Recht, wenn unser Gehirn in einer konkreten Situation nicht an sich halten kann, das ausbalancierte Entscheidungssystem versagt und wir an der Börse den Hals nicht voll genug kriegen können. Doch genauso fußt auch jeder spätere Erfolg auf einer riskanten Entscheidung. Die Grundvoraussetzung dafür ist tief in unserem Gehirn verankert: die Suche nach einem besseren Zustand. Nicht nach dem besten, denn der wird irgendwann langweilig. Sondern immer nach einer Verbesserung. Glücklich zu werden ist eigentlich viel schöner, als glücklich zu sein. Das Ziel des Gehirns ist es nicht, glücklich zu sein, sondern glücklich zu werden. Deswegen sind es die Unzufriedenen, die noch nicht Glücklichen, die Hungrigen, die etwas wagen und riskante Entscheidungen treffen – und letztendlich die Welt verändern. Das Risiko ist dabei nur der Ausgang des Menschen aus seiner unerträglichen Unsicherheit.

Hinterher ist man immer schlauer

Wie treffen wir nun die richtige Entscheidung? Falsche Frage! Denn für das Gehirn gibt es die Kriterien »richtig« oder »falsch« bei der Entscheidungsfindung gar nicht. Wir wissen nicht im Vorfeld, wie die Dinge ausgehen werden, kennen meist auch keine Wahrscheinlichkeiten von Belohnungen oder Bestrafungen. Wir wissen noch nicht mal, wie man eine erfolgreiche Entscheidung definiert. Erst in der Rückschau entpuppt sich die Entscheidung als mehr oder weniger sinnvoll. Und selbst dann nutzen wir nicht ein rationales Bewertungssystem, um die Entscheidungsgüte zu beurteilen, sondern bleiben genauso emotional wie schon ganz zu Beginn unseres

Entscheidungsprozesses und sagen so etwas wie: »So würde ich mich nicht nochmal entscheiden.« Oder: »Diese Entscheidung hat mir gutgetan.«

Im Prinzip ist also jede Entscheidung mehr oder weniger risikobehaftet, denn sie wird in einem unsicheren Umfeld getroffen. Und genau darauf ist ein menschliches Gehirn optimal vorbereitet. Es ist in erster Linie eben nicht daran interessiert, rational und sachlich alle Argumente für und gegen eine Entscheidung abzuwägen und anschließend die beste Option zu ziehen. Vielmehr erzeugt es einen emotionalen Impuls, den es anschließend mit Faktenwissen abgleichen kann. Diese Art der Entscheidungsfindung erscheint in unserer digital berechneten Welt geradezu lächerlich beliebig: Wie soll man so etwas wie einen emotionalen Impuls begründen und anderen erklären? Fragt man Leute, die genau eine solche intuitive Entscheidung getroffen haben, nach den Gründen, dann fabulieren sie sich irgendetwas zusammen und erfinden Argumente. Die kann man dann aber leicht von außen zerlegen und die eigentlich robuste (aber intuitive) Entscheidung kaputtmachen. Menschen sehnen sich nach objektiv begründbaren Entscheidungskriterien, doch wenn sie ihre Entscheidungen tatsächlich von Zahlen, Wahrscheinlichkeiten und Fakten abhängig machen, werden sie auch nur so entscheiden können, wie es Algorithmen schon längst tun: vorhersehbar und langweilig – und setzen gleichzeitig die größte Stärke des Gehirns aufs Spiel, nämlich auch dann Entscheidungen zu treffen, wenn die Faktenlage unklar und ein Rechensystem überfordert ist. Unser Gehirn ist schließlich nicht fürs Präzise gemacht, sondern genau für die Unsicherheit. Oder, um ein letztes Mal in diesem Buch auf Goethe zurückzukommen: Entscheide lieber ungefähr richtig als genau falsch.

Selbst wenn Sie praktisch alle Möglichkeiten und Eventualitäten präzise in Ihre Entscheidung einbeziehen würden, wäre das Einzige, das Sie wirklich kontrollieren können, der Moment der Entscheidung selbst. Was dann kommt, können Sie nur ahnen, und ob die Entscheidung richtig war oder nicht, das hängt nicht nur mit der Entscheidungsfindung zusammen.

Viel wichtiger als die optimale Entscheidung zu treffen, ist es daher, so zu entscheiden, dass Sie die Entscheidung später verantworten können. Das geschieht dann am besten, wenn alle Hirnregionen des Entscheidungssystems in Balance gehalten werden. Wann immer Sie ein Ungleichgewicht hineinbringen, kippt die Entscheidungsgüte. So können Sie zu gierig werden und den Nucleus accumbens überhandnehmen lassen. Oder Sie sammeln zu viele Fakten in einer Pro-und-Kontra-Liste und verschieben das Entscheidungsgleichgewicht auf die Seite der rationalen Hirnregionen – dann treffen Sie vielleicht die objektiv sinnvollste Entscheidung, aber richtig Lust haben Sie auch nicht darauf.

Zum Glück sind wir also mehr als biologische Automaten, die bloße Rechenaufgaben lösen und aus vielen objektiven Optionen die beste Auswahl treffen. Das ist nämlich für uns gar nicht so einfach. Das nächste Kapitel soll zeigen, warum – und gleichzeitig erklären, wie wir trotzdem die beste Wahl treffen.

Kapitel 10

AUSWAHL

Warum die Wahl eine Qual ist –
und wir trotzdem das Richtige aussuchen

Das vorherige Kapitel hat gezeigt, was das Gehirn gut kann: sich nämlich in einem unsicheren Umfeld überhaupt zu einer Entscheidung durchzuringen. Diese können wir dann am besten verantworten, wenn wir Emotion und Fakten in Einklang bringen. Erst, wenn wir ein gutes Gefühl haben und gleichzeitig die Sachlage beachten, ziehen wir die Entscheidung durch. Doch manchmal ist das gar nicht so einfach. Genau dann, wenn wir etwas viel Einfacheres tun sollen, als eine Entscheidung zu fällen: nämlich eine Auswahl treffen.

Ich esse gerne Müsli. Aus einem einfachen Grund: Es geht schnell (morgens zählt jede Sekunde Schlaf doppelt für mich) und ist trotzdem gesund und abwechslungsreich. Deswegen vermisste ich während meiner Zeit in den USA auch am meisten meinen morgendlichen Müsli-Start und musste mich mit amerikanischen Cerealien begnügen, die mehr aus Luft als aus Nährstoffen bestanden.

Als ich wieder einen deutschen Supermarkt betrat, wollte ich es daher besonders gut machen und mir das beste Müsli aussuchen. Keine leichte Aufgabe, denn im Supermarktregal standen (und das habe ich persönlich nachgezählt) insgesamt 118 unterschiedliche Müslisorten. Und dabei ist mein Einkaufsladen wirklich nicht besonders groß, und ich habe auch nicht die 87 unterschiedlichen Cornflakes-Angebote mitgezählt. Wenn man die 24 Sorten Milch im Nachbarregal hinzurechnet, ergäben sich insgesamt 2832 verschiedene Möglichkeiten, ein Müsli-Frühstück zu komponieren! So viel zum Thema, es geht einfach und schnell.

Was soll man nur auswählen, wenn es so viele unterschiedliche Möglichkeiten gibt? Dabei ist die morgendliche Müsli-Wahl noch eine der leichteren Entscheidungen im Vergleich zu den restlichen 65 000 Produkten im Supermarkt. Als ich mir eine Hose kaufen wollte, hatte ich im Bekleidungsgeschäft die Auswahl zwischen 124 unterschiedlichen Modellen. Zusammen mit den 169 verschiedenen Hemden hätte ich mir also 20 965 individuelle Outfits zusammenstellen und über 57 Jahre jeden Tag eine andere Kombination tragen können. Nun ist die Frühstücks- oder Kleiderwahl zwar wichtig, aber vergleichsweise unbedeutend gegen die wirklich wichtigen Fragen im Leben, die zum Teil schon im letzten Kapitel anklangen: Studium oder Ausbildung? Familie gründen, oder als Single leben? Doch auch da werden wir von einer unübersichtlichen Auswahl geradezu erschlagen: Allein in Deutschland könnte ich 18 044 verschiedene Studiengänge starten[131] und hätte (zumindest theoretisch und in Deutschland) die Möglichkeit, aus über 21 Millionen Frauen die richtige Partnerin zu finden. Wer soll da nur den Überblick behalten?

Sie können das offenbar ganz gut. Jedes Jahr kommen in Deutschland etwa 90 000 Bücher auf den Markt, und dennoch lesen Sie in diesem Moment genau dieses und nicht eines der 89 999 anderen. Gut gewählt – doch wie haben Sie das gemacht? Je größer das Angebot, desto schwieriger ist es schließlich, sich zu entscheiden. Wer die Wahl hat, hat die Qual, und deswegen fällt es vielen Menschen schwer, überhaupt irgendetwas auszuwählen, wenn das Angebot besonders groß ist.

Schon bei politischen Wahlen kann es kompliziert werden. In Deutschland standen bei der letzten Bundestagswahl 34 Parteien zur Auswahl. Das finde ich zwar deutlich besser, als sich nur zwischen zwei Parteien entscheiden zu müssen oder überhaupt nicht frei wählen zu dürfen. Je größer das Angebot ist, desto eher findet man schließlich auch etwas, das zu seinen persönlichen Vorlieben passt. Nur zu groß darf die Auswahl nicht werden, denn dann tritt das ein, was man in der Wissenschaft »Auswahlüberlastung« nennt. Wir werden von vielen Angeboten regelrecht erschlagen, sodass wir lieber gar keine Wahl treffen, nach unserer Entscheidung unzufrieden sind und bedauern, doch nicht anders gewählt zu haben. Man stellt also hinterher fest: Man hat sich verwählt. Auch das kennt man durchaus von Bundestagswahlen.

Unser Gehirn scheint also geradezu überlastet zu sein, wenn man ihm zu viel Auswahl zumutet. Doch warum hält es das Gehirn nicht aus, wenn man ihm zu viele Wahlmöglichkeiten hinstellt? Und wie kann man sein Auswahlverhalten verbessern? Pro-und-Kontra-Listen schreiben? Auf seine Intuition vertrauen? Eine Münze werfen? Beginnen wir mit dem Werfen, nämlich einen Blick auf die Entscheidungs-Regionen des Gehirns. Denn dann erkennt man, weshalb uns viele Optionen oftmals überfordern und dem Gehirn dabei gar nichts anderes übrigbleibt. Denn es verlässt sich bei seinen Auswahlprozessen auf die Entscheidungs-Regionen, die eigentlich andere Dinge viel besser können.

Unsere Entscheidungsstärke …

Das Gehirn ist nicht dafür gemacht, aus einem großen Angebot die richtige Auswahl zu treffen. Nun gut, strenggenommen ist es für überhaupt nichts »gemacht« worden, sondern
passt sich immer den individuellen Lebensbedingungen an.
Doch genau das ist hier der springende Punkt. Bei diesem
Anpassungsprozess verlässt es sich auf ein Entscheidungssystem, das eines besonders gut kann: sich in einem unbestimm-
ten Umfeld zurechtzufinden – und nicht maschinengleich
möglichst viele Angebote zu vergleichen.

Im vorherigen Kapitel war schon die Rede von den Hirnregionen, die beim Entscheidungsprozess mitwirken. Die emotionalen Regionen des Mittelhirns, des Nucleus accumbens und
der Inselrinde, erzeugen einen ersten Gefühlsimpuls. Bewusst
denkende Regionen des Stirnhirns bauen um dieses »Bauchgefühl« ein begründbares Gebilde aus Fakten und Wissen. Indem
sich diese Regionen untereinander austauschen, wird ein Hand-
lungszustand irgendwann so stabil, dass er als Bewegungskom-
mando zu den motorischen Regionen geschickt wird. Übrigens
ist genau dieser Übergang von einem diffusen Hin und Her im
Gehirn zur eigentlichen Auswahl des endgültigen Handlungs-
musters immer noch Gegenstand der Forschung. Vermutet
wird, dass diejenige Entscheidung in ein fertiges Handlungsmuster übersetzt wird, die es am schnellsten über einen gewissen Schwellenwert hinausschafft und damit lange genug stabil
bleibt. Survival of the quickest: Von allen Entscheidungsal-
ternativen setzt sich diejenige durch, die als Erste genügend
viele Hirnregionen zusammengesammelt (also synchronisiert)
hat.[132]

Eigentlich ist das Gehirn mit dieser Art der Entscheidungsfindung ziemlich gut aufgestellt und spielt seine ganze Entscheidungsstärke gerade bei einer unklaren Informationslage aus: Welchen Beruf möchte ich ausüben, wie will ich leben – das sind so diffuse und unbestimmte Handlungsfelder mit unzählbar vielen Variablen. Die kann kein Algorithmus der Welt vernünftig unter einen Hut bringen. »Unvernünftig« denkt es sich da viel besser: Erstmal grob den emotionalen Rahmen abstecken und dann immer wieder mit Fakten und Erfahrungen abgleichen, so formt sich in unserem Gehirn schrittweise eine Entscheidung.

... und Auswahlschwäche

Doch so leistungsfähig unser Entscheidungssystem eigentlich ist, seine Stärke ist gleichzeitig seine Schwäche: Es kann Emotionen und Fakten dynamisch kombinieren und sich bei unklarer Informationslage dennoch zu einer Entscheidung durchringen. Allerdings zahlt es dafür einen Preis: Je mehr die Faktenseite überwiegt, desto schwerer fällt uns die Wahl, weil das Entscheidungssystem überlastet wird. Schließlich sind die Ressourcen unseres bewusst denkenden Stirnhirnbereichs begrenzt, und wenn sie durch zu viel Input überladen werden, funktioniert das Hin und Her zwischen emotionalen und rationalen Entscheidungsregionen nicht mehr. Das System gerät aus dem Gleichgewicht. Eigentlich müsste das Gehirn alle Fakten gegeneinander abgleichen, um in einer großen Auswahl den Überblick zu behalten. Das macht keinen Spaß – und vor allem: Genau das kann ein Gehirn überhaupt nicht gut.

Meist ist es daher viel leichter für uns, etwas zu entscheiden, als etwas auszuwählen. Beispiel: Für viele Menschen ist klar, dass sie mal Familie haben möchten, einen Partner an der Seite, dazu ein oder zwei Kinder. Damit ist die Entscheidung schon getroffen – und zwar eine sehr gewaltige! Doch ab dann wird's schwierig. Denn unter den vielen Hunderttausend potenziellen Partnern den oder die Richtige auszusuchen, das kann leicht überfordern.

Genau dann spielen Computer ihre Stärke aus. Denn ein paar potenzielle Lebenspartner gegeneinander abzugleichen ist eigentlich keine große Kunst. Man muss nur viele Informationen behalten und schnell verrechnen können. Wenn man einem Computer sagt, dass er Optik, Hobbys, Interessen und persönliche Wertvorstellungen auf eine ganz bestimmte Art gewichten soll, dann findet selbst ein seelenloser Algorithmus einen möglichen Partner für Sie heraus. Selbst wenn er 100 000 Partner statt ein paar Hundert vergleichen muss. Das klingt Ihnen zu unpersönlich und gefühlskalt? Schließlich weiß ein Algorithmus nicht, wie der potenzielle Partner tatsächlich tickt? Mag sein, und dennoch nutzen über zwei Millionen Deutsche die Dating-App Tinder und lassen sich genau von einem solchen Algorithmus mögliche Partner und Partnerinnen vorschlagen. Und das, obwohl fast die Hälfte der Tinder-Nutzer schon liiert ist.[133]

Merke: Etwas auszuwählen, ist nicht das Gleiche, wie etwas zu entscheiden. Ein Partnervermittlungsalgorithmus kann aus vielen Optionen (also möglichen Partnern) einige wenige rausfiltern. Doch er ist überfordert, wenn er entscheiden soll, welcher Partner nun der richtige ist. Umgekehrt ist ein Gehirn überfordert, wenn es eine Auswahl aus vielen Optionen treffen soll. Doch dass man am liebsten mit einem Partner an der Seite leben will, das hat man schon entschieden.

Wir können also sehr gut entscheiden – doch das ist auch der Grund dafür, dass wir nur schlecht auswählen können, wenn die Möglichkeiten ähnlich und vielfältig sind. Diese Schwäche, aus einem großen Angebot die richtige Auswahl zu treffen, ist in der Wissenschaft als »Auswahlüberlastung« (englisch *choice overload*) bekannt. Und mittlerweile wissen wir auch recht genau, welche Bedingungen eine solche Auswahl zur besonderen Qual machen.

Unsere Auswahl-Achillesferse

Nicht nur ich habe Probleme, im Supermarkt das richtige Müsli zu finden, auch Probanden in einem psychologischen Experiment aus dem Jahre 2000 ging es ähnlich, als sie ihre Lieblingskonfitüre auswählen sollten. Konkret baute man in einem Lebensmittelladen zwei unterschiedliche Probierstände auf: einmal mit sechs unterschiedlichen Früchteaufstrichen, ein anderes Mal mit ganzen 24 verschiedenen Sorten. Einige Tage lang beobachtete man, wie zufällig vorbeilaufende Kunden auf die Stände reagierten. Das Ergebnis dürfte nicht überraschen, denn am überbordenden Konfitürenangebot blieben die Menschen häufiger stehen und kauften anschließend doch weniger. Zwar macht ein üppiger Stand schon optisch mehr her und lockt die Leute an, doch diese sind anschließend von der großen Auswahl regelrecht erschlagen. Vom Stand mit sechs Sorten kauften anschließend 30 Prozent der Laufkundschaft einen Aufstrich, vom Stand mit 24 Sorten konnten sich bloß drei Prozent dazu durchringen.[134]

Das Konfitüren-Experiment war sehr inspirierend – sowohl für die Wissenschaft als auch die Wirtschaft. Procter &

Gamble reduzierte zu Beginn der 2000er Jahre seine Ange-
botspalette an Haarshampoos von 26 auf 15 und erhöhte seinen Absatz um zehn Prozent.[135] Nimm den Leuten die Last
des Angebote-Vergleichens ab, und der Umsatz steigt. Ein
Konzept, das deutsche Discounter schon lange in Perfektion
beherrschen. Während ein gewöhnlicher Supermarkt gut und
gerne 100 000 Artikel bereithalten kann, lässt Aldi aus etwa
1300 verschiedenen Produkten auswählen. Drei Sorten Müsli
statt 118 – so spart man beim Einkaufen die Zeit ein, die man
dann wieder an der Kasse warten muss.

So logisch und nachvollziehbar es erscheint, dass uns ein
reichhaltiges Angebot überfordert, so schwierig ist es dennoch, das Phänomen der Auswahlüberlastung reproduzierbar
zu bestätigen. Acht Jahre später hatte eine Schweizer For-
schergruppe das Fruchtaufstrich-Experiment als Anliegen –
und schlug fehl. Anschließende Übersichtsarbeiten zeigten,
dass der Auswahlüberlastungseffekt keineswegs so eindeutig
ist, wie man denkt.[136] Nicht immer überfordert uns ein reichhaltiges Angebot, denn es kommt auf die Umstände an, unter
denen wir wählen müssen.

Zu viel Schokolade macht auch nicht glücklich

Im Labor erforscht man oft und gerne, wie sich Schokolade auf unser Verhalten auswirkt, weil man leicht Probanden dafür findet. Wenn man dabei untersucht, wie schwer wir
uns bei der Auswahl einer Schokoladensorte unter vielen tun,
bestätigt sich zunächst der Eindruck, dass ein großes Angebot unsere Auswahlfreudigkeit einschränkt. Konkret teilte
man die untersuchten Testpersonen in drei Gruppen: Eine

Gruppe sollte aus sechs verschiedenen, eine zweite aus dreißig unterschiedlichen Schokoladensorten die leckerste auswählen. Die Teilnehmer der dritten Gruppe hatten Pech und bekamen lediglich eine Sorte vorgesetzt, die sie dann »auswählen« durften.

Wieder zeigte sich, dass eine große Auswahl nicht unbedingt glücklich macht (selbst wenn man dabei viel Schokolade essen darf). Die Gruppe, die aus dreißig Schokoladensorten die leckerste auswählen sollte (und anschließend als Testbelohnung behalten durfte), war am Ende des Tests mit ihrer Wahl unzufriedener als diejenige, die nur sechs Sorten zur Auswahl hatte.[137] Außerdem fiel es ihnen generell schwerer zu entscheiden, welche Schokolade die beste war – kein Wunder, denn was soll man machen, wenn die Auswahl so groß ist? Jede Schokolade aufessen? Spätestens nach zwanzig Schokoladen wird einem durch das Kakao-Durcheinander speiübel, die Schokolade auf Testposition Nummer 22 hat also schon mal einen schweren Stand. Und wer erinnert sich nach Schokolade Nummer 19 noch an die auf Position 12? Wenig überraschend, dass sich anschließend nur etwa jeder Achte überhaupt dazu entschied, eine Schokolade als Belohnung einzustreichen. Stattdessen nahm er lieber den Wert der Schokolade in bar mit nach Hause. Am unzufriedensten waren übrigens diejenigen, die nur eine einzige Schokoladensorte »wählen« durften. Immerhin entschieden sich aus dieser Gruppe fast genauso viele, die Schokolade als Belohnung mitzunehmen, wie aus der reichhaltigen Schoko-Gruppe. Merke: Zu wenig Auswahl ist genauso schlecht wie ein zu großes Angebot. Ein bisschen Auswahl wissen wir noch zu schätzen, doch irgendwann sind wir von zu vielen Optionen überfordert. Das trifft nicht nur auf Schokolade zu, sondern auch auf

Elektroartikel[138] oder Aktienfonds.[139] Wenn die Auswahl zu groß wird, entscheiden Menschen lieber gar nicht mehr.

Das ändert sich jedoch, wenn man sich mit Schokoladen (oder Aktienfonds) auskennt oder zumindest weiß, was einem am besten schmeckt. In einem anderen Experiment sollten die Probanden nämlich angeben, welche Schokoladensorte sie am liebsten mochten, bevor sie dann aus einer großen beziehungsweise kleinen Auswahl ihren Favoriten bestimmen sollten. Siehe da: Je genauer man weiß, was man will, desto eher wählt man auch aus einem reichhaltigen Angebot seine Lieblingsschokolade und ist anschließend mit seiner Wahl zufrieden.[140] Ein überbordendes Angebot ist also nicht zwangsläufig schlecht – es irritiert nur, wenn man nicht weiß, was man genau will. Hat man jedoch eine klare Zielvorstellung auf der Zunge, kann man dreißig Schokoladen viel leichter mit seinem Wunschgeschmack vergleichen.

Für andere wählen

Nicht immer ist ein zu großes Angebot von Nachteil. Zum Beispiel, wenn Sie gar nicht für sich eine Entscheidung treffen, sondern für jemand anderen. Angenommen, Sie müssten für Ihren Arbeitskollegen an einem Automaten einen leckeren Snack kaufen. Gehen wir weiter davon aus, dass Sie und Ihr Arbeitskollege sich gut verstehen (nicht unwichtig an dieser Stelle). Würden Sie dann eher den Snack-Automaten mit großer Auswahl (36 verschiedene Riegel) ansteuern oder den mit kleinem Angebot (sechs unterschiedliche Riegel)?

Wenn man sich später dafür rechtfertigen muss, welchen Snack-Automaten man gewählt hat, entscheiden sich die meisten Probanden in einem solchen Fall für das üppigere Angebot.[141] Schließlich will man später auch gut begründen können, dass man wirklich aus dem reichhaltigsten Angebot gewählt hat. Wenn man sich anschließend jedoch rechtfertigen soll, welchen Riegel man genau gekauft hat, entscheidet man sich häufiger für den kärglich bestückten Automaten. Wenn dem Kollegen dann der Erdnussriegel im Hals steckenbleibt, kann man wenigstens behaupten, dass nix Besseres da gewesen sei.

Je mehr wir uns für unsere konkrete Auswahl rechtfertigen müssen, desto eher vermeiden wir ein reichhaltiges Angebot. Denn wer erklären muss, warum er aus einem riesigen Angebot gerade seine ganz konkrete Wahl getroffen hat, der muss einen extra Aufwand betreiben, um alle Angebote zu sichten und zu vergleichen. Ganz besonders knifflig ist das, wenn man zusätzlich unter gesellschaftlicher Beobachtung steht, beispielsweise wenn man spendet. In einer Untersuchung dazu aus dem Jahre 2009 gab man Testpersonen die Möglichkeit, aus fünf, vierzig oder achtzig verschiedenen Hilfsorganisationen eine auszuwählen, die einen Euro (aus dem Privatvermögen der Teilnehmer) als Spende erhielt. Die Teilnehmer der einen Gruppe sollten jedoch anschließend kurz aufschreiben, warum sie ihre Wahl getroffen hatten, der anderen Gruppe ersparte man diese Rechtfertigungsprozedur. Interessanterweise führte der Rechtfertigungsdruck dazu, dass weniger gespendet wurde, wenn vierzig oder gar achtzig Charity-Organisationen zur Auswahl standen.[142] Schließlich muss man dann auch gut begründen können, warum man sein Geld vollverwaisten Kindern und nicht der Leukämiestation vermacht hat. So ein moralischer Konflikt macht keine Freude.

Im Prinzip ist eine große Auswahl erstmal gar nicht schlimm.

Im Gegenteil, wenn wir nämlich genau wissen, was wir wollen, oder uns sehr gut auskennen, ist eine üppige Auswahl eher bereichernd. Dann macht Shopping Spaß, weil man seine konkreten Ziele in einem reichhaltigen Angebot besser verwirklichen kann. Wenn ein autoverrückter PS-Profi über einen Gebrauchtwagenparkplatz schlendert, kann das Angebot gar nicht groß genug sein. Die aufwendige Vorarbeit, nämlich Informationen zu sammeln, zu vergleichen, sich in ein Thema einzuarbeiten, ist längst erledigt (und das Filtern der Angebote überlässt man ohnehin einer Suchmaschine). Meine Mutter hat als einzigen Anspruch an ein Auto, »dass es fährt«. Dieses etwas unpräzise Auswahlkriterium können Sie ja mal in eine Online-Suchmaske für Autokäufer eingeben, viel Spaß.

Kostendruck auch im Gehirn

Wer viele unterschiedliche Möglichkeiten schnell vergleichen muss, für den ist diese kognitive Aufgabe schon so anstrengend, dass er froh ist, wenn das Angebot möglichst klein ist. Erinnern Sie sich: Unser Entscheidungssystem wägt in seinem rationalen Stirnhirnbereich eine Vielzahl an Fakten und Eindrücken ab, um unseren emotionalen Impuls zu bestätigen – aber die Kapazität dieses Systems ist beschränkt. Wird es unter Druck gesetzt, indem es auf die Schnelle nicht alle Informationen verarbeiten kann, kommt es zu dem, was der Neuropsychologe »kognitive Dissonanz« nennt. Oder umgangssprachlich ausgedrückt: Anspruch und Wirklichkeit klaffen auseinander, und wir werden unzufrieden, wenn wir unter Zeitdruck entscheiden müssen.[143]

Denn wer sich für etwas entscheidet, entscheidet sich gleichzeitig auch gegen etwas. Und je größer die Auswahl ist, desto mehr Dinge werden aktiv nicht gewählt. Ein Ausschlussverfahren, bei dem man jede seiner Nicht-Entscheidungen begründen muss, kann da ganz schön aufwendig werden. Stellen Sie sich vor, Sie sitzen bei Günther Jauch auf dem Quizstuhl und haben nicht vier, sondern zwanzig Antwortmöglichkeiten. Da hilft Ihnen auch kein 50:50-Joker mehr. Vor allem, weil ein Ausschlussverfahren erfordern würde, sich mit jeder der restlichen neun falschen Antworten auszukennen.

Hinzu kommt, dass es im wahren Leben nicht nur richtige und falsche Antworten gibt, sondern auch halbrichtige oder mehrere korrekte Antworten. Und je mehr wir davon zur Auswahl haben, desto eher neigen wir dazu, unsere Entscheidung zu bedauern. Der Grund dafür ist ein Phänomen, das man in der Wissenschaft als »Alternativkosten« kennt.

Wer schon mal eine Castingshow im Fernsehen verfolgt hat, weiß, was Alternativkosten sind: und zwar der Grund dafür, dass Entscheidungen immer schwieriger werden, je länger die Castingshow dauert. Am Anfang hat es Heidi Klum noch einfach, die unfähigsten Models rauszuschmeißen. Doch wenn nur noch fünf übrig sind, wird es kompliziert. »Uns ist die Entscheidung echt schwergefallen«, hört man dann von der Jury, »wir haben uns die Entscheidung nicht leichtgemacht!« Der Grund ist klar: Wenn man sich für ein Topmodel entscheidet, entscheidet man sich gleichzeitig auch gegen alle anderen. Außerdem ähneln sich die Topmodel-Kandidatinnen immer mehr in ihrer Leistung, je länger die Sendung dauert. Sie sehen alle hübsch aus, können über den Catwalk laufen und vor der Kamera posieren. Und je mehr sich die Leistungen angleichen, desto weniger unterscheidbar sind die Auswahlkriterien – wie bei den 24 Konfitüren, die zwar alle unterschiedlich sind, sich aber in ihrer Art ähneln. Wenn sich Heidi Klum also für ein Model entscheidet, geht sie ein Risiko ein: Vielleicht hätten die anderen doch eine große Karriere vor sich gehabt?

Das schlägt auf die Stimmung, denn obwohl wir bewusst und rational über solche Alternativkosten nachdenken, wirken sie sich auf unsere emotionalen Hirnregionen aus. Bedenken Sie, dass das rational denkende Stirnhirn auch mit den emotionalen Regionen im limbischen System verbunden ist und die Aktivität unseres Glückszentrums (des Nucleus accumbens) steuern kann. Deswegen schreckt uns ein vielfältiges Angebot ab, weil wir schon vor der Auswahlentscheidung befürchten müssen, sie später zu bedauern.

Hinzu kommt, dass unser Entscheidungssystem auch aus der Vergangenheit lernt und immer überprüft, was es das nächste Mal besser machen kann. Wenn man nun selbst eine Entscheidung gefällt hat, mit der man unzufrieden ist, dann ist man eben auch selbst schuld. Deswegen neigen Leute dazu, das Angebot klein zu halten, wenn man sich nicht so gut auskennt und eine Auswahl für sich treffen muss. Ganz anders jedoch, wenn jemand anderes für uns entscheidet: Von einem Arzt, einem Anwalt, einem Steuer- oder Anlageberater verlangen wir, dass er bitteschön das gesamte Angebot gesichtet hat. Denn dann hat der ja die Alternativkosten am Hals, nicht wir.

Der Qual der Wahl entgehen

Was kann man also tun, um seine Auswahl- und Entscheidungskompetenz zu verbessern? Es steht schließlich kaum zu vermuten, dass die Wahlmöglichkeiten in Zukunft abnehmen werden. Nicht zu handeln ist auch keine Option – und schließlich kann Auswählen auch Spaß machen, wenn man sich nicht überfordern lässt.

Trick Nummer 1: Präzisieren Sie Ihr Ziel.
Immer wieder zeigt sich in Studien, dass es einen gewaltigen Unterschied macht, ob man eine konkrete Zielvorstellung oder nur eine vage Idee davon hat, was am Ende herauskommen soll. Haben die Teilnehmer der zahlreichen Schokoladen-Auswahlstudien schon ihren Lieblingsgeschmack auf der Zunge, fällt es viel leichter, die Geschmäcker der anderen Schokoladen damit zu vergleichen. Folge: Man ist weniger überlastet, weil man nicht alles mit allem, sondern nur jede Option mit einem konkreten Ziel vergleichen muss. Passen Sie jedoch auf, dass Sie dieser Vergleichsvereinfachung nicht auf den Leim gehen. Wenn ein Verkäufer Ihrer Entscheidungsfreudigkeit auf die Sprünge helfen will, nutzt er nämlich genau diesen Vereinfachungstrick des Gehirns und fügt dem Angebot eine dominante Option zu. Das kann entweder ein besonders schlechtes oder ein hervorragend gutes Produkt sein. Mit diesem Produkt vergleichen Sie dann das restliche Angebot und lassen sich leichter zu einer Kaufentscheidung verführen. Wenn ein Blumenladen beispielsweise mehr Blumensträuße verkaufen will, stellt er einfach einige langstielige rote Rosen neben die restliche Auswahl. Egal, ob die Kunden diese Rosen gut oder schlecht finden, eine solche auffällige Option verstärkt das Kaufverhalten, und man greift generell eher zu.[144]

Trick Nummer 2: Seien Sie zufrieden.
Die für eine Auswahlüberlastung anfälligsten Menschen nennt der Psychologe »Maximierer«. Das sind diejenigen, die alles dafür unternehmen, auch wirklich die beste überhaupt mög-

liche Entscheidung zu treffen. Sie analysieren, vergleichen, grübeln über das Problem, fragen Experten, suchen weiter, scheuen keine Kosten und Mühen, die allerbeste Wahl zu treffen – und sind dann schlussendlich doch nicht glücklich. Zum Beispiel, wenn sie nach einem neuen Job suchen. Als man untersuchte, wie sich Uniabsolventen nach ihrem Abschluss auf Jobsuche machten, ergab sich nämlich dieses Bild: Diejenigen, die in einer Befragung angaben, nach dem bestmöglichen Job zu suchen, fanden im folgenden Jahr tatsächlich Jobs mit einem 20 Prozent höheren Durchschnittseinkommen. Allerdings waren sie unglücklicher als diejenigen, die schon nach einer schnellen und unkomplizierten Jobsuche zufrieden waren.[145] Eine mögliche Erklärung könnte sein, dass man sich im Zuge seiner »perfekten Entscheidungsfindung« auch sehr viel mehr mit möglichen Alternativkosten beschäftigt. Der Maximierer hat zwar am Ende mehr in der Tasche, aber er weiß auch, welche Möglichkeiten er ausschlagen musste. Während der Maximierer also potenziell immer noch besser hätte entscheiden können, ist das dem Genügsamen egal. Was er nicht weiß, macht ihn nicht heiß. Für Sie bedeutet das, dass Sie schon eine Entscheidung treffen müssen, bevor Sie Ihre Auswahl treffen: Ist Ihnen Geld oder Glück wichtiger? Wenn Sie glücklich werden wollen, verschwenden Sie weniger Aufwand auf die Suche nach der perfekten Lösung und zahlen Sie nicht zu hohe Alternativkosten.[146] Natürlich ist ein bisschen Überlegen nicht verkehrt, doch verpassen Sie nicht den Moment, ab dem eine Auswahl zu sehr überdacht wird.

Trick Nummer 3: Entscheiden Sie Wichtiges intuitiv.
Je mehr wir vergleichen müssen, desto länger dauert der Entscheidungsprozess, desto mehr Alternativkosten kommen uns

in den Sinn, desto unzufriedener werden wir mit unserer Entscheidung. Schlagen Sie dieser Entscheidungsfalle ein Schnippchen. Sie haben zu Beginn des Kapitels gesehen, dass jede Entscheidung prinzipiell mit einer emotionalen Abwägung beginnt: Wo liegt die maximale Belohnung, und was muss ich dafür tun? Ihr Gehirn sucht anschließend nach Fakten, um diese emotionale Zielsetzung zu begründen. Warum dann nicht gleich emotional entscheiden und sich den ganzen Begründungskram sparen? Das funktioniert besonders gut, wenn die Auswahl unübersichtlich und die Entscheidung langfristig ist. Wenn Sie ein Handtuch kaufen wollen, greifen Sie auch bei großer Auswahl zu, was soll bei einem Handtuch schlimmstenfalls schon passieren? Wenn Sie ein Auto oder Haus kaufen wollen, fangen Sie an zu grübeln. Dabei ist in einem solchen Fall viel wichtiger, dass Sie nicht rational, sondern emotional dahinterstehen. Mit Fakten können Sie eine Entscheidung vielleicht vor anderen begründen, aber nur mit einem Gefühl können Sie diese dauerhaft für sich verantworten. Genau deswegen sind Menschen zufriedener und treffen die bessere Entscheidung, wenn Sie beim Autokauf nicht nur konzentriert nachdenken, sondern die Entscheidung unterbewusst reifen lassen. In einem konkreten Experiment sollten die Testpersonen zum einen anhand von vier Kategorien eine Autokaufentscheidung fällen, ein anderes Mal standen zwölf verschiedene Eigenschaften zur Verfügung (wie die Kofferraumgröße oder die Reichweite). Je mehr unterschiedliche Kriterien die Autokäufer beurteilen sollten, desto besser und zufriedener waren sie in ihrer Entscheidung, wenn sie sich zwischen der Autopräsentation und der endgültigen Auswahl auf etwas anderes konzentrieren sollten und ein Worträtsel lösen mussten.[147] Zücken Sie das nächste Mal beim Autohändler also ein Kreuzworträtsel, bevor Sie anfangen zu grübeln. Oder setzen Sie sich eine Deadline, vertagen die Entscheidung und lenken sich mit etwas Freizeit ab. Intuition ist nämlich nicht immer irrational, sondern in unübersichtlichem Umfeld einer bewussten Grübelei oft überlegen.

Trick Nummer 4: Bekämpfen Sie die Vielfalt.
Sie haben es gelesen: Das eigentliche Problem der Entscheidungsfindung liegt darin, viele Optionen miteinander zu vergleichen. Und je verschiedener diese Optionen sind, desto mehr Aufwand müssen Sie fürs Vergleichen betreiben. Irgendwann sind Sie überfordert und geben auf. Genau das beobachtete man beim Speeddating von Singles. Je unterschiedlicher die Auswahl an potenziellen Lebenspartnern war, desto geringer war die Wahrscheinlichkeit, dass man einen von ihnen wiedersehen wollte.[148] Abhilfe können Sie schaffen, indem Sie Kategorien bilden. Dann müssen Sie sich nicht mehr die Mühe machen, für jede Option separat zu entscheiden. Das hilft, damit Sie mit Ihrer Entscheidung zufriedener sind. Gibt man Probanden beispielsweise die Aufgabe, aus 144 verschiedenen Magazinen ein bestimmtes auszuwählen, sind die Personen mit ihrer Wahl glücklicher, wenn sie aus 14 vorsortierten Kategorien wählen durften, als wenn sie nur drei Kategorien (»Frauen«, »Männer«, »Verschiedenes«) zur Auswahl hatten.[149] Was das für Kategorien sind, ist erstmal gar nicht so wichtig, Hauptsache, Sie haben überhaupt welche (das dürfte Ihnen allerdings nicht schwerfallen, denn im nächsten Kapitel steht, wie schnell wir Denkschablonen aufbauen).

Trick Nummer 5: Kurz unter Druck setzen.

Die beste Auswahl aus einem großen Angebot zu treffen, ist also gar nicht so schwer, wenn man das Angebot nach seinen persönlichen Kriterien in Kategorien einordnet und dadurch vereinfacht. Für das Gehirn ist es auch überhaupt nicht entscheidend, ob die letztendliche Auswahl die objektiv beste war. Dazu müsste es viel zu viele einzelne Parameter ständig gegeneinander abwägen, so viel Kapazität hat es gar nicht. Viel wichtiger ist es, ob Sie mit einer Entscheidung auch leben können, und dazu müssen Sie wissen, wie Sie sich dabei fühlen. Wenn Sie also schon lange über einer wichtigen Entscheidung grübeln und alle Alternativen durchdacht haben, dann hat Ihr Gehirn auch schon längst entschieden. Je mehr Sie sich mit einer Sache auskennen, desto wichtiger ist es, ihren emotionalen, ihren intuitiven Kern zu erkennen.[150] Der liegt häufig unter einem Berg aus Fakten und rationalen Argumenten verborgen. Dann kann es helfen, sich kurz unter Druck zu setzen. Werfen Sie eine Münze, ziehen Sie eine Karte, würfeln Sie. Und in dem Moment, in dem Sie den Würfel loslassen, spüren Sie schon, welche Zahl oben liegen sollte, oder dass die falsche Zahl gefallen ist.

Natürlich habe ich mir abgewöhnt, in meinem Supermarkt jedes Mal zu würfeln, wenn ich ein neues Schokomüsli kaufen will. Ich erinnere mich einfach an mein Biochemiestudium und habe mir meine eigene Müsli-Auswahlkategorie gebastelt: Das Eiweiß-Fett-Verhältnis sollte bei mindestens 0,9 liegen, dann greife ich zu. Aber ob Ihnen das hilft, müssen Sie selbst entscheiden. Schließlich muss es auch schmecken. Sie wissen ja: Gefühl ist alles im Gehirn.

Kapitel 11

DENKSCHABLONEN

Wie uns Vorurteile helfen, wo sie uns schaden –
und wie wir Stereotypenfallen vermeiden

Mich fragen viele Menschen gerne,
wie man neue Sachen lerne.
Wie wir unsre Umwelt sichten
und sie dann ordnen zu Geschichten.

Das ist von großem Interesse
für Firmen, die so gerne wollen,
dass man auf keinen Fall vergesse,
was wir von ihnen kaufen sollen.

Denn soll die Werbung auch gelingen,
muss sie Kaufanreize stark verdichten
und überzeugend rüberbringen,
nur so erreicht man Käuferschichten.

So hat man kürzlich rausgefunden,
dass es wirklich wichtig ist,
wie Wörter sind im Satz verbunden,
damit man sie nicht mehr vergisst.

Testteilnehmer sollten schuften
und sich neue Sätze merken,
sogleich aus ihrem Raum verduften
und an andern Sachen werken.

Dabei zeigten Forscher immer
wechselnd neue Werbesätze,
die Probanden, ohne Schimmer,
beurteilten das Kaufgeschwätze.

Anschließend wurde vernommen,
ob die Botschaft angekommen,
ob sie gut war oder wichtig
und ob man sie hielt für richtig.

Manchmal wussten die Probanden
dabei ziemlich schnell Bescheid,
und in aller Kürze fanden
sie in der Werbung Heiterkeit.

Sie hielten sie für überzeugend,
fanden oft, sie sei recht flott,
und, die Qualität beäugend,
sagten sie, sie wär kein Schrott.

Denn, und das war sehr entscheidend,
ob ein Slogan Stimmung macht,
lag am Texter, fleißig schreibend,
der einen Reim hat reingebracht.

Selbst wenn der Inhalt solcher Phrasen
tatsächlich gleich ist und besticht,
kommt's darauf an, ob, was wir lasen,
stark gereimt war oder nicht.

Wir denken gern in Denkschablonen:
So zeigte sich, dass Testpersonen
auch dann Gereimtes besser fanden,
selbst wenn sie es kaum verstanden.

Denn unser Hirn ist eingestellt
auf Rhythmen, Muster, schöne Klänge,
und so erklärt es unsre Welt,
schafft daher Ordnung im Gedränge.

Wir lassen uns von Formen blenden,
der Inhalt kommt dann hinterher,
und wie wir's drehen oder wenden,
gefallen muss es, und zwar sehr.

Das ist kein Wunder, denn das Hirn
sucht ständig nach den besten Wegen,
um neues Wissen in der Stirn
auch dauerhaft zu pflegen.

Im besten Fall, das wird hier klar,
ergänzt sich Inhalt mit der Form,
und wenn Gereimtes ist auch wahr,
hilft's der Erinnerung enorm.

Andrerseits, wird dadurch sichtbar,
werden wir für Neues blind,
weil wir in Denkschablonen, unverzichtbar,
permanent gefangen sind.

Siehst du viele Informationen:
Ordne Sie in Denkschablonen!

Nicht nur, dass wir gereimte Werbeslogans für wahrer und wichtiger halten als ungereimte (selbst wenn die inhaltliche Aussage die gleiche ist)[151], auch andere unterbewusste Hinweisreize nutzen wir, um uns mentale Schubladen und Stereotypen zu bauen. Das tun wir oftmals vorschnell:

Der junge Korbinian wuchs auf einem Bauernhof am Rande der Alpen auf. Er war schon früh Mitglied im örtlichen Trachtenverein, seine Lederhosensammlung ist legendär, und er spielt Musik in einer Blaskapelle. Sein Leibgericht ist Schweinshaxe und sein Lieblingsverein Bayern München. Letzten Sommer ist er in die Stadt gezogen, um dort seine Ausbildung zu beginnen.

Was ist naheliegender: Korbinian ist angehender Einzelhandelskaufmann? Oder: Korbinian ist angehender Einzelhandelskaufmann und hat schon mal das Oktoberfest besucht?

Natürlich lassen Sie sich als gebildeter Leser oder gebildete Leserin nicht hinters Licht führen. Die Wahrscheinlichkeit, dass Korbinian irgendwo Einzelhandelskaufmann wird, ist viel größer, als dass er noch zusätzlich auf dem Oktoberfest war. Dennoch tendieren die meisten Menschen dazu, das zweite Szenario für plausibler zu halten, denn es erfüllt einfach mehr der zuvor genannten (und nichtgenannten) Kriterien. Ist Ihnen aufgefallen, dass einige Dinge in der Geschichte gar nicht erwähnt wurden, die Sie anschließend aber dazu-erfunden haben? So wird weder gesagt, dass Korbinian in Bayern aufgewachsen ist, noch, dass er nach München zog. Dennoch haben Sie es vielleicht unwissentlich ergänzt, denn es passt zu dem Stereotyp eines bayerischen Lebenslaufs (okay, »Korbinian« wäre jetzt auch ein untypischer Name für Schles-wig-Holstein).

Ein ähnliches Experiment führten die Psychologen Amos Tversky und Daniel Kahneman schon 1983 durch[152] und lie-ferten damit einen entscheidenden Hinweis auf eine besondere Denkschwäche des Gehirns, die sie »Verbindungs-Trug-schluss« (englisch *conjunction fallacy*) nannten. Ein psycho-logisch sehr wirksamer Effekt, der uns häufiger hinters Licht führt, als wir es wollen. Denn permanent biegen wir uns die Dinge so zurecht, dass sie in unser Weltbild passen.

Die Kugel fiel beim Roulette fünfmal in Folge auf Rot? Zeit, auf Schwarz zu setzen, denn jede Serie muss mal reißen. Die Aktien sind zwei Wochen am Stück gefallen? Zeit für eine Kurskorrektur in die andere Richtung. Ein Hurrikan mit dem Namen »Katrina« zieht auf? Wird schon so schlimm nicht werden[153], heißt ja schließlich nicht Kevin. Apropos Kevin: Wenn dieser händchenhaltend mit seiner Freundin Chantal, einer Wasserstoffblonden auf High Heels, durch die Fußgän-gerzone schlendert, denken wohl die wenigsten, dass sich die zwei Hübschen beim Harvard-Studium kennengelernt haben.

Wir bilden Verknüpfungen, erfinden Zusammenhänge und Geschichten, stellen Denkschablonen und Stereotypen her, die es oftmals gar nicht gibt. Kurz gesagt: Wir treffen Einschät-zungen vorschnell und überhastet – und vor allem: ohne uns die Zeit zu nehmen, über unsere eigene Meinung nachzudenken und sie vielleicht zu widerlegen. Viel wichtiger ist es für uns, dass wir ein Denkschema schaffen, das die Welt für uns stimmig erklärt. Und wenn die Welt nicht passt, wird sie eben passend gemacht, indem man nur das wahrnimmt, was man will.

Routinen haben gewaltige Vorteile, denn sie beschleunigen unseren Denkprozess ganz enorm. In den allermeisten Alltagssituationen ist das eine prima Sache, weil wir dadurch keine Zeit und Energie für überflüssiges Nachdenken verschwenden. Stattdessen macht es sich das Gehirn einfach und verfeinert seine mentalen Schubladen immer weiter. Stereotypen helfen uns, voraus- statt nachzudenken. So treffen wir schnell unsere Urteile, aber es sind Vor-Urteile, denn wir verlassen uns dabei auf unsere Denkroutinen und Erfahrungen, nicht auf objektive Kriterien – und das kann zu schwerwiegendem Fehlverhalten führen. Wenn wir Glück haben, tappen wir dann nur in ein Fettnäpfchen, weil wir die Etikette nicht gewahrt haben. Doch im schlimmeren Fall fußen Fehlentscheidungen an der Börse, Ressentiments und Rassismus auf einem überdrehten Muster- und Stereotypendenken. Denkschablonen machen uns das Leben zwar leicht, doch gleichzeitig sperren sie uns auch ein – in ein geistiges Gefängnis, eine mentale Box. Wie kommt man da nur wieder raus?

Geistige Buhrufe

Zunächst muss man sich klarmachen, dass unser Gehirn besonders gut darin ist, solche Denkschablonen zu erstellen. Um genau zu sein, ist das sogar die Hauptaufgabe des Gehirns. Schon die Studien von Kahneman & Co von vor über dreißig

Jahren zeigen, wie leistungsfähig und verführerisch solches Musterdenken ist. Interessanterweise entdeckte man ebenfalls zu Beginn der 1980er Jahre einen Effekt im Gehirn, der schön erklärt, was passiert, wenn wir unsere geistige Box formen.

Stellen Sie sich vor, ein Kabarettkünstler tritt in München auf. Er geht auf die Bühne, macht ein, zwei Witze über die Bahn, den Berliner Flughafen oder was sich sonst eben anbietet. Die Pointe kommt, Lacher im Publikum, kurzer Applaus, weiter geht's. Man könnte auch sagen: Das Publikum reagiert entsprechend eines Erwartungsschemas mit einer kurzen, positiven Antwort, dem Applaus. Nun zieht der Kabarettist seinen Borussia-Dortmund-Schal hervor und stimmt die BVB-Hymne an: »Wir halten fest und treu zusammen. Ball Heil Hurra, Borussia!…« Weiter wird er wohl kaum kommen, Buhrufe und Gejohle unter den eingefleischten bayerischen Zuschauern. Deren Erwartung wurde ganz offensichtlich nicht erfüllt. Ergebnis: Sie reagieren gereizt mit einer starken negativen Antwort. Wenn etwas nicht passt (wie der BVB nach München), dann wird es erstmal abgelehnt.

Ganz Ähnliches passiert auch im Gehirn. Permanent formt es einen Erwartungsrahmen und überprüft dann, ob die Dinge auch zu dieser Erwartung passen. So, wie die Zuschauer vor der Bühne sitzen und applaudieren oder buhen, reagieren auch die Nervenzellen im Gehirn. Man muss dabei gar nicht genau wissen, was jede einzelne Zelle exakt macht, denn viel wichtiger ist das Gesamtresultat. Denn gemeinsam erzeugen die Zellen ein so starkes elektrisches Feld, dass man es von außen messen kann. Mithilfe von auf den Kopf aufgelegten Elektroden leitet man diese Schwankungen der elektrischen Felder ab und kann dabei in Sekundenbruchteilen erkennen, wie sehr sich die Nervenzellen zum gemeinsamen Applaudieren oder Buhrufen verabreden. Ein Verfahren, das man EEG, Elektroenzephalografie, also »elektrisches Gehirnaufschreiben«, nennt.

Der berühmteste Buhruf im Gehirn ist das N400-Signal.[154] Weil es beim EEG-Messvorgang zu einem negativen Ausschlag des elektrischen Feldes kommt, nennt man es »N«. Auf die Zahl 400 kommt man, weil das Signal etwa 400 Millisekunden nach dem BVB-Schal, pardon, dem ungewöhnlichen Schlüsselreiz auftritt. Wenn etwas nicht in das Erwartungsschema passt, antworten die Zellen also mit einem N400-Signal.

Beispielsweise wenn man eine Wortkette ergänzen soll. Im Labor präsentiert man Probanden dazu folgende Wörter im Abstand einer Sekunde und misst dabei das elektrische Feld der Nervenzellen:

Amsel

Drossel

Fink

und

Pudding

Alles klar, Pudding passt nicht. »Star« wäre ein viel stimmigerer Schluss gewesen. Und genau deswegen misst man bei Probanden ein N400-Signal, nachdem sie das Wort »Pudding« gesehen haben, beim Wort »Star« bleiben die Zellen vergleichsweise ruhig.

Der Vorteil des Musterdenkens

Permanent formt das Gehirn also Denkschubladen und versucht, die Dinge aus der Umgebung in die jeweilige Schublade zu pressen. Sobald etwas nicht passt, protestieren die Zellen, genauso wie die Münchner Zuschauer den BVB-Fan ausbuhen. Da die allermeisten Dinge in unserem Leben einer Routine folgen, ist das eine ziemlich praktische Sache, denn so kann man sich in einem gewohnten Umfeld schnell und fehlerfrei verhalten. Man spult dazu einfach das Handlungsschema ab, das zu der konkreten Situation passt (zum Beispiel Lachen und Applaus bei einem Witz auf der Bühne).

Wenn es dann zu einem Konflikt kommt, wenn der Erwartungsrahmen nicht erfüllt wird, ist man außerdem sofort alarmiert. Dann hat man zwei Möglichkeiten: Entweder man ändert seine Denkschablone und passt sie den neuen Gegebenheiten an (man könnte also warten, ob der BVB-Kabarettist nicht doch noch eine gute Pointe in petto hat). Oder man wendet sich vom störenden Reiz ab (buht den Mann aus und besucht nie wieder Veranstaltungen von ihm). Leider tendieren Menschen oft zur letzteren, weit weniger weltoffenen Verhaltensweise – und das macht sie anfällig für Täuschungen.

Denn nichts ist für das Gehirn wichtiger, als dass seine Denkschablonen und Handlungsmuster stabil bleiben. Wir alle haben solche Muster für die unterschiedlichsten Situationen. Ein Muster fürs Autofahren, ein Muster fürs Frühstücken, ein Muster fürs Ins-Bett-Gehen. Voreingestellte Muster machen das Leben leichter, und wenn Situationen einfach zu durchschauen sind und sich oft wiederholen, ist das eine prima Strategie, um sich zurechtzufinden.

Wenn etwas nicht in deine Schablone passt – wende dich vom Reiz ab, statt dich anzupassen

Unser Leben: eine effiziente Abfolge solcher Handlungs-muster. Einfach auf die richtige Situation angewendet, schon vermeiden wir Fehlverhalten. Diese Art zu denken ist absolut grundlegend für das Gehirn. Sobald es auf die Welt kommt, versucht es, die Muster in der Umwelt zu erkennen und da-raufhin Stereotypen und Denkschablonen zu erstellen. Ohne das geht es nicht – und dennoch erkaufen wir uns diese Art des schnellen und effizienten Denkens mit zwei Nachteilen. Zum einen bauen wir unsere geistigen Schubladen zu schnell auf, indem wir Zusammenhänge erkennen, wo gar keine sind. Gefährlich, denn so werden wir anfällig für Verführungen und Täuschungen (das sehen wir gleich). Zum anderen bauen wir unsere geistigen Schubladen zu langsam wieder ab. Auch das ist gefährlich, denn so entstehen Vorurteile und Ressenti-ments.

Zusammenbringen, was nicht zusammengehört

Unser Gehirn versucht permanent, Zusammenhänge zu erken-nen und sie zu Geschichten zu formen. Dafür nutzt es jeden erdenklichen Hinweisreiz, jedes noch so kleine Detail, um es in eine funktionsfähige Denkschablone zu packen. Das Gemeine dabei ist: Je subtiler sie daherkommen, desto leich-ter lassen wir uns von Scheinzusammenhängen verführen und bauen »falsche« geistige Schubladen. Beispiele gefällig?

Sie wollen Ihre Botschaft überzeugend und eingängig rüber-bringen? Schreiben Sie deutlich! Denn lesen Menschen ein Kochrezept in einer gut leserlichen Schrift, schätzen sie auch die tatsächlichen Kochabläufe des Rezepts als einfach und schnell ein.[155] *Wenn der Text jedoch in einer schwer leserlichen Schriftart* geschrieben wird, denken die Testteilnehmer, dass auch der Kochvorgang eher langwierig und kompliziert ist. Unleserliche Texte kommen dabei allgemein weniger überzeugend rüber als deutlich geschriebene Zeilen. So ein Pech also, wenn man eine unleserliche Handschrift hat. Unweigerlich wird ein Leser den Inhalt der dahingekritzelten Buchstaben schlechter bewerten als einen sauber geschriebenen Text. Ich bin daher äußerst dankbar, dass ich dieses Buch nicht handschriftlich in den Verkauf bringen muss. Nicht auszudenken, wie sich meine Sauklaue auf das inhaltliche Verständnis auswirken würde.

Sie wollen bei Ihrem Gegenüber als warmherzig und fürsorglich rüberkommen? Drücken Sie ihm oder ihr einen Becher mit einem warmen Getränk in die Hand. Denn wer einen warmen Kaffee in der Hand hält, hält auch sein Gegenüber für warm und freundlich.[156] Ob wir jedoch unser Gegenüber auch »heiß« finden, wenn wir etwas Heißes in der Hand halten, ist noch nicht untersucht worden. Genauso, ob wir als besonders »cool« gelten, wenn der andere ein Eis hält.

Erkennen Sie in folgendem Sinnspruch einen Funken Wahrheit?

»Denke wie ein handelnder Mensch, handle wie ein denkender Mensch.«

Tatsächlich? Dann sind Sie wahrscheinlich gut gelaunt und vertrauen Ihrer Intuition. Sollen Menschen nämlich beurteilen, für wie sinnvoll sie mehrdeutige Aphorismen halten, kommt es maßgeblich auf ihre Stimmung an. Konkret stellte sich in der Studie heraus: Je fröhlicher man drauf ist und (und das war sehr wichtig) je mehr man behauptet, auf seine Intuition zu vertrauen, desto eher erkennt man auch in uneindeutigen Nachdenksprüchen einen tieferen Sinn (selbst wenn keiner drinsteckt). Wer jedoch weniger gut gelaunt ist, der

Typ 1 Denker oft mit guter Laune oder Flow [handwritten annotation]

sieht keine Bedeutung in den Aphorismen.[157] Wenn Sie also in dem obigen Satz keinen Sinn erkennen: Sie Miesepeter. Oder vielleicht liegt es auch daran, dass der Spruch wirklich total sinnbefreit ist? Wohl Letzteres…

In derselben Studie befragte man auch Fans von einem US-Footballteam direkt nach der entscheidenden Saisonniederlage, ob diese eine tiefergehende Bedeutung für sie hatte. Noch ganz mitgenommen von dem Spiel am Vortag, maßen die niedergeschlagensten Fans dem Ergebnis jedoch weniger Bedeutung bei als diejenigen, die nicht ganz so deprimiert waren: Die Niederlage ist für die Traurigsten eben einfach passiert, kann man nichts machen; mal verliert man, mal gewinnen die anderen. Eigentlich ganz praktisch: Wenn's gut läuft, hat alles einen Sinn. Wenn nicht, dann eben nicht. Nur mit dieser Einstellung konnte ich übrigens jahrelang Fan von Darmstadt 98 bleiben.

Das trifft im obigen Experiment jedoch vor allem dann zu, wenn man eher ein intuitiver Typ ist, sich also bei Einschätzungen und Entscheidungen vorwiegend auf sein »Bauchgefühl« verlässt. Auch wenn jeder Neurowissenschaftler weiß, dass dieses vermeintliche Bauchgefühl tatsächlich im Kopf entsteht. Wobei… Ich korrigiere mich: Untersucht man nämlich die Entscheidungen von Haftrichtern, stellt man fest, dass die Wahrscheinlichkeit für die Bewilligung eines Freigangs bei nahezu null Prozent lag, wenn die Robenträger unmittelbar vor ihrer Mittagspause urteilten. Nach einem leckeren Mittagessen wurden immerhin knapp zwei Drittel der Anträge bewilligt.[158]

Welche Urteile wir fällen, und welche Zusammenhänge wir sehen, hängt also auch von unterbewussten Kleinigkeiten ab. Zeigt man Menschen zum einen Bilder, in denen ein wirkliches Objekt (zum Beispiel ein Schiff oder ein Haus) versteckt ist, zum anderen solche, die nur aus chaotischen Linien bestehen, dann erkennen die Probanden auch in den Chaos-Bildern plötzlich Objekte, wo gar keine sind. Das gilt aber nur, wenn man ihnen vorher das Gefühl eines Kontrollverlustes verschaffte – indem man sie gezielt dazu anhielt, an Situationen aus ihrem Leben zu denken, in denen sie die Kontrolle verloren hatten.[159] Ähnliches bei Fallschirmspringern: Kurz vor ihrem Sprung aus dem Flugzeug sehen sie auch in chaotischen Linien Bilder, wo gar keine sind. Befragt man sie jedoch ohne Angst- und Stressgefühl, sind sie deutlich weniger anfällig für solche Fehleinschätzungen.[160] Mit anderen Worten: Je weniger Kontrolle man hat, desto mehr Zusammenhänge sieht man, wo keine sind. Kein Wunder, dass Verschwörungstheorien vor allem in Zeiten der wirtschaftlichen Unsicherheit entstehen.[161]

Unser Gehirn macht die ganze Zeit nichts anderes, als Zusammenhänge zu suchen und sie zu Geschichten zu verknüpfen. Das hat in unserer Gesellschaft einen so hohen Stellenwert, dass Menschen, die schnell solche Zusammenhänge erkennen, sogar als besonders intelligent gelten. In keinem Intelligenztest darf zum Beispiel ein Logikrätsel fehlen. Ergänzen Sie folgende Zahlenreihe:

1 – 4 – 2 – 5 – 3 – 6 – 4 – ?

Wer schnell auf die Lösung 7 kommt, gilt als besonders clever, denn er hat den zugrunde liegenden Zusammenhang rasch gefunden. Doch sehen Sie auch in folgender Zeichenreihe eine Logik?

OXXXOXXXOXXOOOXOOXXOO

Ja? Dann sind Sie wahrscheinlich Basketballfan. Denn Verehrer von Kobe Bryant und Stephen Curry vermuten oft, dass Treffer und Fehlwürfe gerne in kleineren Serien auftreten (ein Spieler hat eben manchmal einen Lauf). So erkennt man selbst in einer komplett zufälligen Reihe wie der obigen ein Muster, wo keines ist.[162]

Wir sind so sehr darauf bedacht, passende geistige Schubladen zu erstellen, dass wir oft übersehen, dass nicht jeder Zusammenhang auch einen logischen Grund hat. Wir überinterpretieren unsere Welt und lassen uns von Scheinzusammenhängen verführen.

Nach- statt vorurteilen

Wir formen unsere geistigen Schubladen also zum einen zu schnell. Zum anderen bauen wir sie zu langsam wieder ab. Wir halten an unserem Weltbild krampfhaft fest. Und so gut unsere stereotypen Denkvereinfachungen oft sind, so gefährlich werden sie, wenn man sich nicht von ihnen lösen kann:

Hannah ist eine Viertklässlerin und wächst in einer gutbürgerlichen Familie auf. Sie sehen in einem Video, wie ordentlich ihr Kinderzimmer ist, dass ihre Eltern einen soliden Beruf ausüben und in einem noblen Wohnort leben. In einer Klassenarbeit löst sie einige besonders schwierige Fragen mit Bravour, leistet sich allerdings bei ein paar simplen Aufgaben den einen oder anderen Schnitzer. Was meinen Sie, schneidet Hannah im Vergleich zu ihren Klassenkameraden bei diesem Test besser oder schlechter ab?

Präsentiert man dieses Szenario einer Gruppe von Test-personen, schätzen sie die Leistung von Hannah überdurchschnittlich gut ein. Im Gegensatz zu einer anderen Gruppe, die zwar das absolut identische Testergebnis von Hannah gesehen hat, aber auch, dass sie in einer heruntergekommenen Unterschichtfamilie aufwächst. In diesem Fall bewertet man ihre Leistung schwächer als die des Rests der Klasse. Wohlgemerkt, das Testergebnis war in beiden Szenarien gleich, aber uneindeutig.[163]

Traurig, aber wahr: Je unklarer eine Situation ist, desto mehr klammern wir uns an unsere Denkschablonen. Auch auf Kosten von Hannah, die man unterschiedlich einschätzt, auch wenn sie sich identisch verhält. Das Problem ist, dass wir unser Weltbild stabil halten wollen. Wir suchen nicht nach dem Fehler in unserer Denkweise, sondern meistens nach Bestätigung. In letzter Konsequenz führt das dazu, dass wir uns so sehr in unseren Denkschablonen verlieren, dass wir nicht mehr frei urteilen können. Stattdessen sind wir in einem mentalen Gedankengebäude gefangen, an dem wir sogar selbständig immer weiterbauen. Das ist nichts Neues, stereotypes Denken gab es schon immer. Doch in unserer digitalisierten Gegenwart legen wir anscheinend noch mehr Wert darauf, in unserer Sichtweise bestätigt zu werden als jemals zuvor.

Das soziale Meinungsghetto

Wir stellen Hypothesen von der Welt auf, formen unsere Denkschablonen und wollen diese am liebsten bestätigt sehen. Was macht man also? Man ruft so in den Wald hinein, wie es wieder herauskommen soll. Natürlich sind wir heute viel digitaler, wir rufen nicht in den Wald, sondern in Facebook hinein – aber auch dort kommt dann genau das heraus, was wir hören wollen.

In einer Studie aus dem Jahr 2016 untersuchte man dabei, wie sich ein solches In-den-Wald-Rufen bei Facebook-Nutzern von Verschwörungstheoriegruppen auf der einen und Wissenschaftsfans auf der anderen Seite verhält. Interessanterweise stellte sich dabei heraus, dass Verschwörungs- und Wissenschaftsnews zunächst einer ähnlichen Dynamik gehorchen: Besonders markante Nachrichten werden schnell kommentiert, geliked und geteilt. Doch während das Interesse an Wissenschaftsnews nach einigen Stunden Aufmerksamkeit wieder abebbt, verstärkt sich das Interesse an Verschwörungsgerüchten immer weiter.[164] Es bilden sich Echokammern, in denen man sich gegenseitig in seinen Ansichten bestärkt. Kunststück, wenn sowieso die meisten Mitglieder einer Verschwörungsgruppe die gleichen Ansichten haben und der Facebook-Algorithmus ähnliche Meinungen anderer Mitglieder stärker gewichtet. So eine Algorithmus-Filterblase ist problematisch, denn wenn wir von einer anderen Person unsere eigene Meinung gespiegelt bekommen, erhält sie für uns ein objektives Gewicht (»jemand anderes hat es auch so gesagt«), obwohl sie genauso subjektiv bleibt.

Hinzu kommt, dass man sich immer radikaler gegen mögliche Gegenmeinungen abschirmt. Eine vorausgegangene Untersuchung des Stimmungsprofils von Facebook-Posts aus dem Jahre 2015 zeigte, dass im Laufe des Kommentierens von Wissenschafts- oder Verschwörungsnews die Stimmung immer negativer wurde.[165] Besonders deutlich war diese Verschlechterung der Gemütslage wiederum in den Verschwörungsgruppen. Spätestens nach dem Tausendsten User-Kommentar überwogen negative und aggressive Kommentare. Merke: Sich eine Verschwörung zusammenzuspinnen macht schlechte Laune. Wobei man berücksichtigen sollte, dass ohnehin etwa 45 Prozent aller untersuchten Facebook-Posts (und das waren insgesamt über eine Million) ein negatives Sentiment hatten. So viel Spaß können die sozialen Netzwerke also kaum machen.

Nie war es so einfach wie heute, sich mit ähnlichen Meinungen, Weltansichten und gleich tickenden Menschen zu umgeben. Das Geschäftsmodell ganzer Partnervermittlungsportale und Dating-Websites basiert genau auf dieser Idee: Ihr »Matching-Algorithmus« ist vor allem darauf bedacht, Menschen mit ähnlichen Hobbys und ähnlichem Geschmack zusammenzuführen. Aufgepasst, dass man dadurch keine voneinander abgeschirmten Meinungs- und Beziehungsghettos bildet! Da wir ohnehin dazu tendieren, unsere Denkschablonen bestätigen zu lassen, werden wir weniger offen für Neues, je mehr wir uns gegenseitig in unseren Meinungen bestätigen.

Konsumgeil durch Klischees

Dabei hat es große Vorteile, seine Denkschablonen von Zeit zu Zeit anzupassen. Denn wer zu lange in seinem eigenen Saft schmort, wird anfällig für wirklich fehlerhaftes Denken. Das stellt sich heraus, wenn man Auswirkungen von Stereotypen auf die Denkfähigkeit von Menschen untersucht. Je mehr wir uns von Vorurteilen und Routinen gefangennehmen lassen, desto schwieriger wird es, auch einmal außerhalb der vertrauten Automatismen zu denken.

Um zu testen, wie sehr man sich auf seine Denkschablonen

verlässt und dadurch ohne groß zu überlegen in Denkfallen tappt, nutzt man oft sogenannte »Tests zur kognitiven Reflexion«. Vielleicht kennen Sie diese Brainteaser schon aus Rätselheften, in denen sie manchmal auftauchen: Ein Stift und ein Blatt Papier kosten zusammen 1,10 Euro. Der Stift kostet einen Euro mehr als das Blatt Papier. Wie viel kostet der Stift? Je eingefahrener wir in unseren gesellschaftlichen Stereotypen leben, desto eher tappen wir in die Falle und antworten mit: »Ein Euro.«

Zeigt man einen solchen Test am 14. Februar, dem Valentinstag, US-amerikanischen Testteilnehmern, so spielt es eine Rolle, ob der Bildschirm, auf dem die Frage aufleuchtet, rosa oder weiß umrandet ist: Wenn der Bildschirmrand rosa ist, sind die Ergebnisse nämlich deutlich schlechter, weil die Probanden einfach häufiger auf die naheliegende, aber falsche Lösung reinfallen. Offenbar verstärkt das klassische kulturelle Schema (ein Valentinstag hat rosa zu sein) bei den Teilnehmern die Wirksamkeit ihrer Denkschablonen. Sie können nicht mehr frei denken. Denn macht man den Test eine Woche später, hat die Farbe Rosa keinerlei Einfluss mehr.[166]

Das gleiche Ergebnis erhält man, wenn man Probanden vor dem Denkrätsel typische Hochzeitsfotos zeigt. War das Brautpaar traditionell gekleidet (sie ganz in Weiß, er in schwarzem Anzug), machte man anschließend häufiger Denkfehler, als wenn man ungewöhnliche Brautpaare sah (sie in Grün, er in einem lila Anzug). Vermutlich, weil wir durch den Anblick von Stereotypen eher in einem starren und unflexiblen Denken verharren. Nicht nur das. Denn zusätzlich untersuchte man das Konsumverhalten der Testteilnehmer. Und bizarrerweise stellte sich heraus, dass diejenigen, die vorher klassisch gekleidete Brautpaare gesehen hatten, eher bereit waren, völlig beliebige Produkte, wie eine Bettdecke oder eine Schaufel, zu kaufen. Nicht dass eine Schaufel prinzipiell unnütz wäre – doch was muss das für eine Hochzeit sein, nach der man eine Schaufel braucht? Je ungewöhnlicher jedoch die Hochzeitszeremonie war, desto eher war man vor Impulskäufen gefeit. Vermutlich sind deswegen die meisten Geschenke bei traditionellen Hochzeiten so einfältig. Wenn bei Ihnen in Kürze die Vermählung ansteht und Sie wirklich außergewöhnlich beschenkt werden wollen, tragen Sie was Ungewöhnliches, wenn Sie vor den Traualtar treten. Wer in Shorts und Flipflops sein Jawort gibt, stößt zwar die Hochzeitsgesellschaft vor den Kopf, wird dann aber wahrscheinlich auch kein Topfset bekommen.

Der Stereotypenfalle entkommen

Ich halte fest: Stereotypen-Denken ist grundlegend für unser Gehirn und überdies äußerst praktisch, um sich zurechtzufinden. Leider erstellen wir die dafür nötigen Denkschablonen so schnell, dass wir Scheinzusammenhänge erkennen. Zum anderen überprüfen wir unsere Denkroutinen nicht oft genug, sondern bestärken uns in unserer geistigen Monokultur. Das macht uns anfällig für vorschnelle Denkfehler.

Was hilft dagegen? Zunächst sollte man sich klarmachen, dass wir eine Schwäche für Korrelationen haben, wir suchen sie permanent – und überinterpretieren sie dann. Denn nur weil etwas zur gleichen Zeit auftritt, heißt das noch lange nicht, dass es auch in einem ursächlichen Zusammenhang steht. Korrelation ist nicht zwangsläufig Kausalität. Beispiel: Was ist einer der größten Risikofaktoren, um an Alzheimer zu erkranken? Eine Studie aus dem Jahr 2010 zeigt, dass es das Kümmern um einen an Alzheimer erkrankten Lebenspartner ist. So hatten die über 2400 Studienteilnehmer ein sechsfach höheres Alzheimer-Risiko, wenn sie sich um ihren erkrankten (und nicht verwandten) Ehemann oder die Ehefrau kümmerten.[167] Ein Phänomen, das man in der Wissenschaft »*caregiver burden*«, also die »Last des Sichkümmerns« bezeichnet. Erschreckend, nicht wahr? Je mehr man sich um Alzheimer-Kranke kümmerte, desto wahrscheinlicher erkrankte man selbst daran. Korrelation? Kausalität? Schwierig zu sagen – Alzheimer ist nicht ansteckend, so viel ist klar. Doch wir tendieren dazu, vorschnell ursächliche Zusammenhänge zu sehen, wo sie nicht unbedingt vorliegen. Sich zu fragen, ob es sich um eine zufällige Korrelation handelt oder ob tatsächlich ein Grund dafür existieren könnte, ist eine der wirksamsten Verteidigungsstrategien gegen die Anfälligkeit für Scheinzusammenhänge und vorschnelle Urteile. Im Alzheimer-Fall wäre eine mögliche Erklärung, dass die Ehepartner nach jahrzehntelangen gemeinsamen Lebensumständen auch ähnlichen Umweltfaktoren ausgesetzt waren, die die Alzheimer-Anfälligkeit erhöht haben könnten – oder haben Sie eine bessere Erklärung parat? Wenn ja, dann können Sie vielleicht auch erklären, warum das Risiko, an Hirntumoren zu erkranken, ansteigt, wenn man mindestens drei Jahre studiert oder ein überdurchschnittliches Einkommen hat?[168]

Seien Sie auf der Hut, wenn Sie sich besonders schnell ein Urteil bilden. Je einfacher wir es uns machen, desto wahrscheinlicher lag unserem Urteil eine Denkschablone zugrunde. Leider haben wir nur ein Alarmsystem, das unsere Denkschablone robust halten will (das N400-Signal) – und keines, das uns anzeigt, dass wir sie zu oft oder falsch verwenden. Genau deshalb sollten wir vorsichtig sein, wenn wir ad hoc Entscheidungen treffen. Das kann gutgehen, doch manchmal hat man einfach nur vergessen, nach Gegenargumenten zu suchen. Setzen Sie besser von Zeit zu Zeit die rosarote Brille ab und spielen Sie den Advocatus Diaboli. Machen Sie Ihre eigene Idee nieder. Das tut allemal weniger weh, als wenn es ein anderer oder gar die Realität tut.

Schließlich lassen wir uns nur allzu oft von Kleinigkeiten dazu verführen, ein Handlungsmuster zu formen (denken Sie an die hungrigen Richter). Doch wenn uns unbewusste Hinweisreize zu Handlungen und Vorurteilen verleiten, kann man diese Denkschwäche auch mit den eigenen Waffen schlagen: Indem man sich einem neuen Umfeld aussetzt und andere Eindrücke aufnimmt, färbt man seine Gedanken auf neuartige Weise. Andere Hinweisreize, ein gesättigter Bauch, Sonne statt Regen – und schon sehen die identischen Fakten anders aus. Nicht, dass Sie dann gleich der nächsten subtilen Verführung auf den Leim gehen – treffen Sie Urteile, indem Sie sich aus der Gesamtheit Ihrer Einschätzungen ein Bild machen. Oder wie Abraham Lincoln es ausdrückte: »Ich mag diesen Mann nicht. Ich muss ihn noch besser kennenlernen.«

Fremde Meinungen und andere Sichtweisen sind uns in der Regel nicht sofort sympathisch. Wenn uns jemand widerspricht, finden wir das erstmal nicht so toll. Dabei ist es genau diese Ideenvielfalt, die unsere Entscheidungen besser macht. Wer immer nur in seinem Saft schmort, ist am Ende schließlich weichgekocht – und damit anfällig für Fehlentscheidungen. Wie wirksam hingegen eine gezielte Meinungsabwechslung sein kann, kam heraus, als man 2012 das Anlegerverhalten auf der Online-Investmentplattform eToro untersuchte. In diesem sozialen Netzwerk können die Teilnehmer die Börsenentscheidungen von anderen Anlegern anschauen und automatisch eins zu eins kopieren. Interessant wurde es, als man analysierte, was die erfolgreichen von den weniger erfolgreichen Anlegern trennte: nämlich genau die Vielseitigkeit der kopierten Anlagestrategien. Je mehr diese von der eigenen Ansicht und untereinander abwichen, desto mehr Geld brachte das ein. Am besten integrierte man acht bis zehn möglichst unterschiedliche Börsenstrategien anderer Teilnehmer in sein Depot und war dadurch um 30 Prozent profitabler als diejenigen, die vorwiegend Börseneinschätzungen kopierten, die der eigenen Meinung ohnehin ähnelten.[169] Solche Meinungsechokammern ließen sich jedoch aufbrechen, indem man den erfolgloseren Teilnehmern mitteilte, dass es vor allem die Abwechslung ist, die erfolgreich macht. Änderten diese daraufhin ihr Anlageumfeld, verbesserte sich deren Ertrag um 50 Prozent.

Vergessen Sie nie: Auch wenn Denkschablonen sehr stabil, unverrückbar und plausibel anmuten – sie sind es nicht. Eine Denkschablone ist nichts, was man in der Umwelt finden könnte, sie ist kein Naturgesetz, sondern vielmehr eine mentale Krücke, die wir nutzen, um uns schneller zurechtzufinden. Das bedeutet auch: Wir müssen nicht immer im Recht sein. Genauso hartnäckig, wie wir uns auf unsere Denkschablonen verlassen, haben unsere Mitmenschen ihre eigenen Denkmuster. Deswegen hilft es, sich manchmal gezielt fremden Denkweisen auszusetzen. Schauen Sie mal in den Facebook-Gruppen vorbei, die konträre Meinungen haben. Blättern Sie mal durch Zeitungen oder Online-Nachrichtenseiten, die andere politische Ansichten vertreten als Ihre. Je mehr Sie sich fremden Meinungen aussetzen, desto fundierter wird Ihre eigene.

Natürlich ist ein Diskurs mit fremden Meinungen nicht

immer spaßig, aber er bringt was. Viele meiner Freunde denken über die Welt ganz anders als ich. Das führt oft zu hitzigen Debatten, aber ich nehme immer eine kontraintuitive Idee daraus mit. Meine eigene Meinung kenne ich ja schon, die braucht mir keiner mehr zu erklären. Genau aus diesem Grund schreibe ich dieses Buch. Ich könnte es mir leichtmachen und Ihnen zeigen, wo das Gehirn überall Fehler macht, und wie Sie diese ausmerzen. Doch das wäre nur die halbe Wahrheit über die Schwächen des Gehirns. Deswegen betone ich gleichzeitig in jedem Kapitel, was das Gute daran ist, dass das Gehirn manchmal falschliegt. Auch Denkschablonen haben ihr Gutes – wenn Sie sie richtig einsetzen.

In diesem Sinne sieht man ein:
Denkschablonen müssen sein.
Doch richtig wendet man sie an,
wenn man sie testet dann und wann.

Kapitel 12

MOTIVATION

Warum der innere Schweinehund
uns bremst – und wie wir uns und
andere antreiben

Als ich im Jahr 1994 mein Zeugnis in der dritten Klasse erhielt, wurde mir klar, warum Motivation nicht funktioniert. Es gab das erste Mal Noten, und wir Jungs wollten uns unbedingt gegenseitig im Notenschnitt unterbieten (ja, ich gestehe: Wir waren damals kleine Streber). Wer würde wohl das Rennen machen? Schließlich hatten wir uns alle ziemlich angestrengt. Jeder wurde aufgerufen und durfte sein Zeugnis abholen, mehr oder weniger stolz. So weit, so gut. Bis Daniela nach vorne trat und unter überschwänglichem Lob des Lehrers das beste Zeugnis der ganzen Klasse entgegennahm. Das war bestimmt verdient und die Lobpreisung gut gemeint – aber wir fanden das nicht so toll. Und dann auch noch geschlagen von einem Mädchen? Iiiiihh.

Nicht falsch verstehen, ich leide unter keinem grundschulischen Trauma, das ich an dieser Stelle aufzuarbeiten versuche. Etwas anderes wird hier viel deutlicher: Wer einen Schüler (oder eine Schülerin) in der Klasse lobt, will diesen motivieren. Doch er erzeugt damit einen Sieger und 29 Verlierer. Statt

alle zu motivieren, demotiviert man fast die ganze Klasse. So
fördert man keine Höchstleistung, sondern nur Konkurrenzdenken – und wie Sie in diesem Kapitel noch sehen werden, ist
das vor allem für Frauen leistungsschädlich. \

Überall sitzen solche Motivationsfallen: Wer die beste Leistung zeigt, kriegt einen Preis, einen Bonus gibt's am Ende des
Projektes, wir belohnen uns selbst mit einem Stück Schokolade, wenn wir eine schwierige Herausforderung gemeis-
tert haben. Doch leider funktioniert unser Gehirn nicht so,
dass man es mit ein bisschen Belohnung dauerhaft anstacheln
kann. Denn wenn hohe Boni automatisch zur besten Leistung
führen würden, hätten wir 2008 keine Finanzkrise erlebt.

Dabei scheint Motivation heute überaus wichtig zu sein.
Ständig muss immer irgendwer motiviert werden. Schüler von
ihren Lehrern, Mitarbeiter von ihren Vorgesetzten, Sportler
von ihren Trainern, wir selbst von uns selbst. Fast könnte
man meinen: Ohne Motivation wären wir lustlose Wesen,
die völlig ohne Bock vor sich hin phlegmatisieren. Und das
stimmt auch. Denn Motivation ist der geistige Antrieb unseres
Gehirns. Ein Tritt in den Allerwertesten, den man im Gehirn
etwas spröde »ventrales Striatum« nennt. Spannu-

Und der ist offenbar nötig, denn sich selbst zu motivieren, fällt gar nicht so leicht. Etwa drei Viertel der Menschen
nimmt sich zum Jahreswechsel irgendetwas vor. Topvorsätze
immer wieder: gesünder leben, mehr Sport, weniger rauchen,
mehr Zeit für Freunde und Familie. Fehlt leider in dieser
Liste noch der Vorsatz, die konkreten Ziele auch einzuhalten.
Denn knapp die Hälfte gibt ihr Ziel schon nach einem Viertel-
jahr wieder auf, dann hat man wieder Platz im Fitnessstudio.
Denn ständig befinden wir uns im Kampf mit unserem inneren Schweinehund, können uns nicht aufraffen und schieben

Dinge bis zur Deadline auf. Wie schön wäre es doch, genau da anzusetzen und mit den passenden Tricks das Motivationsfeuer in uns oder anderen zu entfachen.

Doch warum hat dieser »Schweinehund«, der in seiner schimärenhaften Skurrilität wohl nur vom Wolpertinger überboten wird, so ein verdammt schlechtes Image? Klar, wer faul und antriebslos in der Ecke liegt, sich mal wieder nicht zum Sport durchringen konnte oder seine Abschlussarbeit permanent vor sich herschiebt, kommt auf keinen grünen Zweig. Doch eigentlich steckt hinter diesem Verhalten das obenerwähnte biologische Prinzip: dass wir nämlich nicht so einfach durch äußere Anreize motivierbar sind. Wir laufen eben nicht der nächstbesten Belohnung hinterher und sind gerade deswegen nicht dressierbar wie andere Tiere. Dass wir uns manchmal so demotiviert fühlen, ist nur der Preis dafür, dass wir uns nicht von äußeren Belohnungen oder Belobigungen abhängig machen. Nur so können wir frei und selbständig handeln. Denn dauerhafte Motivation kommt immer von innen.

Das klingt schön und gut – dennoch hat es manchmal Vorteile, wenn man den Kampf gegen ebenjenen Schweinehund gewinnt. Doch warum ist das so schwer? Wie motiviert man sich oder andere? Was ist das überhaupt, diese Motivation, nach der alle suchen, und wo versteckt sie sich im Gehirn?

Das Problem, ein Weihnachtsmann zu sein

Wann sind Sie besonders motiviert bei der Sache? Eine konkrete Aussicht auf eine große Belohnung ist schon mal nicht schlecht. Diese Belohnung kann aus den unterschiedlichsten Richtungen kommen: von außen (zum Beispiel, wenn Ihnen ein hoher Bonus versprochen wird) oder von innen (wenn Ihnen einfach etwas Spaß macht, zum Beispiel ein gutes Buch zu lesen). Jeder Mensch hat also etwas, das ihn antreibt – und das gelingt dann am besten, wenn die Belohnung noch ein bisschen größer ausfällt, als wir es uns eigentlich erhofft haben. Was uns wirklich motiviert, ist nicht die Belohnung selbst, sondern die Hoffnung, noch ein kleines bisschen mehr zu kriegen. Oder, wenn wir schon mal positiv überrascht worden sind, diese Überraschung zu wiederholen. Da merkt man schon: Das wird auf Dauer immer schwieriger, denn sich gezielt zu überraschen, ist in etwa so einfach, wie sich selbst zu kitzeln. Zum Glück kriegt das Gehirn das einigermaßen gut hin. Der Trick dabei: Halte die Erwartung niedrig, das ist der beste Weg, um glücklich zu werden. Denn wer nichts erwartet, kann auch nicht enttäuscht werden. Oder umgekehrt: Wer alles perfekt machen will und nur das Beste gerade gut genug findet, der ist auch nie zufrieden.

Das kennen Sie aus dem wirklichen Leben. Wer wissen will, wie man schlecht belohnt, erlebt jedes Jahr an Weihnachten die Blaupause dafür: In einem hochzeremoniellen Ritual werden an einem festgelegten Datum zu einer festgelegten Uhrzeit häufig genau die Geschenke verteilt, die Kinder vorher auf einem Wunschzettel festgelegt haben. Erwartungspotenzial: riesig. Überraschungsmöglichkeiten: nahe null. Zum Glück hat dann nur der Weihnachtsmann versagt. Nach der Bescherung sagte ein vierjähriger Verwandter von mir: »Das habe ich also vom Weihnachtsmann bekommen. Und was kriege ich von euch?« Wer dem Weihnachtsmann die langweiligen Geschenke überlässt, kann also später besser glänzen. Gleichzeitig hat der Weihnachtsmann den wahrscheinlich undankbarsten Job der ganzen Welt. Viele stellen sich vor, dass er mit seiner Fülle an Geschenken weltweit Glück und Freude in Kinderaugen zaubert. Doch ich bin mir ziemlich sicher: Er hat einen Knochenjob und wenig Spaß. Niemand kann so leicht an den Erwartungen der Kinder scheitern. Kein Wunder, dass er diese Tortur nur einmal im Jahr durchsteht.

Leider funktionieren viele Bonussysteme in der Wirtschaft genauso: Man schafft erst eine Erwartungshaltung, die dann umso schwerer zu erfüllen ist. Dabei vergisst man oft, dass es auf die Höhe der Belohnung überhaupt nicht ankommt. Überraschen muss sie. Wenn Sie Ihrem Partner/Ihrer Partnerin also ganz plötzlich ein paar Blumen, leckeres Konfekt oder elegantes Geschmeide mitbringen, unerwartet und aus heiterem Himmel, dann hat das einen viel größeren Effekt, als wenn Sie auf den Hochzeits-, Jahres- oder Geburtstag warten. Außerdem können Sie so noch bares Geld sparen, denn schon die Überraschung reicht, um die Belohnungsregionen im Gehirn übermäßig stark zu aktivieren.

Der Vorhersage-Irrtum

Motivation beginnt im Gehirn mit einem Fehler. Das klingt jetzt schlimmer, als es ist, denn das bedeutet nicht, dass wir sofort etwas falsch machen, wenn wir zu etwas angetrieben werden. Es sind eher die Nervenzellen im Gehirn, die sich verschätzen, und nur deswegen entsteht überhaupt ein Handlungsimpuls.

Wann immer wir positiv überrascht werden, erzeugt das im Gehirn einen Glücksmoment: In der entsprechenden Belohnungsregion wird Dopamin freigesetzt – viermal so viel wie sonst. Und das knallt rein, denn das ist das, was wir den Kick nennen. Belohnung und Dopamin, das gehört zusammen. So hört man es oft, doch es greift zu kurz. Denn es reicht nicht, nur ein bisschen Dopamin auszuschütten, um anschließend belohnt und motiviert zu sein. Die Erwartungshaltung spielt schließlich auch eine Rolle.

Im Gehirn gibt es in der Tat eine Region, die für das Belohnungsempfinden zuständig ist, den schon erwähnten Nucleus accumbens. Diese Ansammlung von Nervenzellen im limbischen System (etwa so groß wie ein Spielwürfel) ist die zentrale Anlaufstelle für gute Laune – und zwar die einzige. Wenn man in Zeitschriften hin und wieder Überschriften liest wie: »Leckeres Essen stimuliert dieselben Hirnregionen wie guter Sex« oder »Ein gutes Buch aktiviert das Gehirn genauso wie süchtig machende Drogen«, dann liegt das einfach daran, dass es nur eine Region für dieses Belohnungsempfinden gibt. Gutes Essen hat also nicht zwangsläufig etwas mit gutem Beischlaf zu tun (auch wenn »accumbens« übersetzt genau das bedeutet). *Es gibt nur den Nucleus für Laune*

Nun reicht es, wie gesagt, nicht, einfach nur den Nucleus accumbens mit Dopamin anzuwerfen, um uns zu belohnen und damit nachhaltig zu motivieren. Es kommt eben auch auf das Überraschungsmoment und damit die Erwartungshaltung an. Diese wird über das Mittelhirn gesteuert, genauer gesagt über die »vordere Bedeckung« (lateinisch *ventrales Tegmentum*) des Mittelhirns. In dieser Region, die in etwa dort sitzt, wo das Rückenmark endet und das Gehirn beginnt, befinden sich die Nervenzellen, die das Dopamin in der Belohnungsregion ausschütten. Ihre Fasern ziehen sich dafür über einige Zentimeter vom Mittelhirn bis ins limbische System zum Nucleus accumbens. Permanent ist also das Mittelhirn bei der Sache und feuert ständig Dopamin ab – und zwar abhängig von unserer Erwartungshaltung: Erwarten wir eine große Belohnung, ist die Feuerrate hoch, erwarten wir wenig, ist sie niedrig. Gewissermaßen ist diese Dopamin-Grundaktivität die Latte, die von der Belohnung übersprungen werden muss, und je höher sie liegt (je mehr Dopaminaktivität schon vorhanden ist), desto schwieriger wird es auch, uns zu überraschen.

Manchmal passiert das aber trotzdem, nämlich dann, wenn sich unser Mittelhirn geirrt und zuvor weniger Dopamin ausgeschüttet hat, als angesichts der Belohnung angebracht gewesen wäre. Dann wird die Dopaminfreisetzung plötzlich erhöht – und dieser *Unterschied,* dieses Mehr an Dopamin ist es, was wir als Belohnung erleben. Im Grunde ist es also ein Vorhersageirrtum des Mittelhirns, der uns empfänglich für Belohnungen macht. Deswegen nennt man in der Wissenschaft dieses Modell auch »Belohnungsvorhersagefehler« (englisch *reward-prediction error*).[170] Oder mit anderen Worten: Wenn sich unser Gehirn nie irren und immer korrekterweise die Belohnung antizipieren würde, wären wir nie glücklich.

Eingebauter Antrieb

Motivation ist für das Gehirn überhaupt nichts Besonderes, sondern alltägliches Geschäft. Handlungen, Bewegungen, Entscheidungen – all das wird von unserem Motivationssystem gesteuert. Prinzipiell sind wir von Grund auf immer motiviert. Wir wollen zeigen, was wir können, wollen wertgeschätzt werden, wollen uns verbessern. Keiner will ewig faul auf der Couch rumhängen, sondern ein Ziel haben, für das er sich begeistern kann. Mit dieser Grundeinstellung kommen wir auf die Welt – mit dem Willen, uns weiterzuentwickeln. Deswegen sind Kinder so leicht zu begeistern. Als mein Nachbar ein Jahr alt war, spielte er im Sandkasten und nutzte einen scheinbar unbeobachteten Moment, zog sich am Sandkastenrand hoch und stand plötzlich komplett freihändig auf zwei Beinen. Ein Strahlen in seinem Gesicht, er jauchzte so sehr, dass die Schwerkraft wieder Kontrolle über seine Windel bekam. Doch seitdem ist er nie mehr ruhig sitzen geblieben, sondern immer wieder aufgestanden. Das ist Motivation *in action*. Kleine Kinder sind permanent neugierig und wollen die Welt erobern, sind überglücklich, wenn ihnen etwas gelingt. Ich habe zumindest noch nie einen Dreijährigen gesehen, der sich faul auf die Couch gelegt hat mit der Begründung: »Och nö, lass mal, ich habe grad keinen Bock. Das ist mir alles zu stressig und zu viel.« Kleinen Kindern ist nämlich so gut wie nie was zu viel. Sie haben immer Lust auf was Neues. Oder sie sind davon so erschöpft, dass sie schlafen. Und in dieser Grundeinstellung unterscheiden sich Kindergartenkinder nicht groß von Erwachsenen.

Wie motiviert man also Menschen? Gar nicht. Es ist eigentlich unmöglich. Sie können niemanden motivieren, da können Sie so viel »Tschakka« rufen, wie Sie wollen. Sie können schließlich auch niemanden hungrig oder durstig machen. Motivation ist das, was sich einstellt, wenn Sie Bestätigung für sich und Ihre Leistung erwarten. Dann müssen Sie eigentlich nur noch warten, bis die Motivation von selbst kommt. Genauso wie Sie hungrig werden, wenn Sie einige Zeit nichts gegessen und plötzlich Appetit auf eine leckere Pizza haben.

Wenn das so ist und Motivation in uns »eingebaut« ist, warum beklagen wir uns dann immer wieder über Demotivation? Dass man mal keine Lust auf seine Arbeit, auf den

Besuch im Fitnessstudio, aufs Lernen von Englischvokabeln hat? Wo ist er hin, der innere Antrieb, wenn er doch so stark ist?

Unser Motivationssystem hat drei Schwächen: Zum einen will es möglichst viel für sich persönlich einstreichen. Zum zweiten will es am besten jetzt und sofort belohnt werden, nicht irgendwann später. Beides führt oft dazu, dass wir Dinge aufschieben und dem inneren Schweinehund nachgeben. Drittens sollten Belohnungen für uns auch nachvollziehbar und persönlich sein. Letzteres ist der Grund dafür, dass wir in unserer Welt von allerlei Demotivationssystemen umgeben sind, die unseren Antrieb untergraben.

Sehen den Sinn nicht in unserm Tun
Langs- statt kurzfristig denken?

Wann wir uns selbst egal sind

Eine sofortige Belohnung wird höher bewertet als eine zukünftige. Genau diese zeitliche Unsicherheit nutzt der innere Schweinehund aus, um unseren inneren Antrieb zu untergraben. Ein Schweinehund demotiviert uns gewissermaßen indirekt, indem er dafür sorgt, dass wir eine zukünftige Belohnung schwächer bewerten als eine momentane. Wenn wir uns vorgenommen haben, noch etwas Sport zu machen, flüstert er uns ein: »Auf der Couch ist es auch ganz gemütlich.« Und obwohl wir merken, dass der Abgabetermin immer näher rückt, beruhigt er: »Morgen ist auch noch ein Tag.« Natürlich klingt »Schweinehund-gesteuertes Verhalten« etwas vulgär, deswegen nennt man es in der Wissenschaft Prokrastination, also das Aufschieben von Dingen.

Prokrastinieren ist ein Paradebeispiel dafür, nach welchen Kriterien unser Motivationssystem ausgehebelt werden kann.

Denn eine Schwäche macht es fürs Aufschieben von Dingen anfällig: Uns ist unsere Zukunft ziemlich gleichgültig. Das ist jetzt nichts Neues. Doch 2008 konnte man es in einem interessanten Experiment bestätigen: Die Probanden wurden aufgefordert, »zum Wohle der Wissenschaft« von einer ekligen Flüssigkeit zu kosten (einem Gemisch aus Ketchup und Sojasoße). Anschließend fragte man, wie viel die Testteilnehmer jetzt sofort oder in einigen Wochen von dem ekligen Gemisch trinken würden. Und siehe da: Je weiter der Trinkvorgang in der Zukunft lag, desto mehr trauten sich die Teilnehmer zu[171]: eine halbe Tasse nämlich. Sollten sie aber sofort von der unappetitlichen Brühe trinken, waren zwei Teelöffel das Maximum.

Das zukünftige Ich hat es nicht leicht. Ohne Probleme wälzen wir Aufgaben und lästige Pflichten auf unsere Zukunft ab. Selbst in Hirnscans wird sichtbar, dass wir bei der Vorstellung an unser künftiges Ich nicht die Hirnregionen für Selbstwahrnehmung aktivieren, sondern diejenigen, die auch aktiv sind, wenn wir an andere Menschen denken.[172] Kein Wunder, dass wir uns nicht zu einem anstrengenden Besuch in der Muckibude durchringen können oder Abschlussarbeiten bis auf den letzten Drücker aufschieben. Denn unser Motivationssystem aktiviert uns nur dann zu einer Handlung, wenn auch wirklich wir selbst davon profitieren – und nicht irgendein Unbekannter irgendwann in ferner Zukunft. Ich kenne mein zukünftiges Ich schließlich nicht.

Im Umkehrschluss heißt das aber auch: Je mehr wir von unserem späteren Ich wissen, desto besser lassen wir uns für langfristige Entscheidungen motivieren. Deswegen bieten amerikanische Rentenversicherungen einen Service an, bei dem das eigene Foto digital gealtert wird, damit man auch in aller Pracht erkennt, wie man selbst in dreißig Jahren aussieht. Das soll zum Abschluss einer Versicherung motivieren. Wenn das mal nicht nach hinten losgeht. Ich bin sicher: Wenn dieser Service in Südkalifornien angeboten wird, rennen die Fotogealterten nicht zur nächsten Rentenversicherung, sondern zum Schönheitschirurgen: »Sehen Sie sich das an: So schrecklich sehe ich in dreißig Jahren aus! Hilfe! Einmal das Botox-Komplettpaket bitte!« Und da geht sie hin, die Altersvorsorge.

Wo der innere Schweinehund sitzt

Zweite Schwäche der Selbstmotivation: Eine Belohnung in der Zukunft ist nicht so greifbar wie eine jetzige. Da bleiben wir doch lieber auf dem Sofa liegen. Diese zeitliche Schwäche unseres Belohnungssystems kann dabei zu handfesten Konsequenzen führen. Stellen Sie sich vor, Sie könnten jetzt 30 Euro haben oder 50 Euro in einem halben Jahr. Für was entscheiden Sie sich? Die meisten Menschen greifen zum kleineren, dafür sofortigen Geldbetrag. Eigentlich Quatsch, schließlich bekommt man mehr, wenn man nur ein bisschen wartet. Doch insbesondere Männer scheinen dafür anfällig zu sein, vor allem, wenn sie zuvor Bilder von attraktiven Frauen gesehen haben. Von schnittigen Sportwagenbildern lassen sie sich jedoch nicht groß beeindrucken. Überraschend auch das Verhalten von Frauen in der konkreten Studie: Diese ließen sich von attraktiven Sportwagen eher zu impulsiverem Verhalten hinreißen als von attraktiven Männerfotos (war allerdings ganz knapp nicht signifikant).[173] An alle Porsche 911er- und BMW Z4-Cabrio-Fahrer die tolle Nachricht an dieser Stelle: Es klappt, das Auto wirkt tatsächlich! Selbst der letzte Vollpfosten wirkt erregend, wenn er nur im richtigen Auto sitzt.

Genug gescherzt, zurück zum Thema. Der Grund für dieses zeitliche Diskontieren von Belohnungen liegt in der Verschaltung unseres Motivationssystems: Sofortige Belohnungen aktivieren den Nucleus accumbens stärker als Belohnungen fern in der Zukunft. Oder anders gesagt: Lieber den Spatz in der Hand als die Taube auf dem Dach. Lieber jetzt ein bisschen chillen als irgendwann den Waschbrettbauch haben. Im Grunde ist man dabei also nicht demotiviert, sondern auf etwas anderes stärker motiviert, nämlich die augenblickliche Belohnung, selbst wenn sich diese langfristig nicht auszahlt. Besonders ausgeprägt ist dieses impulsive Ich-will-es-jetzt-haben-Verhalten in jungen Jahren, im Alter wird es schwächer.[174]

Wer das empirisch überprüfen will, kann gerne einem Vierjährigen ein Überraschungsei oder eine andere Süßigkeit hinlegen und ankündigen, dass er es entweder sofort essen kann oder sich geduldet und anschließend noch ein weiteres Ü-Ei bekommt. Für kleine Kinder ist das unfassbar gemein, denn unter Rekrutierung aller kontrollierenden Hirnareale schaffen es nur die wenigsten, ihren impulsiven Nucleus accumbens zu bändigen. Dieser Test ist nicht neu, sondern wurde schon in den 1970er Jahren von Walter Mischel mit Marshmallows durchgeführt.[175] Interessant wurde es, als man Jahre später auswertete, wie sich die verschiedenen Kinder in ihrem weiteren Leben geschlagen hatten. Erstaunlicherweise waren diejenigen, die sich zurückhalten konnten, erfolgreicher, hatten im Schnitt höhere Einkommen, bessere Schulabschlüsse und waren seltener kriminell.[176] Wer es schafft, sich für höhere Belohnungen in der Zukunft zurückzuhalten, hat also einen psychologischen Vorteil.

Doch das ist nur die halbe Wahrheit. Denn eines wird bei

diesem oft zitierten Marshmallow-Test immer vergessen: Untersucht wurden Kinder einer privilegierten Wohlstandsgesellschaft (überwiegend von Professoren und Wissenschaftlern der Stanford University, einer der weltweiten Topadressen für die geistige Elite), die sich sicher sein konnten, dass das Versprechen des Versuchsleiters auch eingehalten wurde. Als man 2016 das Experiment wiederholte, zeigte sich, dass dieselben neuronalen Mechanismen, die wohlhabende Kinder zur Marshmallow-Zurückhaltung brachten, bei Kindern aus ärmeren Bevölkerungsschichten zum sofortigen Verputzen der Marshmallows führten.[177] Ähnliche neuronale Aktivität, aber unterschiedliches Verhalten. Schließlich muss man sich den Luxus der Zurückhaltung erstmal leisten können. Denn vom Tellerwäscher zum Millionär steigt man eben nicht auf, wenn man sich optimistischerweise (und womöglich zu naiv) zurückhält, sondern besser jede sich bietende Gelegenheit nutzt.

Kurz gesagt: Unser Motivationssystem ist darauf aus, möglichst schnell eine Belohnung abzugreifen. Deswegen ist es manchmal übermotiviert und verleitet uns zum Aufschieben, weil das im konkreten Augenblick mehr Belohnung verspricht als eine lästige Pflicht. Was dann helfen kann, ist, vom Ende her zu denken. Denn die Studie mit den fotogealterten Probanden zeigte auch, dass man in der Tat sein impulsives Kurzfristdenken hinter sich lässt, wenn man konkret sein späteres Ich sieht (auch wenn es nur eine Fotomontage war). Je deutlicher man die langfristigen Konsequenzen seines Handelns vor Augen hat, desto eher gehen wir die unangenehmen kurzfristigen Tätigkeiten dafür an. Und: Tun Sie das dann auch! Etwas überhaupt zu machen ist wichtiger, als es perfekt zu machen. Einen Belohnungsimpuls erzeugt das Gehirn schließlich nur, wenn auch was zum Belohnen da ist. Deswegen konzentriert man sich während seiner lästigen Arbeiten am besten immer konkret auf den nächsten Teilschritt – und sei er noch so klein. Fünfzehn Minuten ein bisschen was zu machen, ist immer noch besser, als die ganze Zeit nichts zu tun. Deswegen sollte man sich auch nicht permanent vor Augen führen, wie viel noch zu tun ist. Sondern mit jedem noch so kleinen Schritt feststellen, wie viel man schon geschafft hat. Das erzeugt eine kurze, aber wertvolle Bestätigung, und man schreitet wieder ein Stückchen weiter. Der Appetit kommt beim Essen und nachhaltige Motivation nur dann, wenn man auch Schritt für Schritt vorangeht.

Die Vernichtung des inneren Antriebs

An dieser Stelle möchte ich den inneren Schweinehund aber nicht stärker reden, als er eigentlich ist. Denn tatsächlich sind wir im Prinzip ständig auf der Suche nach der nächsten Belohnung und permanent motiviert. Genauso häufig wie das lästige Prokrastinieren ist nämlich das Präkrastinieren – also das Soforterledigen. Das zeigt sich, wenn Menschen vor die Wahl gestellt werden, eine Aufgabe sofort oder später anzugehen. Bietet man Probanden die Möglichkeit, eines von zwei Gewichten zu greifen und zum Ziel in ein paar Metern Entfernung zu tragen, dann greifen fast alle Testpersonen zum näheren Gewicht, obwohl sie es weiter tragen müssen als das von ihnen weiter entfernte Gewicht.[178] Als Begründung geben sie oft an, die Aufgabe so schnell wie möglich erledigen zu wollen – offenbar zahlt man für dieses Gefühl sogar einen Aufschlag an zusätzlicher Arbeit.

Motivation ist fest in uns verankert, und selbst wenn wir

Dinge aufschieben oder faul in der Ecke liegen, sind wir genaugenommen nicht demotiviert, sondern nur auf die falsche Belohnung (den Müßiggang) ausgerichtet. Das Problem ist eher: Wir sind umgeben von Demotivationssystemen. Das fängt in der Schule an und setzt sich bis an den Arbeitsplatz fort. Dann rufen alle nach einem Motivationstrick, um angefeuert mit neuem Schub durchzustarten. Viel wichtiger, als die Motivation zu fördern, ist es daher, die Demotivation abzuschaffen. An dieser Stelle deswegen die Top 3 der Motivationskiller, damit Sie diese besser erkennen und ausmerzen können:

Demotivationssystem Nummer 1: Individual- statt Gruppenförderung
Genauso wie ich in der Grundschule erleben musste, dass man durch Sonderlob demotivierte Schüler erzeugt, sieht man dies auch häufig in Unternehmen: Statt das ganze Team zu fördern, wird jemand herausgepickt. So macht man ein Team kaputt. Denn je unterschiedlicher die Belohnung der Teammitglieder ist, desto schlechter arbeitet die ganze Gruppe.

Als man Ende der 1990er Jahre untersuchte, wie sich das auf die Leistungsfähigkeit von Sportteams auswirkt, kam genau dieser Demotivationseffekt zutage. Konkret untersuchte man Baseballteams, was sich in diesem Fall anbietet, weil sie eine gute Mischung aus individueller Leistung (zum Beispiel *Home Runs*) und Teamergebnis (gewonnene Spiele) bieten. Je größer die Einkommensunterschiede zwischen den Spielern mit dem höchsten und dem niedrigsten Gehalt innerhalb eines Teams waren, desto weniger Punkte erspielten sie und desto mehr Spiele gingen verloren.[179] Individuelle Motivation demotiviert den Rest, denn wenn die finanzielle

Belohnung knapp wird, behindert man sich gegenseitig im Team.

Da werden in Callcentern Rankings erstellt, wer am meisten Kunden abtelefoniert hat, ein Bonus wird daran gekoppelt, wer am meisten Kundenverträge abgeschlossen oder am meisten Pakete transportiert hat, und zum Schluss prangt der »Mitarbeiter des Monats« an der Wand als Beweis dafür, wie schlecht die anderen waren. Dabei ist die Studienlage klar: Wer Wettbewerb innerhalb eines Teams, einer Firma oder einer Gruppe erzeugt, macht diese schlechter. Ganz besonders dann, wenn es auf geistige Leistung ankommt, wir beispielsweise kreativ sein sollen. Betreut man eine Gruppe von Menschen mit einer konkreten Kreativaufgabe (in der Studie sollten sie Worträtsel entwickeln), dann ist die individuelle Leistung besonders schlecht, wenn man immer den besten Teilnehmer für seine Leistung belohnt.[180] So erzeugt man ein Konkurrenzdenken, das die eigene geistige Kraft kompromittiert. Plötzlich ist es nicht mehr genug, sein Bestes zu geben, sondern es muss auch noch besser sein als der Rest. Besonders scheinen sich Frauen von solchem Konkurrenzdenken beeinträchtigen zu lassen. Ihre Kreativleistung sank zumindest übermäßig stark, wenn sie sich einer Konkurrenzsituation im Team ausgesetzt sahen. Bessere Leistungen fördert man, wenn man gar keine Belohnung auslobt, denn dann kann man sich auch nicht miteinander vergleichen.

Demotivationssystem Nummer 2: Belohnung an die Leistung koppeln
Viele denken, dass jemand nach einer starken Leistung durch eine hohe Belohnung besonders motiviert wird, diese zu wiederholen. Doch das stimmt nur auf den ersten Blick. Denn

eigentlich wollen Menschen nicht, dass ihre Leistung belohnt wird, sondern sie *für* ihre Leistung. Wenn es nur darum geht, ein bestimmtes Ergebnis zu honorieren, wird man austauschbar. Nicht man selbst ist entscheidend, sondern das Ergebnis an sich.

Das wurde 2010 sogar im Gehirn messbar. Konkret sollten die Teilnehmer eine simple kognitive Aufgabe im Labor lösen: immer nach exakt fünf Sekunden auf eine Stoppuhr drücken. Anschließend wurden sie für die Genauigkeit in der Ausführung belohnt: Wer bis auf 50 Millisekunden das Fünf-Sekunden-Limit traf, erhielt umgerechnet etwa zwei Euro. Natürlich waren die belohnten Teilnehmer angestachelt und strengten sich daraufhin mehr an als diejenigen, die keine Belohnung erhielten, denn ein finanzieller Anreiz kann bei einer so einfachen Aufgabe durchaus antreiben. Doch sobald man die finanzielle Belohnung aussetzte, hatten die aufs Geld fixierten Teilnehmer keine große Lust weiterzumachen. Im Hirnscanner zeigte sich dabei, dass genau die Belohnungsregionen, die unseren inneren Antrieb erzeugen, nach dem Geldentzug weniger aktiv waren, als bei denjenigen, die von vornherein kein Geld bekommen hatten.[181]

Mit anderen Worten: Durch den finanziellen Anreiz wurde man auf die konkrete Belohnung dressiert, nicht auf die Aufgabe. Sobald der Anreiz wegfiel, war der ursprünglich vorhandene innere Antrieb, unsere »eingebaute Motivation«, verschwunden, er wurde durchs Geld untergraben (deswegen spricht man in der Neurowissenschaft auch vom *undermining effect*). »Na und?«, wird da der eine oder andere sagen. »Ist doch egal, ob man es nur fürs Geld macht, solange die Leistung stimmt.« Das mag richtig sein, wenn es sich um einfache Aufgaben wie das Anhalten einer Stoppuhr handelt. Doch auf Dauer macht man Menschen auf diese Weise von finanziellen Belohnungen abhängig. Zum Schluss muss man einen Bonus zahlen, damit sich der Mitarbeiter fühlt, wie sich ein wertgeschätzter Kollege ohne Bonus ohnehin schon fühlt. Das Geld kann man sich auch sparen.

Demotivationssystem Nummer 3: Belohnung für geistige Tätigkeiten

vnvnvnvnvnvnvnvnvnvnvnvnvnvnvnvnvnvnvnvnvnvnvnvnvn

Pardon, ich rekapituliere nur eine Aufgabe, bei der sich Belohnung wirklich lohnt: monotone motorische Tätigkeiten. Simple geistige Handlungen, die auch eine Maschine vollführen könnte. Und das ist genau der Punkt: Sobald wir automatengleich im Akkord arbeiten sollen, bringen Belohnungen tatsächlich etwas. Wer hat schließlich Lust, ständig auf zwei Buchstabentasten zu hauen? Da wird man ja bekloppt und hält es nur aus, wenn man dafür finanziell entlohnt wird. In der konkreten Studie bekam man für sechshundertmal vn-Tippen pro vier Minuten immerhin 15 Dollar oder (wenn man das Glück hatte, in der anderen Testgruppe zu sein) 150 Dollar. Kein Wunder, dass sich die hohe Belohnung auswirkte und man extra schnell in die Tasten haute. Hirn aus und losgehämmert, einfache Taktik, großer Erfolg. Das klappt aber nicht, wenn man aktiv denken muss. Denn schon bei einfachen Rechenaufgaben zog eine hohe Belohnung von 150 Dollar ab zehn gelösten Rechenrätseln in vier Minuten nicht mehr, und die Leistung sank.[182]

Um es hier mal ganz klar zu sagen: Wenn es um kognitive Fähigkeiten geht (Rechnen, Sprache, Organisieren, Kreativsein), machen Belohnungen die Leistungsfähigkeit kaputt. Je höher die Belohnung, desto schlechter werden wir. Konkretes Beispiel: Klassenarbeiten in der Schule. Man könnte meinen, dass es für den Lernerfolg am meisten bringt, wenn man häufig Klassenarbeiten durchführt und die erfolgreichsten Schüler belohnt. Viele Eltern machen das sogar, wenn es für Noten im Zeugnis einen finanziellen Bonus gibt: 10 Euro für jede 2, 20 Euro für jede 1 im Zeugnis. Lassen Sie das! Es schadet! Untersucht man nämlich, wie gut sich Testpersonen Vokabeln merken können, macht es einen Unterschied, ob sie für einen erfolgreichen Vokabeltest belohnt werden oder nicht. Konkret konnte man sich nach einer Woche an weniger Vokabeln erinnern, wenn man im Vokabeltest zuvor pro richtiger Vokabel mit einem Euro belohnt wurde.[183] Sobald eine Belohnung in Aussicht steht, geht es nicht mehr darum, sein Bestes zu geben, sondern die Belohnung zu kriegen. Wer für ein gutes Zeugnis mit 50 Euro belohnt wird, für den wird der Gang zur Schule zum beschwerlichen Weg, den Fuffi zu verdienen. Da braucht man sich nicht zu wundern, wenn irgendwann der innere Antrieb komplett ausradiert wurde.

Paradoxe Belohnungen

Ja, unser Motivationssystem hat eine Schwäche für schnelles und unmittelbares Lob und lässt sich durch falsch angewendete Belohnungen leicht aushebeln. Das mag auf den ersten Blick wie ein Nachteil klingen, doch tatsächlich zeigt diese Eigenschaft nur, dass wir eben nicht funktionieren wie Roboter, sondern dass wir anpassungsfähig und einzigartig denken.

Alle soeben vorgestellten Demotivationsfallen machen den gleichen Fehler: Sie behandeln unser Gehirn wie eine Maschine.

Nach dem Motto: Wenn du eine Leistung ablieferst, dann wirst du dafür belohnt. Doch das funktioniert eben nur bei solchen einfachen Algorithmen-Tätigkeiten, bei denen kein großes Nachdenken erforderlich ist. Man wird für das Ergebnis seiner Tätigkeit belohnt, aber nicht für den Grund, aus dem man sie ausgeführt hat. Der dahinterstehende Einsatz ist völlig unwichtig, solange das Ergebnis stimmt. Wenn man dann eine Belohnung auslobt, bringt man das Motivationssystem dazu, den effizientesten Weg zur Belohnung zu suchen. Das kann schnell ins Gegenteil umschlagen: Als Mitte des 19. Jahrhunderts die ersten Eisenbahnen in den USA gebaut wurden, versuchte man, die Kosten gering zu halten und sie an die gebaute Strecke zu koppeln. Pro Meile gab es 50 000 Dollar (ein gewaltiger Betrag zu dieser Zeit) – da dachte sich Thomas Durant, der Projektverantwortliche der Union Pacific Railroad: Warum nicht ein paar Extrameter in den Schienenweg einplanen? Und so zirkelten die Planer ein paar schicke Kurven ins Hinterland von Nebraska. Den gleichen Fehler machte IBM, als sie Programmierer für jede geschriebene Code-Zeile bezahlten. Ergebnis: Man schrieb einfach ein paar überflüssige Extrazeilen und kassierte den Bonus. Das Gleiche gilt auch für das Vermeiden von Strafen: Als Mexiko City die Regel einführte, dass man aufgrund des stickigen Smogs nur noch an bestimmten Tagen mit seinem Auto fahren durfte, entpuppte sich das als Segen für die Autoindustrie. Denn wer es sich leisten konnte, kaufte sich einfach einen Zweitwagen und konnte so doppelt so oft durch die Gegend brausen.

Merke: Belohnungen stacheln an – dazu, die Belohnung zu kriegen. Doch sie aktivieren nicht unser inneres Motivationssystem. Fällt die Belohnung weg, ist auch der innere Antrieb ausgelöscht. So schlecht das klingt, eigentlich ist das eine gute Sache, denn sie zeigt, dass wir mehr sind als leicht dressierbare Zirkuspferde. Wir lassen uns eben nicht in ein statisches Wenn-A-dann-B-Denken pressen, wir sind nicht so einfach durch einen Bonus motivierbar, weil wir Individuen sind und dafür auch persönlich wertgeschätzt werden wollen. Denn die größten Leistungen der Geschichte sind niemals dadurch zustande gekommen, dass am Ende ein finanzieller Bonus lockte. Klar, es ist schön, wenn es sich am Ende auch monetär auszahlt, aber das war in den meisten Fällen gar nicht das Ziel. Viel wichtiger ist, dass Menschen als selbstbestimmte Personen für ihre Leistung gewürdigt werden wollen. Das klingt kitschig, stimmt aber trotzdem.

Motiviert zum Ziel

Stellen Sie sich vor, Sie wären vor zwanzig Jahren vor einen Investor getreten und hätten ihm Ihr neues Projekt vorgeschlagen: Sie möchten eine der meistbesuchten Internetseiten erschaffen. Dazu sollen Menschen sich in ihrer Freizeit hinsetzen und in mühevoller Kleinarbeit aufschreiben, womit sie sich auskennen, ohne dass sie dafür auch nur einen Euro bekommen. Ohne eine Gegenleistung zu erwarten, sollen die Nutzer dann ihr wertvolles Wissen auf die Seite hochladen, sodass jeder lesen kann, worüber man Bescheid weiß. Und das Beste: Mit der Seite wird man nie Geld verdienen, denn sie ist komplett kosten- und werbefrei!

Klasse, da schlägt man als Geldgeber sicher nicht ein. Wer ist schon so blöd und opfert seine Freizeit dafür, sein kostbares Wissen schweißtreibend in Artikeln zu verewigen? Schließlich hat man sich dieses Wissen auch persönlich angeeignet, warum sollen dann wildfremde Menschen davon kostenfrei profitieren? Diese Seite nennt sich Wikipedia und gehört tatsächlich zu den meistbesuchten Seiten der Welt. Nicht falsch verstehen, ich möchte Wikipedia wissenschaftlich nicht legitimieren – es bleibt eine nicht zitierfähige Quelle, ein Meinungsforum. Und Geld verdient damit auch keiner. Dennoch ist es ein Erfolg, der zeigt, dass Menschen durchaus bereit sind, ihre Freizeit zu opfern und sich unentgeltlich zu engagieren. Motivationspotenzial ist also durchaus vorhanden. Man muss das Umfeld schaffen, dann kommt die Motivation von selbst. Gratis.

Motivationspotenzial Nummer 1: Menschen wollen besser werden. Trotz aller Schweinehunde gehen Menschen in Fitnessstudios, spielen in ihrer Freizeit Musik, suchen nach den neuesten Kochrezepten, um ihre Fähigkeiten zu verbessern. Das Betriebssystem Linux wurde im Prinzip von freiwilligen Helfern geschrieben, und allein in Deutschland sind über eine Million Menschen Mitglied in der Freiwilligen Feuerwehr. Und das alles ohne finanzielle Belohnung. Warum um alles in der Welt tun sich Menschen das an? Weil die Bestätigung der eigenen Leistung nicht mit Geld aufgewogen werden kann. Wer nach jahrelanger Übung schließlich Beethovens Klaviersonate Nr. 9 spielen kann, wer aus einem brennenden Haus ein Kind rettet, wer eine Baiser-Speise endlich auf den Punkt hinbekommt, ohne dass sie zusammenfällt, der braucht dafür keinen extra Anreiz. Die Bestätigung des eigenen Könnens reicht völlig aus. Das gilt selbst fürs Profi-Business, denn die größten Erfolge kann man sich nicht kaufen: einen Marathon bei den Olympischen Spielen zu beenden, ein Konzert vor ausverkauftem Haus zu spielen, einen Bestseller zu schreiben. Da kannst du noch so viel Geld reinstecken, wenn der Antrieb nicht von dir selbst kommt, kommst du nirgendwohin. Es ist diese Suche nach dem persönlichen Fortkommen und nach Bestätigung, die Menschen wirklich (nämlich dauerhaft) motiviert. Niemand wird sich in fünfzig Jahren an das Meisterstück eines Investmentbankers erinnern, auch wenn sein Bonus noch so hoch war. An die Erfindung des iPhones, des ersten Mercedes oder des Buchdrucks schon. Natürlich hatten die meisten Erfinder auch im Sinn, viel Geld zu verdienen. Aber das schaffst du nur, wenn du einem wichtigeren Ziel hinterherjagst: es dir zu beweisen.

Motivationspotenzial Nummer 2: Menschen wollen selbstbestimmt handeln. Es reicht nicht, bloß die Aussicht auf persönliches Vorankommen, auf Weiterentwicklung und Verbesserung zu haben, oder das Gefühl, für seine individuelle Leistung geachtet zu werden. Keiner will lediglich anderen »zuarbeiten«, ohne selbst zeigen zu können, was man draufhat. Nur wer spürt, dass er selbstbestimmt handelt, kann anschließend dafür auch ein nachhaltiges Glücksgefühl kassieren. Unser Gehirn unterscheidet nämlich sehr genau, ob wir etwas selbst geleistet haben oder ob es uns zugeflogen ist. Erst, wenn wir uns eine Leistung auch wirklich »verdient« haben, wird unser Belohnungssystem nachhaltig aktiviert.[184] Wenn wir hingegen ohne eigenes Zutun Erfolg hatten, wirkt das weit weniger beglückend. Mit anderen Worten: Im Lotto eine Million zu gewinnen, macht nicht so high, wie diese Million selbst zu verdienen. Anstatt Menschen mithilfe von finanziellen Anreizen zu einer gewünschten Leistung zu dressieren, könnte man durchaus ab und zu auf den eigenen Antrieb der Kollegen vertrauen: »Hier hast du zwei Tage Zeit, mach, was

du willst, für das Unternehmen, aber berichte später, was du
dir ausgedacht hast.«

Motivationspotenzial Nummer 3: Menschen wollen soziale Anerkennung. Denn sosehr wir individuell vorankommen möchten, sosehr sind wir auch soziale Wesen und lassen
uns in der Gruppe mehr motivieren, als wenn wir alleine
sind. Leider behandeln viele Belohnungssysteme immer noch
die individuelle Performance unabhängig von den Mitmenschen: Man bekommt einen Bonus, wenn man seine Leistung
gebracht hat – egal, ob man dazu mit anderen kooperiert oder
diese ausgebeutet hat. Viele Firmen scheuen sich, die Kraft
der Gruppendynamik zu belohnen, schließlich ist diese nicht
so eindeutig und effizient zu steuern (und »weiche« Themen
wie die Unternehmenskultur oder -atmosphäre vertragen sich
auch nicht mit dem Messbarkeitsanspruch vieler Führungs-
kräfte). Viel einfacher ist es da, jeden Mitarbeiter individuell
zu bewerten. Doch tatsächlich ist oft nicht die Einzelleis-
tung, sondern die Teamperformance wichtiger. Außerdem
gibt es nur wenige Dinge, die so sehr motivieren wie das Verhalten unserer Mitmenschen. Gruppendruck ist ein enorm
starker Antrieb. Wenn Sie gerade ein Theaterstück gesehen
haben und alle um sie herum begeistert aufspringen und
applaudieren, dann wird es Ihnen enorm schwerfallen, dieser Dynamik zu widerstehen und mit den Armen verschränkt
sitzen zu bleiben. Dies gilt sogar in der digitalen Welt. Als
2010 die US-Kongresswahlen anstanden, untersuchte man,
wie man Facebook-Nutzer zu mehr Wahlbeteiligung anstacheln könnte. Insgesamt verschickte man an 61 Millionen
Menschen per Facebook einen Wahlaufruf: Eine Gruppe
erhielt nur die Nachricht, dass man mal wieder wählen gehen

könnte. Die andere Gruppe sah dazu sogleich Bilder von Facebook-Freunden, die schon gewählt hatten. Kein Wunder, dass sich die Mitglieder der letzten Gruppe häufiger zum Wählen aufraffen konnten[185] (was man auswertete, indem man die Befragten auf einen »I vote«-Button klicken ließ und anschließend die Wahlbeteiligung der untersuchten Wahlbezirke auswertete). Dies galt aber nur, wenn es sich um nahestehende (quasi »echte«) Freunde handelte und nicht um eine der vagen Facebook-Bekanntschaften, die irgendwo in der Freundesliste rumdümpelten. Gruppendruck entsteht also nur, wenn es sich um eine uns gut bekannte Gruppe handelt.

Oft ist es gar nicht so wichtig, dass wir uns selbst motivieren, sondern ein Umfeld haben, das unsere eigene Motivation fördert und immer weiter verstärkt: Wenn wir positives Feedback von denjenigen erhalten, die uns wirklich wichtig sind (Freunde, Familie, gute Bekannte oder Kollegen), dann wirkt das viel aktivierender, als wenn irgendwann der Chef kommt und einem endlich den lang erwarteten Bonus auszahlt. Diese viel wirkungsvollere Form des sozialen Motivationsumfeldes funktioniert allerdings ganz anders, als man vermuten könnte. Nicht die individuelle Belohnung wirkt, sondern dass man umgekehrt der Gruppe etwas gibt! 2011 startete man in Graubünden in der Schweiz eine Kampagne, um den Energieverbrauch der Haushalte zu reduzieren. Anstatt den Kunden jedoch ein simples Bonusprogramm anzubieten, bei dem man pro eingesparter Kilowattstunde Prämienpunkte sammeln konnte, setzte man auf die Kraft der Gruppe. Man richtete eine Online-Plattform ein, auf der die Kunden ihre Verbräuche eintragen konnten – zusätzlich (und das war der Clou) konnten sie Bekannte aus der Nachbarschaft ebenfalls zu dem Energienetzwerk einladen. So formten sich kleine Nachbarschaftsgrüppchen, die gemeinsam Energie sparten. Je effizienter man selber den Stromverbrauch drosselte, desto mehr Bonuspunkte erhielten jedoch: die Nachbarn! Man belohnte nicht das Individuum, sondern die gesamte Gruppe. Ergebnis: Der Energieverbrauch sank um 17 Prozent, was etwa doppelt so viel ist, wie in früheren Energiesparkampagnen.[186]

Warum, kann man einwenden, nutzten das nicht einige einfach aus? Schließlich könnte man wie ein Trittbrettfahrer nichts einsparen und darauf hoffen, dass die anderen fleißig für einen selbst Punkte erspielen. Doch hier sieht man wahre Gruppenmotivationspower am Werk: Man kontrolliert sich gegenseitig (schließlich sieht man ja, wie viel jeder Nachbar einspart), aber ohne, dass es einer autoritär-hierarchischen Überwachung gleichkäme. Es stellt sich vielmehr eine kooperative Dynamik ein, bei der man sich gegenseitig hilft und dadurch motiviert wird. Diese Idee des motivierenden Umfelds steht diametral der üblichen Belohnungsstruktur unserer Arbeitswelt gegenüber. Denn anstatt durch klassische Individualbelohnungen die Motivation einzelner Menschen im Laufe der Zeit zu untergraben, schafft man durch ein solches soziales System eine sich selbst immer weiter motivierende Gruppe, stärkt den Zusammenhalt und umgeht gleichzeitig Misstrauen und Neid (die häufigen Begleiterscheinungen von klassischen Belohnungs- und Bonussystemen in Firmen).

Hier sieht man, wie Menschen wirklich ticken: Nicht als dressierbare Automaten, sondern als individueller Teil einer sozialen Gruppe blühen wir auf. Dass wir uns durch die üblichen Motivationstricks und Belohnungssysteme nur schwer motivieren lassen, hat also einen guten Grund: dass wir nämlich auf einzigartige Weise Probleme lösen und Dinge gemeinsam in der Gruppe angehen können. Die meisten Bonussysteme unterschätzen dieses Funktionsprinzip menschlicher Motivation und behandeln uns wie Maschinen, die man mit etwas mehr Antrieb auch schneller machen kann. Doch nur, weil man doppelt so viel Sprit in den Tank füllt, läuft der Motor nicht schneller. Gerade außergewöhnliche geistige Leistungen, soziale Kooperation, das kreative Denken, das Lösen von Problemen kann man nicht fördern, indem man einfach eine Belohnung dafür auslobt. Aber man kann die Demotivationen unserer Umwelt entfernen, ein Umfeld der Sicherheit schaffen, die Gruppendynamik (den Gruppendruck) clever einsetzen und: persönlich loben (im Einzelgespräch, nicht vor anderen). Denn die ultimative Belohnungswährung ist die Achtung durch andere Menschen. Dafür braucht es eigentlich keine Hirnscans, um das zu zeigen, sie tun es aber trotzdem.

Kapitel 13

KREATIVITÄT

Warum uns auf Knopfdruck nichts Neues einfällt –
und wir dennoch immer neu denken

Kommen wir nun zur Königsdisziplin des menschlichen Gehirns. Ein paar Entscheidungen zu treffen, etwas zu lernen oder
ein bisschen mit Zahlen zu jonglieren – schön und gut. Aber
die höchste Kunst ist doch die menschliche Kreativität. Das
können in dieser ausgeprägten Form nur wir, also auch Sie.
Und deswegen räume ich Ihnen gleich hier etwas gratis Platz
ein, um Ihrer geistigen Schaffenskraft Raum zu geben. Stifte
gezückt, die Aufgabe lautet: Illustrieren Sie auf kreative Art
und Weise das Wort »genießen«. Und da Leistung gleich Arbeit
pro Zeit ist, haben Sie nur 30 Sekunden Zeit dafür. Los geht's:

»Sekunde mal«, werden Sie sagen. »Nicht so hastig. Wo soll ich so schnell ein paar Stifte herholen? Ich bin schließlich zum Lesen hier! Und überhaupt: Wie soll man denn auf Knopfdruck kreativ sein? Da brauche ich schon ein bisschen mehr Zeit!« Womit wir beim springenden Punkt angekommen wären: Unter Druck scheinen wir unsere kreativen Kräfte nicht gut nutzen zu können. Im Gegenteil, je größer der Stress, desto eher fühlen wir uns eingeengt und handeln auch dementsprechend.

Das kennen Sie nicht nur von konstruierten Kreativitätsaufgaben, sondern auch aus dem wahren Leben. Zum Beispiel, wenn Sie für eine wichtige Abschlussprüfung gelernt haben. Sie haben sich wochenlang die Nächte um die Ohren geschlagen, um auch den letzten Rest Prüfungsstoff in Ihr Gehirn zu zwängen. Dann kommt der Tag der Prüfung – alles oder nichts, in wenigen Minuten kann sich Ihr weiteres Schicksal entscheiden. Sie sind bis zum Äußersten angespannt, der Druck ist enorm. Wenn Sie gut drauf sind, schaffen Sie es, den angesammelten Lernstoff punktgenau hervorzuwürgen. Lernstoff-Bulimie sozusagen. Doch wenn dann eine offen gestellte Aufgabe kommt: »Jetzt seien Sie mal so richtig kreativ! Hier haben Sie drei bunte Stifte, machen Sie mal was Neues damit!«, dann haben Sie ein Problem. Denn unter Druck kommen wir mit solch uneindeutigen Aufgabenstellungen nicht klar.

Ähnliche Probleme kennt man nicht nur aus Prüfungen, sondern aus vielen Situationen, in denen etwas auf den letzten Drücker erledigt werden soll: Entwerfen Sie doch bitte bis in zwei Stunden einen knackigen Start für die Abschlusspräsentation! Schatz, morgen habe ich Geburtstag und möchte überrascht werden! Wann immer es hart auf hart kommt, werden wir besonders unkreativ und spulen lieber eingefahrene Arbeitsabläufe ab. Die Methode der Wahl lautet dann: Nicht denken, funktionieren!

Dabei sind neue Ideen *der* Treibstoff unserer Wirtschaft. Und übrigens die einzige Ressource, die uns mit Sicherheit niemals ausgehen wird. Öl, Kohle, Uran, Sand, Wasser, sogar das Sonnenlicht und die Zeit – alles ist begrenzt, aber Ideen sind es nicht. Eigentlich sind sie also der perfekte Rohstoff, um mal so richtig der Verschwendungssucht zu frönen. Da drängt sich die Frage auf: Wenn es so viele Ideen gibt, warum gehen wir so sparsam damit um? Warum haben wir die guten genau dann nicht, wenn wir sie am meisten brauchen? Unter Druck zum Beispiel? Wie oft haben wir uns nach einem Gespräch geärgert, dass uns die schlagfertige Antwort erst zwei Stunden später eingefallen ist? Warum sagen wir hinterher: »War ja klar!«, sind aber vorher selbst nicht draufgekommen?

Neue Ideen sind kostbare Güter, obwohl sie unendlich sind. Paradox – doch das liegt daran, dass sich originelle Einfälle eben nicht am Fließband herstellen lassen. Man kann sie nicht planen, verordnen oder produzieren. Ja, man kann sie noch nicht einmal messen. Oder wie würden Sie eine gute Idee quantifizieren? Wann ist ein Unternehmen besonders innovativ? Wenn es zweitausend Patente besitzt? Oder mit einem einzigen den kompletten Markt umgekrempelt hat?

Kein Wunder, dass alle Welt nach der nächsten Innovation sucht. Radikal muss sie sein, »disruptiv«, also marktumwälzend und -zerfetzend, wie es im coolen Silicon Valley heißt. Und dennoch ist das dafür notwendige kreative Denken nur schwer zähmbar. Denn unser Gehirn arbeitet nicht so schön effizient und produktiv, wie man das bei Ideen gerne hätte.

Auch wenn es so scheint, als würde kreatives Denken uns

immer dann im Stich lassen, wenn wir es am meisten brauchen, ist genau dieses Denkverhalten ein wichtiger Prozess im Gehirn. Dass wir Kreativität nicht verordnen können, ist bloß der Preis dafür, dass wir überhaupt kreativ sind. Denn nur weil der Ideenprozess nicht kanalisier- und kontrollierbar ist, ist er überhaupt möglich.

Kreativität nicht kontrollierbar, dadurch erst möglich

Die Vermessung von Ideen

Als Kreativitätsforscher hat man es nicht leicht. Denn erstens ist es recht knifflig, kreative Ideen im Labor zu erzeugen. Man kann schließlich Probanden schlecht befehlen: »Jetzt seien Sie mal kurz kreativ, damit ich messen kann, was in Ihrem Gehirn passiert!« Als wäre das noch nicht genug, sind kreative Ideen auch noch sehr vielfältig und nur schwer in Zahlen zu fassen. Ist ein Gedanke dann besonders originell oder einfallsreich, wenn er ganz »anders« ist – oder besonders nützlich?

Um dennoch das querdenkende Potenzial unseres Gehirns zu untersuchen, behilft man sich mit Tests, die einzelne Facetten unseres kreativen Denkens beleuchten. So ähnlich wie bei einem Intelligenztest, der auch unterschiedliche Disziplinen unseres mentalen Könnens abfragt. Während es beim Ermitteln eines IQ aber auf Dinge wie Logik, Gedächtnis, Sprachverständnis und mathematisches Können ankommt, spielen bei diesen Tests andere Fertigkeiten eine Rolle.

Zum Beispiel die Fähigkeit zum divergenten Denken. Zweifellos eine wichtige Eigenschaft eines kreativen Gehirns, nämlich die ausgetretenen Denkpfade zu verlassen und aus der mentalen Schublade rauszuspringen. Wir haben schon gesehen (Denkschablonen-Kapitel 11), wie sehr sich das Gehirn gegen ein solches Denken wehrt und nichts lieber hat, als seine Routinen abzuspulen. Aber das hilft bei einem Torrance-Test nicht weiter. Denn dieser misst, wie sehr wir unsere mentale Komfortzone verlassen und neue Verwendungsmöglichkeiten für alltägliche Gegenstände entwickeln können.

Ein Torrance-Test könnte lauten: Nennen Sie in drei Minuten möglichst viele Verwendungsmöglichkeiten für eine Zahnbürste! Alternativ können Sie natürlich auch jeden beliebigen anderen alltäglichen Gegenstand zweckentfremden, ein Blatt Papier, ein Kissen, eine Plastiktüte. Wichtig ist nur, dass er eine typische Funktion besitzt, von der man sich im Laufe des Versuchs lösen muss. Anschließend muss man noch beurteilen, wie kreativ die Einfälle der Testpersonen waren. Zu sagen, dass man mit einer Zahnbürste seine Autofelgen säubern kann, ist schließlich nicht besonders einfallsreich (und gibt nur einen Punkt). Wenn man jedoch die Zahnbürste als Pinsel verwendet, diese Idee noch ausschmückt und mit ihr ein naturalistisches Bild vom Apfelbaum im Garten des Nachbarn malt, gibt's insgesamt drei Punkte auf dem Bewertungsbogen. In drei Minuten erzielen durchschnittlich kreative Testpersonen üblicherweise etwa fünfzehn Punkte. Die könnte man theoretisch erreichen, indem man fünfzehn verschiedene Bürstenmöglichkeiten aufzählt oder fünf abwegigere Geschichten mit jeweils komplett neuen Zahnbürsten-Funktionen entwickelt. Wichtig ist in jedem Fall: Es gibt keine einzige richtige Lösung, sondern viele mehr oder weniger gute. Welche das sind, muss man anschließend subjektiv bewerten. Denn Kreativität ist niemals falsch oder richtig, sondern bricht immer mit einer Denkgewohnheit. Und das macht sie zum natürlichen Feind der Effizienz.

Intelligenz vs. Kreativität

Den Torrance-Test führt man seit 1966 regelmäßig durch und passt die Test- und Bewertungsbedingungen so an, dass die Durchschnittspunktzahl immer gleichbleibt. Man normiert den Test also, genauso wie man Intelligenztests auch alle paar Jahre nachjustieren muss, um unserem geistigen Fortschritt Rechnung zu tragen. Schließlich ist der IQ so definiert, dass ein durchschnittliches Abschneiden den Wert 100 ergibt. Egal, wie viele Aufgaben gelöst wurden, die Hälfte der Testpersonen liegt über 100, die andere Hälfte darunter.

Interessanterweise stellt sich heraus, dass man im Laufe der Zeit immer mehr IQ-Testaufgaben richtig lösen muss, um überhaupt auf die 100 zu kommen. Oder anders gesagt: Unsere geistige Intelligenzleistung nimmt alle zehn Jahre um etwa drei IQ-Punkte zu. Würde man den Test nicht normieren, hätte ein Teilnehmer von 1960 mit einem IQ von 100 bei der gleichen Anzahl an richtigen Lösungen heute einen IQ von 85. Ein Phänomen, das man als Flynn-Effekt kennt.

Das gilt aber nicht für den Torrance-Test. Dieser wurde seit 1966 insgesamt fünfmal an die Leistung der Testteilnehmer angepasst – und im Laufe der Zeit musste er immer einfacher gemacht werden, denn die kreative Leistung der Probanden sank.[187] Während wir also immer intelligenter werden, werden wir gleichzeitig immer unkreativer. Besonders signifikant ist dieser Effekt für Kindergartenkinder bis Drittklässler, was daran liegen mag, dass Erwachsene generell schlechter abschneiden als Kinder. Und wenn man ohnehin keine kreative Leuchte ist, gibt's auch keine Luft nach unten mehr.

Könnte es sein, dass wir uns unsere Intelligenz mit immer

mehr Einfallslosigkeit erkaufen? Je mehr IQ-Aufgaben wir lösen, desto konformistischer scheinen unsere Ideen schließlich zu werden. Kein Wunder, denn Intelligenz bedeutet, den schnellsten Weg zur vorher bekannten Lösung zu finden – und nicht auf eine völlig neue Lösung zu kommen. Intelligenz passt insofern perfekt zu einer auf Produktivität und Effizienz ausgerichteten Wirtschaftswelt: Schnell, schnörkellos und fehlerfrei lösen die Intelligenten ihre Probleme, und wer intelligent ist, gilt sogleich als produktiv und mental überlegen. Das ist gut – doch leider auch austauschbar. Denn wenn Probleme effizient zu lösen sind, sind sie eigentlich nur zu einfach für uns. Schließlich steht die Lösung in einem Intelligenztest vorher schon fest, man muss sie nur schnell finden. Das wird definitiv irgendwann ein Computer für uns übernehmen können. Wir sollten daher gar nicht erst versuchen, uns auf dieses Niveau zu begeben und mit Algorithmen einen IQ-Wettstreit anzufangen. Den werden wir früher oder später verlieren.

Kreativität bedeutet hingegen, alternativ zu denken. Und sosehr alle heutzutage kreativ, innovativ und disruptiv sein wollen: Das ungezügelte Wesen des kreativen Denkens passt einfach nicht in eine Wirtschaftswelt aus Kennzahlen und Tabellen, die man leicht optimieren kann. Kreativität bedeutet eben nicht, dass man alles richtig macht. Kreative Ideen sind immer ein bisschen »falsch«, irrig oder ungewöhnlich, denn jeder neuen Idee wohnt auch der Bruch mit einer Denkgewohnheit inne.

Bevor Sie selbst noch kreativer werden wollen, bedenken Sie daher: Querdenker ecken an, hinterfragen und akzeptieren keine eingefahrenen Arbeitsabläufe. Sie befolgen keine Regeln, sie wollen sie ändern. Sie kommen nur schlecht mit Autoritäten klar, wollen viel ausprobieren und machen dabei viel kaputt. Sie stellen unbequeme Fragen, stoßen andere vor den Kopf und halten sich nicht an feste Arbeitszeiten. Kurz gesagt: Sie nerven. Das finden wir in der Regel nicht so toll, dennoch ist es unabdingbar. Denn wenn man Probleme immer nur nach einem Muster löst, kommt man eben nur zu den vorhersehbaren und langweiligen Ideen, aber nie zu den provokanten und neuen. Dafür muss man manchmal auch ineffizient denken und Umwege gehen, um woanders anzukommen. Umgekehrt gilt aber zugleich: Wer nur in alle Richtungen querdenkt, läuft eben nur zur Seite und nicht zum Ziel. Ideen müssen auch konkret nutzbar gemacht werden. Dieses Spannungsfeld muss unser Gehirn irgendwie lösen: Verrückt und umherspinnend sollte es sein – genauso wie effizient und produktiv.

Doppelt gedacht hält besser

Woher kommen die guten Ideen im Gehirn? Wer hofft, eine »Kreativitätsregion« in unserem Denkorgan zu finden (so ähnlich wie ein »Sehzentrum« oder ein »Sprachareal«), der wird enttäuscht werden. Denn Kreativität entsteht durch den Wechsel von Fokussieren und Abschweifen. Im Prinzip erzeugt das Gehirn dabei zunächst einen ganzen Haufen an möglichen Ideen und hat anschließend die Aufgabe, die besten rauszufiltern. Die beiden Netzwerke, die diese Aufgabe übernehmen, haben Sie in diesem Buch schon kennengelernt: das Grundeinstellungsnetzwerk (»default mode network« aus Kapitel 6 über das Tagträumen) sowie das Kontroll- und Entscheidungsnetzwerk (aus Kapitel 9). Gute Ideen entstehen also dann, wenn das Gehirn seine Fähigkeit zum Müßiggang mit Entscheidungsstärke kombiniert.

Schiebt man Probanden, die gerade einen Torrance-Test durchführen, in einen Hirnscanner, sieht man, wie gut diese beiden Netzwerke zusammenarbeiten.[188] Sollen die Testteilnehmer wieder alternative Verwendungsmöglichkeiten für Ziegelsteine oder Zeitungen finden, springt zunächst ihr Grundeinstellungsnetzwerk an. Damit Sie jetzt nicht lästigerweise zum Kapitel 6 zurückblättern müssen, rekapituliere ich schnell: Das Grundeinstellungsnetzwerk liegt im mittleren bis hinteren Hirnbereich und umfasst die Regionen, die für das geistige Umherwandern und Tagträumen zuständig sind. Wie praktisch, denn wenn man eine Aufgabe kreativ lösen und divergent (also in alle Richtungen) denken will, ist Rumspinnen äußerst hilfreich.

Das meiste, was wir denken, ist jedoch Schrott. Zum Glück wird uns das meistens gar nicht bewusst, denn die unbrauchbarsten Ideen werden vorher aussortiert. Dazu kooperiert das Grundeinstellungsnetzwerk mit den Kontrollregionen im Stirnhirn, die Sie schon als Teil des Entscheidungsnetzwerks kennengelernt haben. Vor allem die Insel- und die Stirnhirnrinde übernehmen dabei die Aufgabe, mögliche Ideen zu sichten. Während sich das Grundeinstellungsnetzwerk also von möglichst vielen Zwängen freimacht, filtert das Kontrollnetzwerk die Schrottideen raus – und zwar ziemlich schnell: Im Hirnscanner zeigt sich, dass schon nach wenigen Sekunden die Kopplung der beiden Netzwerke so stark ist, dass nur die nützlichsten Ideen übrigbleiben. Entscheidend ist dabei genau dieses Zusammenspiel zwischen den Netzwerken. Sollen Probanden nämlich explizit gewöhnliche Verwendungsmöglichkeiten für einen Ziegelstein finden, ist die Kopplung der beiden Netzwerke weniger stark.[189] Und umgekehrt gilt: Je besser diese Regionen miteinander kooperieren können und durch Faserverbindungen vernetzt sind, desto ungewöhnlicher werden anschließend die Ideen. So misst man bei sehr kreativen Menschen (die also für eine Zahnbürste oder einen Ziegelstein besonders originelle Verwendungen finden), dass deren Netzwerkkopplung bei einem Torrance-Test besonders stark ist.[190]

Zwischenfazit: Es kommt nicht darauf an, dass man einfach nur viele Ideen hat, sondern auf das Gleichgewicht zwischen der Erzeugung von Ideen und dem Aussortieren. Außerdem fällt in Tests auf, dass wir umso mehr Ideen erzeugen, je entspannter wir sind und uns manchmal gar nicht konkret auf die Aufgabe konzentrieren. Dann scheinen Ideen wie aus dem Nichts zu kommen und fallen uns spontan ein. Auch solche Aha-Momente kann man im Labor untersuchen. Dafür nutzt man allerdings eine etwas andere Aufgabenstellung: den Wortverknüpfungstest. Dieser misst nicht unser divergentes Denken, sondern gewissermaßen das Gegenteil, das konvergente Denken – wie gut wir uns also die besten Ideen rauspicken.

Die Kunst des Nicht-Denkens

Ihre Aufgabe: Welches Wort ergänzt die folgenden drei Begriffe sinnvoll zu einem neuen Begriff?

Fleisch- , Leber- , Brat-

Okay, das war einfach: Wurst. Und wie sieht es hiermit aus?

-brief , Welt- , -prüfung

Schon etwas schwieriger. Es kann durchaus eine halbe Minute dauern, bis man darauf kommt. Denken Sie ruhig ein bisschen nach, bevor Sie weiterlesen. Die Zeit sei Ihnen gegönnt.

Nicht sofort weiterlesen! Machen Sie sich ruhig noch ein paar Gedanken.

Wenn Sie gerade tatsächlich ein bisschen nachgedacht haben, was haben Sie dann konkret gemacht? Haben Sie sich immer wieder die Wörter angeschaut und kombiniert? Oder haben Sie Ihren Blick vielleicht schweifen lassen und ins Nichts geschaut? Interessanterweise bevorzugen viele Menschen letzteres Verhalten, und dabei kann man messen, dass man bei diesem belanglosen Umherschauen tatsächlich nichts sieht. Obwohl man sich umblickt, sind die Sehzentren im Gehirn weniger aktiv, als wenn man etwas bewusst anschaut.[191] Als würde man ein bisschen blind werden für die Dinge um sich herum. Doch wo schaut man hin, wenn nicht in die Umgebung?

Die Erklärung: Wir aktivieren unser Grundeinstellungsnetzwerk und richten den Blick auf unsere inneren Gedanken, wir wandern geistig umher. Denn um das obige Worträtsel zu lösen, gibt es im Prinzip zwei Möglichkeiten. Sie können entweder analytisch vorgehen. Das ist der aufwendigere, aber leichter verfügbare Weg. Analytisches Denken steht immer auf Knopfdruck bereit, und so könnten Sie nacheinander alle Wörter durchprobieren, um das Rätsel zu lösen: Welt- lässt sich durch -kugel zu Weltkugel ergänzen. Aber Kugelbrief? Was soll das sein, eine neue Versandmethode von Amazon? Passt nicht, also wieder von vorne: Weltsprachen klingt gut, Sprachenbrief eher nicht. Wieder neu anfangen…

Man sieht, das geht gut, wenn man schnell denken kann

und viele Wörter zur Verfügung hat. Analytisches Denken ist etwas für effiziente Rechenkünstler. Aber wer ist das schon? Mit einem Algorithmus kann man so ein Problem locker lösen, für Menschen ist das eher schwierig. Leider versuchen wir dennoch ständig, den analytischen Lösungsweg zu beschreiten, denn der steht praktisch immer zur Verfügung. Selbst der unkreativste Mensch kann sich zusammenreißen und stumpfsinnig Wörter kombinieren, bis es irgendwann passt. Man muss sich bloß gut fokussieren und nicht ablenken lassen, dann klappt das auch. Das wird uns schon in der Schule beigebracht und im Laufe des Lebens immer wieder betont: Nur wer sich auf eine Aufgabe konzentriert, gilt als produktiv. Die anderen sind Träumer.

Tatsächlich? Denn es gibt noch eine andere Art, das Problem zu lösen. Durch sogenannte Einsicht (aus diesem Grund nennt man solche Worträtsel in der Wissenschaft auch Einsichts-Experimente). Sie könnten sich erst die Worte intensiv anschauen und dann Ihre Gedanken schweifen lassen. Es kann passieren, dass Testpersonen die Lösung plötzlich einfach »sehen«. Klingt komisch, ist aber so.

Auch wenn sich die Aufgabenstellung vom Torrance-Test unterscheidet, das zugrunde liegende Denkprinzip ist ähnlich: Suche erst viele Lösungsmöglichkeiten und wähle schließlich die passende aus. Auch hier sind wieder beide Netzwerke nötig, das Grundeinstellungsnetzwerk zum Erzeugen und das Kontrollnetzwerk zum Filtern. Die wichtigste Kontrollstelle für neue Ideen liegt dabei in unserem Stirnhirn und windet sich gürtelartig um das limbische System herum (gehört aber nicht dazu). Hier entscheidet sich, ob es eine Idee aus den Tiefen des Grundeinstellungsnetzwerks tatsächlich ins Bewusstsein schafft.[192]

Diese Region ist dabei ein echter Förderer alternativer Ideen und hat ein besonderes Faible für die abwegigen Gedanken. Während es bei dem vorigen Welt-Worträtsel aus dem Grundeinstellungsnetzwerk zunächst tönt: »Nimm -macht oder -religion oder -klima!«, achtet das Stirnhirn auch auf die weniger prominenten Netzwerkaktivierungen, zum Beispiel die Lösung »Meister«. All das passiert noch unterbewusst. Denn erst, wenn diese Auswahlregion die Lösung gefunden hat, wird die Aktivierung des Kontrollnetzwerks so stark, dass uns der Gedanke bewusst werden kann.

Die Gedankensymbiose

Um eine kreative Idee zu denken, braucht man also beides: das Unkonventionelle und Verrückte, das anschließend wieder konkretisiert und gefiltert wird. Das Gehirn verwirklicht beide Denkprinzipien in einem dualen Wechselspiel und ist damit verblüffend gut aufgestellt. Denn nur dieses System kann gleichzeitig beide Anforderungen an eine kreative Idee erfüllen. Es reicht eben nicht, nur viele originelle Gedanken auszuspucken (das würde das Grundeinstellungsnetzwerk noch alleine hinkriegen), denn die neuen Ideen müssen auch nützlich sein und ein Problem lösen (das kann nur durch das Kontrollnetzwerk beurteilt werden).

Kreativität ist also mehr als bloße Fantasie und mehr als schöpferische Kraft. Ich kann ein paar Farben nehmen, sie an die Wand werfen und dadurch ein künstlerisches Bild erschaffen – aber bei mir ist das keine Kreativität, sondern Schrott (außer, jemand bezahlt mir viel Geld für das »Gemälde«). Kreativität ist ein Problemlösungsverfahren, das sich entwickelt hat, um aus Denkmustern auszubrechen, wenn man mit dem analytischen Denken nicht weiterkommt.

Wann ist eine Idee also kreativ? Dafür gibt es nur ein einziges Kriterium: Wenn jemand anders sagt, dass sie kreativ ist. Das war's. Es gibt keine messbare Kennzahl für eine neue Idee, sondern nur die persönliche Einschätzung von jemand anderem. Natürlich kann die Anwendung einer Idee irgendwann nützlich sein (und das kann man dann auch messen) – doch die ursprüngliche Bewertung erfolgt immer durch subjektives Feedback. Das macht es auch so schwierig, kreative Computer zu konstruieren. Denn diese können vielleicht viele »Ideen« ausspucken, doch die Auswahl, die Bewertung, die Anwendung, all das lässt sich nicht digitalisieren. Zumindest noch nicht.

Insofern ist jedes innovative Produkt verwandt mit der Kunst. Es gibt nicht die absolut richtige Innovation, sondern immer nur die subjektive. Jemand muss sagen, dass eine Idee etwas taugt, ansonsten ist sie für die Tonne. Ist das Internet zum Beispiel eine nützliche technische Innovation? Auf jeden Fall, werden Sie sagen. Wenn Sie sich aber gerade fernab der Zivilisation im australischen Outback, dem brasilianischen Regenwald oder der Schwäbischen Alb befinden, ohne Netz und Stromanschluss, ist so ein Internet ein ziemlich unnützes Ding. Deswegen haben die Aborigines es auch nicht erfunden. Denn gute Ideen sind wie Puzzleteile: Sie benötigen immer ein passendes Gegenstück.

Gute Ideen sind aber auch etwas anderes: Regelbrecher. Denn kreative Gedanken halten sich nur selten an Normen oder Vorschriften, sie verändern sie. Das ist gerade das Wesen des divergenten Denkens, es geht darum, *andere* Verwendungsmöglichkeiten zu finden. Dazu muss aber zunächst die eigentliche Verwendungsregel, die Denkschublade für das Benutzen der Zahnbürste, gebrochen werden. Das kriegt das Gehirn nur hin, weil es eben nicht nur fokussiert auf die Aufgabe ist, sondern aktiv geistig umherwandert (im Grundeinstellungsnetzwerk).

Doch wenn wir so toll auf Kreativität eingestellt sind, warum fällt es uns dann manchmal so schwer, neue Ideen zu entwickeln? Das liegt daran, dass dieses duale Denksystem zwei Schwächen hat: Das Grundeinstellungsnetzwerk ist anfällig für übermäßige Konzentration (zum Beispiel durch Stress oder Achtsamkeitstrainings) – so verliert es seine Fähigkeit zur geistigen Wanderschaft. Das Kontrollnetzwerk lässt sich hingegen durch Angst- oder Bedrohungssituationen aushebeln, was dazu führt, dass es mehr rausfiltert, als es müsste.

Stress, ein Kontrastregler im Gehirn

Der Kreativitätskiller schlechthin ist Stress. Wenn Sie ganz sichergehen wollen, dass Sie nicht kreativ denken, setzen Sie sich unter Druck. Die Deadline macht ihrem Namen alle Ehre und tötet jedweden neuen Denkweg.

In Momenten höchsten Stresses läuft unser Gehirn in einer Art Notfallmodus. Wenn es hart auf hart kommt, zählt eben nicht, dass man frei mit seinen Gedanken spielen kann, sondern dass man sich auf die konkrete Aufgabe konzentriert. Damit das auch gut klappt, schüttet das Gehirn unter Stress bestimmte Botenstoffe aus, die uns aufmerksamer und fokussierter, man könnte auch sagen, engstirniger werden lassen. Üblicherweise wirken solche Botenstoffe als direkter Informationsüberträger: Eine Zelle schüttet den Transmitter exakt an die nächste Zelle aus, und diese wird dadurch aktiviert. Doch im Stressfall ist das anders: Wie mit einer Gießkanne werden großflächig Botenstoffe (wie Noradrenalin) im Großhirn verteilt, die anschließend auch auf das Grundeinstellungsnetzwerk einwirken. Diese Botenstoffe haben nicht die Aufgabe, konkret eine Information von einer Zelle zur nächsten zu transportieren, sondern verändern indirekt, wie andere Zellen erregt werden können. Deswegen nennt man sie Neuromodulatoren.

Ihre Wirkung kann man sich vorstellen wie einen Fotofilter für Facebook oder Instagram. Konkret bedeutet das: Wenn ich im Internet ein besonders cooles Bild verbreiten möchte, dann sollte ich zunächst ein tolles Motiv haben. Das reicht aber noch nicht. Denn die spannendsten Bilder erzeuge ich, wenn ich anschließend noch angesagte Effekte ins Bild zaubere: mehr Kontrast, mehr Farbsättigung oder einen Vintage-Look für die besondere Atmosphäre. Den Informationsgehalt des Bildes ändere ich dadurch nicht (das Motiv bleibt ja gleich). Aber die Wirkung verschiebt sich. Das gleiche Bild kann auf einmal antik, flippig oder psychedelisch wirken. Genau das machen Neuromodulatoren im Gehirn. Sie ändern nicht, was wir wahrnehmen, sondern wie wir es wahrnehmen. Im Falle von Noradrenalin nämlich fokussierter und kleinteiliger. Unter Stress wirken Neuromodulatoren wie ein Kontrastregler: Unwichtige Nebengeräusche werden unterdrückt, das Wichtige betont.

Die biochemische Scheuklappe

In einer akuten Stresssituation ist Noradrenalin so etwas wie eine biochemische Scheuklappe. Der Vorteil ist klar: Unser Gehirn konzentriert sich plötzlich auf die Details und unterdrückt dadurch das geistige Umherschweifen.[193] Mit diesem Tunnelblick laufen wir unter Stress zur Konzentrationshöchstform auf, erkaufen uns das jedoch mit einer verminderten Kreativität.

Das kann fatal sein, wie eine berühmte Anekdote aus der US-amerikanischen Waldbrandgeschichte zeigt.[194] Als am 9. August 1949 im Helena National Forest in Montana ein Feuer ausbrach, schickte man 16 sogenannte »Smokejumpers« los, um den Waldbrand zu bekämpfen. Diese Spezialeinheit springt mit Fallschirmen im brennenden Gebiet ab und ist extra darauf trainiert, in unwegsamem Gelände selbständig Brände zu bekämpfen. Vollprofis, die ganze Waldstücke mit den richtigen Handgriffen vom Feuer befreien können. Das Problem war jedoch die gefährliche Kombination aus ungünstiger Witterung und Geografie: Die Männer waren in einem engen Tal abgesprungen, die Hänge zum Teil über 70 Prozent steil. Bei fast 40 Grad blies ein stürmischer Wind die Flammen auf die Truppe zu, die plötzlich vom Feuer vor sich her getrieben wurde. Zu spät erkannten sie die Gefahr, Panik griff um sich. In ihrer Angst stürzten die Männer den Hang hinauf, warfen ihre schwere Ausrüstung von sich, rannten verzweifelt um ihr Leben. Doch das Feuer war zu schnell. Während die anderen vor dem heranstürmenden Feuer flohen, erkannte der Vorarbeiter Wagner Dodge, dass genau das aussichtslos war. Er kam auf eine Idee und zündete seinerseits ein Feuer, lies das ausgedörrte Gras vor ihm verbrennen und lief dem so gelegten Feuer hinterher. Er legte sich auf den abgebrannten Boden und war vor der heranrasenden Feuerwalze geschützt. Dreizehn Männer starben, zwei konnten sich mit viel Glück auf eine Anhöhe retten – Wagner Dodge überlebte, weil er seine mentale Scheuklappe für einen Moment ablegen konnte. Er gab später an, noch nie zuvor von der Möglichkeit eines solchen »Gegenfeuers« gehört zu haben. Das ist natürlich schwer nachzuprüfen, aber dennoch macht diese Geschichte klar: Unter Stress spulen wir am liebsten unsere Standardroutinen ab. Und wenn die nicht klappen, bleiben wir trotzdem dabei. So kommt eben nur einer von 16 unter akutem Stress auf eine neue Idee.

Natürlich wird man im Alltag oder im Beruf selten von heranstürmenden Feuerwalzen bedroht. Doch das Grundprinzip bleibt: Stress macht uns im konkreten Moment engstirnig, und Konzentration fokussiert unseren Blick auf Kosten der Kreativität. Einen ähnlichen Effekt erzielt man übrigens durch Achtsamkeitstrainings, die schwer in Mode sind, um durch Konzentrationsübungen seinen Stresspegel zu senken. Paradox: Obwohl man dadurch tatsächlich weniger gestresst ist, untergräbt man dennoch wieder die Aktivität des Grundeinstellungsnetzwerks. Sollen Probanden zum Beispiel in Einsichts-Experimenten Wortverknüpfungen finden, so kommen sie nach einer Achtsamkeits-/Konzentrationsübung nur analytisch voran – doch einen plötzlichen kreativen Aha-Moment hatten sie nicht.[195] Merke: Konzentration ist gut, wenn man aus einer Vielzahl von Ideen eine auswählen und verfeinern soll. Doch wenn es erstmal darum geht, viele Ideen zu sammeln, tappen wir zu leicht in die Konzentrationsfalle.

Gute Laune bringt gute Ideen

Auch das Kontrollnetzwerk hat Schwächen. Denn manchmal schießt es über das Ziel hinaus – vor allem, wenn wir verängstigt oder schlecht gelaunt sind. Dann verlieren wir den Blick fürs große Ganze und versuchen, so wenig Fehler wie möglich zu machen, indem wir uns auf die Details stürzen. Ganz ähnlich wie unter Stress, doch nun nach einem anderen Mechanismus. Wenn wir verängstigt sind, ist nicht unser Grundeinstellungsnetzwerk gehemmt, sondern unser Kontrollnetzwerk überaktiv.

Was das bedeutet, kann man mit einem einfachen Experiment zeigen. Sie sehen hier zwei verschiedene Muster:

```
    o    o                        #

    o    o                   #         #
```

Zu welchem dieser beiden Muster passt das folgende besser?

```
        #        #

        #        #
```

Schauen Sie genau hin. Es gibt keine richtige Lösung für dieses Problem, nur eine kleinteiligere (Sie achten mehr auf die Zeichen) oder eine ganzheitlichere (Sie achten auf das Muster). Interessanterweise stellt man fest, dass traurige Menschen eher dazu tendieren, auf die Zeichen zu achten. Fröhliche Menschen schenken hingegen dem großen Muster mehr Bedeutung.[196]

Das ist jetzt erstmal nicht verkehrt, aber kreative Ideen zeichnen sich häufig dadurch aus, dass man einen Schritt zurücktritt, um das große Ganze zu sehen. Und das gelingt offenbar besonders gut, wenn wir auch gut gelaunt sind.

Wie wir im Entscheiden-Kapitel gesehen haben, aktivieren Angst und Vermeidungsverhalten die Inselrinde. Und passenderweise liegt die Inselrinde genau dort, wo das Grundeinstellungs- auf das Kontrollnetzwerk trifft. So kann der querdenkende Input aussortiert werden, noch bevor er überhaupt ins Kontrollnetzwerk eintritt. Da ist es kein Wunder, dass Probanden in Kreativitätstests umso analytischer denken und weniger frei assoziieren, je negativer sie eingestellt sind. Sollen sich Testteilnehmer beispielsweise an bedrückende Momente ihres Lebens erinnern, haben sie später in Wortverknüpfungstests weniger Aha-Momente, sondern grübeln eher über die Lösung.[197] Andererseits werden sie kreativer, wenn sie zum Beispiel einen Witz gehört haben.[198]

Analytisches und kleinteiliges Denken hat sicherlich Vorteile, wenn wir in einer kritischen Situation aufpassen müssen, um keinen Fehler zu machen. Nicht umsonst schränkt unser Kontroll- und Entscheidungsnetzwerk unsere Filtermechanismen so ein, dass wir in bedrohlichen Situationen nicht von abwegigen Ideen abgelenkt werden. Denn Kreativität muss man sich erstmal leisten können – und das geht eben schlecht, wenn man alles tut, um ja nichts falsch zu machen. Ein wichtiger Nährboden für Kreativität ist daher eine gute Portion Sicherheit.

Der Preis, den man zahlen muss, um originell zu sein

Im Prinzip gibt es für kreatives Denken überhaupt nur eine einzige Regel: Ein kreativer Gedanke muss den Mitmenschen gefallen, diese anstecken. Nicht mehr und nicht weniger. Das ist so schrecklich unpräzise, dass sich im Gehirn gleich mehrere Netzwerke entwickelt haben, die das Anwendungsspektrum der Kreativität abdecken: ausschweifend auf der einen und sortierend auf der anderen Seite. Nur wenn diese Balance gewährleistet ist, können überhaupt Ideen entstehen.

Dass wir ab und zu unsere kreative Kraft einzubüßen scheinen (wenn wir unter Druck oder verängstigt sind), ist der Preis, den wir für dieses ausbalancierte System zahlen müssen. Denn wir brauchen sowohl das Filter- als auch das Tagträum-Netzwerk. Fällt das erste aus, kann das in Schizophrenie und Halluzinationen münden (gewissermaßen eine überschießende und unkontrollierte Form von Kreativität). Und ohne Tagträum-Netzwerk landet man halt in der Buchhaltung. Das war natürlich ein Scherz, denn Menschen können überall kreativ sein. Wer das deutsche Steuersystem kennt, weiß, was ich meine.

Für kreatives Denken kann es daher keine allgemeingültige Denkanweisung geben. Deswegen stoßen Computer zwangsläufig an Grenzen, wenn sie kreativ sein sollen. Intelligenz – kein Problem, dafür muss man nur schnell rechnen können. Doch ob eine Idee total innovativ oder kompletter Müll ist, das kann man im Vorfeld nicht beurteilen.

Kennen Sie zum Beispiel die Smartphone-App »Yo«? Nie gehört? Da entgeht Ihnen aber was. Denn mit dieser App können Sie: ein »Yo« an Ihre Freunde und Bekannten verschicken.[199] Das ist alles. Ein Kurzmitteilungsdienst, der nur ein einziges Wort beherrscht. Das hört sich nach totalem Quatsch an. So sehr, dass die beiden israelischen Entwickler die App 2014 zunächst anonym auf den Markt brachten. Schließlich will man nicht als kreativer Depp dastehen. Doch schon drei Monate später investierten Geldgeber Millionenbeträge, zwischendurch kooperierte man mit der App »Red Alert«, mit der man sich während des Gaza-Krieges in Israel live vor Raketenangriffen warnen lassen konnte. Mittlerweile experimentieren Unternehmen mit Yo, um ihren Kunden direkt und ohne Schnickschnack mitzuteilen, dass es etwas Neues gibt. Keiner weiß, ob daraus etwas wird – aber genau das ist der Punkt. Kein vernünftig denkender Mensch, auch kein Computeralgorithmus hätte Yo auch nur eine Chance eingeräumt. Aber gute Ideen sind eben nicht vernünftig – und keiner weiß, ob sich die Yo-App in Zukunft durchsetzen wird.

Stellen Sie sich vor, Sie hätten Mitte der 2000er Jahre ein neues Geschäftsmodell für Hotellerie und Übernachtungen entwickeln sollen. Sie setzen sich also hin und analysieren das Umfeld. Bedenken Sie, dass die Zeit von einer gewissen Unsicherheit geprägt ist: Terroranschläge erschüttern Madrid oder London genauso wie Touristenziele in Asien. Die USA verlängern ihren Patriot Act, um die Terrorismusbekämpfung zu intensivieren. Sicherheit steht an erster Stelle. Doch 2007 überlegten sich drei Kumpels aus San Francisco, dass man doch vielleicht sein privates Wohnzimmer an wildfremde Menschen vermieten könnte. In einer Zeit, in der die USA die Einreise schärfer kontrollierten als je zuvor, sollte man noch nie zuvor gesehene Personen in seinem Gästezimmer nächtigen lassen. Weder als Gast noch als Gastgeber weiß man dabei, was auf einen zukommt. So viel zum Thema Sicherheit.

Was für eine bekloppte Idee! So bekloppt, dass sie heute deutlich über 20 Milliarden Dollar wert ist. 2008 wurde Airbnb gegründet und funktioniert so gut, dass es mancherorts nur durch Regulierungen und Gesetze eingedämmt werden kann. Im Nachhinein erscheint es logisch, denn der Siegeszug der dezentralen sozialen Netzwerke ist rasant. Aber vor zehn Jahren war das noch nicht so offensichtlich. Heute optimieren Algorithmen die Airbnb-Online-Plattform und machen deren Such- und Bezahlfunktionen schnell und effizient. Doch den kontraintuitiven Beginn konnten sie nicht berechnen. Dazu brauchte es die Idee, mit einer klassischen Regel des Hotelgewerbes zu brechen: dass man nämlich überhaupt ein Hotel braucht.

Dass es keine sichere Arbeitsanweisung für kreative Ideen gibt, mutet schrecklich befremdlich an. Es wäre doch so viel besser, wenn man Kreativität einüben und anwenden könnte wie ein paar Matheregeln. Doch genau diese kreative Unsicherheit ist unsere eigentliche Stärke und macht Menschen auch in Zukunft unersetzbar. Kein Algorithmus, kein Analytiker, kein effizientes Computerprogramm kann jemals nachvollziehen, wie man auf eine kreative Idee kommt. Denn Kreativität lässt sich nicht in Regeln packen, sondern ist das, was die Regeln ändert.

Die Glühbirne anknipsen

Und wie kommt man nun auf eine neue Idee? Zumindest nicht, indem man sie mit einer konkreten Technik irgendwie »erzeugt«. Es gibt Unternehmen, die beschäftigen ganze Innovationsabteilungen und Ideenbüros damit, genau dort neue kreative Ansätze und Produkte zu entwickeln. Aber das ist nur die zweitbeste Lösung. Im Gehirn gibt es schließlich auch keine »Ideenabteilung«, die man mit einer speziellen Methode aktivieren könnte. Denn Ideen entstehen nicht irgendwo im Gehirn – und auch nicht irgendwo in einem Unternehmen. Sie entwickeln sich, wenn man ein Problem zerteilt, flexible Teams und unterschiedliche Netzwerke zur Lösungssuche zusammenstellt und möglichst frei arbeiten lässt. Die erzeugen dann aber keine fertigen Ideen, sondern Ideenangebote, die anschließend möglichst schnell ausprobiert, getestet und verfeinert werden müssen. Die fertigen Ideen kann man dabei nicht planen, denn sie entstehen in einem dynamischen Prozess. Der folgt im Prinzip den internen Abläufen im Gehirn: Konzentration und Ablenkung im Wechsel.

Am Beginn jeder guten Idee steht dabei: der Schmerz – also bildlich gesprochen. Es ist das Problem, das uns aufregt und uns dadurch zu einer Lösung antreibt. Erst, wenn Sie etwas wirklich nervt, kümmern Sie sich auch darum. Verärgerung erzeugt Kreativität, nicht Zufriedenheit. Hungrig sucht man nach Lösungen, nicht, wenn man satt ist. Es sind nicht die glücklichen Menschen, die die Welt verändern. Denn wenn man glücklich ist, braucht man ja auch nichts mehr zu ändern. Optimistisch unzufrieden sein, das ist die richtige Einstellung. Man konzentriert sich zunächst auf das Problem, entfernt sich davon, sammelt Ideen und grenzt diese schließlich wieder ein, um die beste anzuwenden. Es ist ein Ideenkreislauf.

Es gibt alle möglichen Studien, die zeigen, was alles einen Effekt auf unsere Kreativleistung haben soll. So sind Probanden kreativer, wenn an der Decke eine Glühlampe und keine Leuchtstoffröhre hängt.[200] Ob uns nach dem EU-Verbot von Glühlampen ein Innovationsschock droht, ist aber noch nicht untersucht worden. Außerdem hilft es, wenn man sich bewegt: Soll man einen Torrance-Test auf einem Laufband durchführen, erhöht sich das Kreativergebnis um 81 Prozent im Vergleich zur sitzenden Kontrollgruppe.[201] Selbst auf der Stelle zu treten, bringt einen also geistig voran. Genauso wie ein verrücktes Gedankenexperiment, in dem man von den seltsamsten Dingen fantasiert. Zum Beispiel, dass man drei Meter groß ist, acht Sprachen spricht oder in Bielefeld geboren ist.[202] Denn so umherspinnend fallen den Testpersonen in anschließenden Tests wiederum mehr kreative (beziehungsweise zunächst abwegige) Ideen ein.

Die Sache ist nur: Oft beleuchtet man mit solchen Experimenten winzige Teilaspekte unserer Kreativität. Das kommt unserem Wunsch nach, das eigentlich ungezügelte kreative Denken irgendwie zu bändigen. Aus diesem Grund gibt es zahllose Techniken, mit denen Sie Ihrer Innovationskraft auf die Sprünge helfen können: Brainstormings, Design Thinking, die morphologische Matrix, die Kopfstandtechnik und viele mehr. Nicht falsch verstehen: Alle diese Techniken haben ihre Berechtigung, wenn man sie zur richtigen Zeit anwendet. Aber dennoch sind auch das nur Versuche, unsere scheinbar unregulierte Schaffenskraft in kontrollierbare Bahnen zu lenken. Denken Sie an die Wortverknüpfungstests zurück: Sie können diese analytisch oder durch Einsicht lösen. Eine Kreativitätstechnik suggeriert oft, dass man eine kreative Eingebung reguliert abrufen kann. Doch eigentlich ist sie analytisches Denken in neuem Gewand. Das kann funktionieren – doch ich bezweifle, dass der Ottomotor, das Rad oder die Yo-App durch eine koordinierte Brainstorming-Sitzung entwickelt wurden.

Den Ideenfluss aufmischen

In diesem Buch verweisen viele Kapitel darauf, dass kreative Ideen durch die unterschiedlichsten Eigenschaften und
Schwächen unseres Gehirns begünstigt werden. So können
wir Informationen sehr schnell zu Konzepten kombinieren,
was zu falschen Erinnerungen, aber auch zu neuen Ideenkom-
binationen führen kann. Unsere Hingabe fürs Tagträumen
ermöglicht es uns, andere Perspektiven einzunehmen. Ablenkung ist dabei eine wichtige Inspirationsquelle, schließlich lassen sich kreative Menschen besonders leicht von neuen Reizen
aus dem Konzentrationsmodus bringen.

Gerade die clevere Ablenkung sollte man nicht unterschätzen. Sie ist die versteckte Power unseres Grundeinstellungsnetzwerks. Denn es sind vor allem fremde Blickwinkel, die
uns selbst auf neue Ideen bringen – und diese erreicht man
nur, indem man persönlich kommuniziert. Ideen lassen sich
schließlich nicht googeln und nur schwer per SMS mitteilen.
Genau das war auch das Problem, als 2007 ein deutsches
Bankhaus eine neue Marketingkampagne partout nicht zum
Laufen brachte. Als man die Kommunikationswege analysierte, stellte sich heraus, dass nahezu alle Abteilungen vom
Management über die Entwicklungsabteilung bis zur Kunden-
betreuung überaus gut miteinander kommunizierten. Doch
die Auswertung des Gesprächsverhaltens ergab, dass das vorwiegend über digitale Medien geschah und eben nicht im
persönlichen (analogen) Gespräch. Denn die Kundenbetreu-
ungsabteilung saß in einem anderen Gebäudeteil – so entgin-
gen den dortigen Mitarbeitern die informellen und lockeren
Plaudereien in der Mittagspause oder auf dem Gang. Erst, als

man die Raumaufteilung änderte und die Abteilung näher an die anderen heranrückte, konnte die neue Kampagne erfolgreich entwickelt werden.[203]

Merke: Es sind oft die mangelnden persönlichen Interaktionen mit anderen Sichtweisen, die uns wichtigen kreativen Input (die Inspiration) vorenthalten. Als eine US-amerikanische Softwarefirma genau diesen Austausch fördern wollte, hielt sie regelmäßige »Bier-Meetings« oder andere Sozialevents ab, in der Hoffnung, dass sich die Mitarbeiter in lockerer Atmosphäre gegenseitig befruchteten (mit Ideen). Doch eine Analyse des Kommunikationsverhaltens zeigte, dass diese Meetings wenig brachten. Der kreative Ideenfluss wurde jedoch besser, als man die Esstische in der Kantine verlängerte und plötzlich auch unbekannte Esspartner neben einem saßen.[204] Gute Ideen entstehen nämlich immer dann, wenn man sich in Inspirationsphasen fremden Perspektiven aussetzt und diese Anregungen anschließend konzentriert für sich weiterverfolgt. Als würde man die inneren Abläufe des Gehirns auch im Großen nachvollziehen – und kreatives Ideensammeln und fokussiertes Auswerten miteinander abwechseln.

Der Königsweg zur Kreativität

Erinnern Sie sich noch an das Kreativitätsproblem vom Kapitelbeginn, bei dem Sie einen Begriff zeichnen sollten? Dieser Versuch kommt nicht von mir, sondern wurde 2015 verwendet, um zu untersuchen, in welchem Zustand Menschen besonders kreative Zeichnungen für Begriffe wie »erschöpft«, »punktgenau« oder »weinen« abliefern. Die kreativsten Zeichnungen entstanden dabei genau dann, wenn man nicht bewusst nachdachte, sondern ohne groß zu denken seinen Autopiloten-modus aktivierte.[205] Mit anderen Worten: Wenn das bewusste Großhirn die Zeichenarbeit abtritt, ist es selbst nicht mehr so in Beschlag genommen und kann kreativen Ideen mehr Raum geben. Das mag ein Grund sein, weshalb monotone Tätigkeiten ein Kreativitätsbeschleuniger sind: Auto fahren, duschen, abwaschen, staubsaugen – wann immer wir nicht bewusst nachdenken, kommen wir leichter auf Ideen. Das gilt aber nur, wenn wir uns vorher auch intensiv mit einem Problem beschäftigt haben.

Mit dem Wissen von der Funktionsweise des Gehirns können Sie sich Ihre eigene »Kreativitätstechnik« basteln. Egal, was Sie tun, beachten Sie immer, dass Sie abwechselnd Ihr tagträumendes Grundeinstellungsnetzwerk und dann wieder Ihr sortierendes Kontrollnetzwerk aktivieren. Viele Schriftsteller, Künstler oder Wissenschaftler (von Thomas Mann über Immanuel Kant bis zu Beethoven) befolgten dieses Prinzip ganz automatisch: Sie befassten sich zunächst für einige Zeit (mitunter Stunden) konkret mit einem Problem und machten dann Pause. Keine chaotische »Ich-stürz-mich-in-was-Neues«-Pause, sondern geregeltes Abstandnehmen. Heute würde man sagen: Sie chillten beim Spazierengehen, Sportmachen oder bei der Hausarbeit. Wichtig ist, die Pause als Teil der Arbeit zu verstehen, denn in dieser Zeit des vermeintlichen Nichtstuns kombiniert das Gehirn neue Ideen zu möglichen Lösungen. Die kann man dann ernten, wenn man sich wieder an die richtige Arbeit macht. Genauso wichtig: Dass man sich selbst einen geregelten zeitlichen Rahmen setzt. Denn nur in einem sicheren und verlässlichen Umfeld traut man sich auch neue Ideen zu. Wer ständig auf die Uhr schaut, vom Smartphone zum nächsten Problem gelockt wird oder gar nicht weiß, wie lange eine Pause dauern soll, der schweift zwar mit seinen Ideen ab, wird aber auch nicht kreativ, weil ihn immer neue Probleme überlasten.

Absolute Kreativität gibt es nicht, ebenso wenig den besten Weg dorthin. Es gibt nur Ihren Weg. Genauso wie Ihre Ideen auch von niemand anderem gedacht werden können, kommen auch nur Sie dorthin. Das ist nicht berechenbar – noch nicht mal, ob Ihre Idee am Ende gut oder schlecht ist. Und das macht Ihre Kreativität einzigartig und nicht ersetzbar. Nicht durch Ihre Mitmenschen und schon gar nicht durch einen Computer.

Was ist also die nächste große Idee, die die Welt verändert? Wir haben keine Ahnung. Aber wir können ziemlich sicher sein, dass sie von einem Gehirn erdacht wird. Nicht weil wir schneller, effizienter oder intelligenter sind als Maschinen. Sondern das Gegenteil: Wir sind langsam, ungenau, fehlerhaft. Aber genau deswegen verstehen wir die Dinge, anstatt sie nur zu analysieren. Nur deswegen können wir neue Perspektiven einnehmen, und nur das verschafft uns unsere geistige Stärke, die wir nutzen sollten und auf die wir stolz sein können. Denn es ist genau das, was uns zum Menschen macht.

Kapitel 14

PERFEKTIONISMUS

Warum wir Fehler brauchen,
um besser zu werden

Wir schreiben den 24. Juni 2010. Um 16:47 Uhr geht einer
der geschichtsträchtigsten Momente des modernen Sports zu
Ende. John Isner streckt die Fäuste in Wimbledon gen Himmel. Nach epischen elf Stunden und fünf Minuten, verteilt
über drei Tage, geht das längste Tennismatch der Geschichte
zu Ende: 6:4, 3:6, 6:7, 7:6 und 70:68 gewinnt der US-Ame-
rikaner gegen Nicolas Mahut. Allein der fünfte Satz dauerte
mit über acht Stunden länger als das bis dato längste Tennismatch. Die Linienrichter arbeiteten in einem Zweischicht-
betrieb, um überhaupt die Konzentration aufrechterhalten zu
können. Selbst die Technik geriet an Grenzen: Die Spielstand-
anzeige versagte beim Stand von 47:47 ihren Dienst, denn
höhere Ergebnisse waren von IBM nicht programmiert worden.[206] Der Grund für diese historisch lange Spieldauer: Die
Spieler machten kaum Fehler. Vor dem entscheidenden letzten
Punkt hatte jeder 84-mal sein Aufschlagspiel durchgebracht,
kein einziges Break für über zehn Stunden. Besonders John
Isner zeigte dabei seine Aufschlagpräzision. Niemals zuvor
und danach hat ein Spieler mehr Asse geschlagen: 113 knallte

der Aufschlagspezialist auf den Rasen. Im nächsten Match verlor John Isner sang- und klanglos in nicht mal anderthalb Stunden – und schlug kein einziges Ass mehr.

Eben noch einen Aufschlagweltrekord für die Ewigkeit aufgestellt, dann nicht mehr in der Lage, ein einziges Ass zu schlagen. Man kann John Isner nicht vorwerfen, dass er nicht wüsste, wie es geht. Er hat die Bewegungen dafür perfekt drauf und ist trotzdem nicht davor gefeit, auch mal daneben zu hauen. Warum kann er auf einmal nicht mehr abrufen, was eben noch perfekt gelang? »Ist doch normal«, werden Sie sagen. »Und nur menschlich. Denn Fehler gehören nun mal zum Leben dazu.« Mag sein, aber was ist so toll daran, menschlich zu sein? Schließlich bauen wir immer Ungenauigkeiten und Abweichungen in unsere Handlungen ein – und diese machen uns fehleranfällig und ineffizient. Keine schöne Sache, oder doch?

Umgangssprachlich nennt man solche und ähnliche Ausrutscher »Flüchtigkeitsfehler«. Man konzentriert sich auf etwas, doch – ups! – einmal nicht aufgepasst, und das Malheur ist passiert. Da rutscht einem im Diktat ein Kommafehler durch, man verschüttet unachtsam den morgendlichen Kaffee oder würgt sein Auto ab. Selbst tausendfach eingeübte und scheinbar perfekt beherrschte Abläufe geraten dann aus dem Ruder. Und während man bei den anderen in diesem Buch vorgestellten Schwächen wenigstens noch behaupten könnte, dass irgendetwas Gutes dahinter verborgen ist, trifft das auf den überflüssigen Flüchtigkeitsfehler wohl kaum zu. Oder was ist so toll daran, wenn man »Tipppfehler« einbaut, Namen verwechselt oder sich verplappert?

Da ist es kein Wunder, dass wir solche Ausrutscher radikal bekämpfen. Null Toleranz gegenüber Flüchtigkeitsfehlern.

Perfektion ist das Ziel. Fehlermachen etwas für Verlierer. Leider ist das Gehirn ein sehr unbrauchbares Organ, um diese Zielsetzung zu erreichen, denn Abweichungen und Ungenauigkeiten haben in unserem Nervennetzwerk Methode. Natürlich strebt auch das Gehirn danach, Informationen bestmöglich zu verarbeiten. Doch gleichzeitig muss es sich auch eine gewisse Form der Anpassungsfähigkeit bewahren. Nur so können wir reagieren, wenn sich die Umwelt ändert. Perfektion im Denken ist schön und gut, aber leider auch nur so leistungsfähig wie ein monokultiviertes Maisfeld: effizient und leistungsfähig, wenn alles gleichbleibt. Schnell kaputt, wenn sich die Rahmenbedingungen ändern.

Fehlervermeidung kann eine gute Sache sein, doch nur, weil man keinen Fehler macht, muss es noch lange nicht richtig sein. Denn auch die nervigen Flüchtigkeitsfehler und Ausrutscher in unserem Alltag zeigen ein sehr cleveres Denkprinzip des Gehirns: dass es nämlich nicht darauf ankommt, Fehler zu vermeiden, sondern aus ihnen zu lernen. Und genau dafür ist das Gehirn wiederum top ausgerüstet.

Auf Knopfdruck Fehler machen

Fehler zu erzeugen, um anschließend zu untersuchen, was dabei im Gehirn passiert, ist ein Kinderspiel. Im Prinzip brauchen Sie nur zwei Zutaten: eine Aufgabe und eine Testperson. Das war's. Wenn Sie dann noch ein bisschen warten können, werden Sie mit ziemlicher Sicherheit früher oder später Fehler ernten und die dabei ablaufenden Hirnfunktionen untersuchen können. Dabei müssen die gestellten Aufgaben noch nicht mal besonders kompliziert sein. Im Gegenteil, selbst bei den simpelsten Problemen geraten wir ins geistige Schlingern, wenn man diese nur oft genug wiederholen muss.

Einfaches Beispiel: Streichen Sie auf der vorigen Seite innerhalb von dreißig Sekunden alle kleingeschriebenen e's durch! Oder nur die e's, die in Wörtern mit einem n vorkommen! Bevor Sie nun mit Bleistift oder Kuli bewaffnet zurückblättern, um das Buch für den weiteren Lesegebrauch zu verunzieren, halten Sie ein! Schauen wir uns besser an, wie man das systematischer untersuchen kann. Im Labor muss man die Testbedingungen nämlich normieren, und ein bekannter Konzentrationstest, der das Fehlerverhalten misst, ist der d2-Test, der schon in den 1960er Jahren entwickelt wurde, um die Eignung als Auto- oder Lkw-Fahrer zu überprüfen. Auch der d2-Test ist ein Durchstreichtest, bei dem man den Buchstaben d anstreichen muss, wenn dieser von genau zwei Strichen umgeben ist. Sind es mehr oder weniger Striche oder ein p, statt eines d, dann darf man es nicht anstreichen. Folglich müssten Sie

‚   "

d oder d

'

anstreichen, allerdings kein

‚   "

d oder p

An sich also ganz einfach, doch wenn Sie eine ganze Liste an solchen d's und p's sehen (und nur eine knappe halbe Sekunde Zeit für ein Zeichen haben), wird es schwierig:

```
  „    „    „              ,    ,      „   „   „   ,   ,   „            ,        „
  d    d    p    d    d    d    p    p    d    p    d    d    d    d    d    p    d    p    d    d    d
  „    ‚         ,         „   „   ,   ,   „        „            ,   ,   ,   „   „   „              ,
```

Dieser d2-Konzentrationstest besteht aus insgesamt 658 Zeichen (14 Zeilen mit je 47 Zeichen), von denen 299 d2-Zei-
chen innerhalb von knapp fünf Minuten markiert werden
müssen.[207] Ich erspare Ihnen an dieser Stelle die unübersicht-
liche Auflistung der kompletten Zeichenbatterie, denn auch
so wird klar: Da sind Flüchtigkeitsfehler vorprogrammiert –
und zwar macht man durchschnittlich etwa knapp zehn Fehler im Test, streicht also falsche Zeichen an oder lässt ein
d2-Zeichen aus. Das mag nicht viel erscheinen, aber bedenken
Sie: Die Aufgabe an sich ist wirklich simpel. Erst durch die
Häufung vieler solch einfacher Aufgaben entsteht die Schwie-
rigkeit. Hinzu kommt, dass man von ähnlichen Zeichen abgelenkt wird – und in der Eile übersieht man gerne mal einen
winzigen Unterschied.

Solche Störzeichen nutzt man auch in anderen Labortests,
beispielsweise dem unter Neuropsychologen recht beliebten
Eriksen-Flanker-Test (benannt nach den beiden Entwicklern
dieser Aufgabe). Auch hier ist die eigentliche Problemstellung
einfach: Wenn ein Zielzeichen in der Mitte erscheint, soll man
auf einen rechten Knopf drücken, wenn nicht, dann auf einen
linken. So ein Zielzeichen kann ein Symbol, ein Objekt oder
ein Buchstabe sein. Zum Beispiel könnte man bei einem M in
der Mitte rechts drücken, bei einem N links. Und dann werden nacheinander Buchstabenfolgen eingeblendet mit der Aufgabe, möglichst schnell auf das Zielzeichen zu reagieren:

MMMMM   MMNMM   NNMNN   NNNNN

Auch hier passieren nur allzu leicht Flüchtigkeitsfehler. Als würde uns eine falsche Handlung rausrutschen wie ein falsches Wort, wenn wir uns verplappern. Und das passiert umso leichter, je mehr wir durch alternative Reize gestört werden. Solche Störungen rollen quasi den geistigen Teppich für eine Fehlhandlung aus. Genau deswegen funktionieren Zungenbrecher. Sie können ohne Probleme »Brautkleid, Brautkleid, Brautkleid« sagen. Aber bei »Brautkleid bleibt Brautkleid« kommt man leicht ins Stottern, wird langsamer oder achtet vorher mehr auf seine Aussprache. Und das hat auch einen guten Grund. Denn das Gehirn kann solche Fehler gar nicht vermeiden – vielmehr sind sie die Folge dessen, wie unser Denken prinzipiell funktioniert.

Mitten im Gehirn tobt der Fehlerwettstreit

Oft stellt man sich vor, dass eine Handlung im Gehirn nach einem schrittweisen Prozess ausgelöst wird. Und wenn dann zum Schluss ein Fehler passiert ist, dann muss eben in der Fehlerkette zuvor ein wichtiger Schritt schiefgelaufen sein. So ähnlich wie bei einer Reihe aus Dominosteinen: Ein Stein fällt um, stößt den nächsten Stein an, bis das ganze Kunstwerk irgendwann vollendet zusammengefallen ist. Oder auch nicht – wenn nämlich ein Stein fehlerhaft ist, stehenbleibt, und am Ende die Dominoreihe unrichtigerweise nicht fällt. Genau das ist das, was wir in unserem Alltag immer wieder erfahren: Ereignisse erfolgen schrittweise. Aus A folgt B. Wenn ich gegen eine Glasflasche stoße, fällt sie runter und geht kaputt. Wenn also ein Fehler passiert, muss vorher irgendwo etwas schiefgelaufen sein.

Doch im Gehirn ist das anders. Zwar laufen auch dort unsere Handlungs- und Denkprozesse mitunter schrittweise ab. Doch im Kern folgt unser Denken keiner linearen Aus-A-folgt-B-Logik. Vielmehr erzeugen wir ein dynamisches Muster aus Aktivitäten im Nervennetzwerk, ein Gedankengemurmel, aus dem sich dann eine dominierende Handlungsanweisung herauskristallisiert. Sobald eines der vielen konkurrierenden Handlungsmuster einen Schwellenwert überschreitet, werden die anderen Muster aufgegeben und nur diese eine bestimmte Handlung ausgeführt.

Konkret auf einen Handlungsfehler angewendet: Wenn wir ein d2-Zeichen in einer langen Liste aus unterschiedlichen Zeichen auswählen sollen, muss zunächst das Handlungsziel festgelegt werden – also alle d-Zeichen durchzustreichen, die von zwei Linien umgeben sind. Dieser Plan wird in unserer Stirnhirnrinde, dem präfrontalen Cortex, ausgearbeitet. Gleichzeitig treffen ständig Sinnesreize ein, die in den Sehzentren (vor allem im Nackenbereich) verarbeitet und erkannt werden. Der faktische Unterschied zwischen einem d und einem p ist dem Sehzentrum also schon längst klar. Allerdings kann so ein Sehzentrum keine eigenständige Handlung planen, sondern liefert nur die Informationen, mit denen man den Handlungsplan im Stirnhirn ausführen kann. Praktischerweise liegt auf halber Strecke zwischen Stirnhirn und Sehzentrum eine Region, die beide Seiten in Einklang bringt. Diesen Vermittlerposten nennt man etwas umständlich Basalganglien.

Ganglien sind so etwas wie Nervenknotenpunkte oder Relaisstationen, die einen wichtigen Verknüpfungspunkt für Nervenverbindungen darstellen. Die Basal- (also grundlegenden) Ganglien verknüpfen dabei die Nervennetzwerke, die für unsere Bewegungen und Handlungen zuständig sind. Sie liegen tatsächlich praktisch in der Mitte des Gehirns und umgeben dabei das limbische System. Genau hier findet auch der alles entscheidende Wettstreit statt, ob wir einen Fehler machen oder nicht.

Das Talkshow-Prinzip

Stellen wir uns vor, wir sehen in einem d2-Test das Zeichen

"

d

Nun konkurrieren in den Schaltkreisen der Basalganglien unterschiedliche Handlungsmuster. Da gibt es das Muster »Auf jeden Fall durchstreichen, schließlich ist es ein d2-Zeichen!«, aber auch die Aktivität »Nein, halte dich zurück, das sieht doch so ähnlich aus wie das Zeichen vorhin, das kein d2-Zeichen war!« oder das Muster »Egal, die Zeit drängt, mach schnell weiter und streich nichts an!«. Manche dieser Muster führen zu einer korrekten Handlung, manche nicht, doch welches sich durchsetzt, hängt sowohl vom konkreten Handlungsziel ab als auch von den eintreffenden Sinnesreizen. Je stärker das Handlungsziel (»Wähle das d2-Zeichen!«) ist, desto eher werden unpassende Muster unterdrückt. Umgekehrt führen viele Sinnesreize auch zu einer höheren Wahrscheinlichkeit, dass sich ein falsches Muster durchsetzt. Es ist also ein ständiges Durcheinander der verschiedenen Muster im Netzwerk, die sich dynamisch verstärken oder abschwächen – bis ein Muster schließlich so dominant wird, dass es sich als Handlungsbefehl auf die Bewegungszentren ausbreitet. The winner takes it all – völlig egal, was für andere Muster vorher da waren, zum Schluss setzt sich nur eines zu 100 Prozent durch.[208]

Vereinfacht kann man das mit einer Fernsehtalkshow vergleichen: Da sitzen bei Maybrit Illner oder Anne Will die rhetorischen Kombattanten in netter Runde und fallen sich gegenseitig ins Wort. Manchmal reden sie gleichzeitig so sehr durcheinander, dass man gar nichts mehr verstehen kann. Genauso geht es zunächst auch in den Basalganglien zu: Alle Muster laufen gleichzeitig durcheinander – aber dabei kommt nichts Entscheidendes bei rum. Genauso wie man als Zuschauer bei einem parallelen Redeschwall nichts versteht, kann auch ein Gehirn keine Handlung ausführen, wenn alle durcheinanderquatschen. In einer Talkshow gibt es nun zwei Möglichkeiten: Entweder einer brüllt immer lauter, bis er sich durchsetzt und die anderen ruhig sind. Das ist allerdings nur die zweitbeste Möglichkeit, denn wer schreit, hat oft unrecht. Möglichkeit 2: Die Moderatorin greift ein und bestimmt, wer etwas sagen darf. Dann sind die anderen auch ruhig, aber der Redende wird durch die Moderatorin oft ermahnt, auch konkret zu antworten. Deswegen sind diese Antworten meist zielführender – was aber selten genug in Politdiskussionen im Fernsehen passiert.

Übertragen auf das Gehirn: Die Talkshow-Runde sind die Basalganglien, die Teilnehmer die unterschiedlichen Handlungsmuster. Und Maybrit Illner ist die vordere Gürtelrinde. Lassen Sie sich von dem vermeintlich despektierlichen Namen (Gürtelrinde) nicht täuschen, denn diese ist tatsächlich so etwas wie der Moderator in einer Talkshow und mit entscheidend, wenn eine Handlung ausgewählt und später bewertet werden soll. Genauso wie die Moderatorin beurteilt, ob eine Antwort sinnvoll oder Quatsch ist, registriert auch die Gürtelrinde als Teil des Stirnhirns, ob eine Handlung richtig oder falsch ist. Ohne Gürtelrinde wären wir daher nicht in der Lage, Fehler schnell zu erkennen und angemessen darauf zu reagieren.

Der Moderator muss eingreifen

Hier sieht man schon: Handlungsfehler entstehen im Gehirn, wenn sich ein »falsches« Muster gegenüber einem richtigen durchsetzt. Nun sind diese dynamischen, ständig durcheinanderlaufenden, sich permanent verstärkenden und abschwächenden Aktivitäten im Nervennetzwerk nicht so linear wie eine Kette aus Dominosteinen. Schon kleine Änderungen der Sinnesreize können sich dermaßen verstärken, dass ein eigentlich schwaches Muster plötzlich so dominant wird, dass es die anderen niederbrüllt. Und dann ist der Fehler passiert.

Fehler sind unausweichlich, denn dieses Handlungssystem kann niemals perfekt arbeiten. Gewiss, im Laufe der Zeit passen die Nervenzellen ihre Verbindungen untereinander immer weiter so an, dass ein richtiges Handlungsmuster immer besser (also häufiger) angewendet werden kann. Das Netzwerk lernt. Doch eine ausgebildete neue Synapse, die eben noch nützlich war, kann im nächsten Schritt schon wieder unpraktisch sein und zu einem Fehler führen. Man weiß vorher eben nicht, was die nächste Herausforderung ist. Mit einem so dynamischen Durcheinander-Rede-System ist das Gehirn allerdings perfekt auf das nichtperfekte, weil ständig anpassungsfähige Handeln eingestellt. Wir sind nicht programmiert wie eine Kette aus Dominosteinen. Denn wenn wir es wären, könnten wir uns nicht lebendig weiterentwickeln.

Gerade weil wir manche Fehler nicht vermeiden können, müssen wir das Beste daraus machen. Und das ist eben, daraus zu lernen. Deswegen hat das Gehirn permanent seine Fehlerüberwachung scharf geschaltet und ist sofort bereit, sein Verhalten zu ändern, wenn ein Fehler passiert. In einer Talkshow würde Anne Will nachhaken, wenn ein Teilnehmer eine Antwort geben würde, die komplett danebenliegt. Ein kurzes, aber bestimmtes »Das ist jetzt aber keine Antwort auf meine Frage!«, um dem Talkshow-Gast die Möglichkeit zu geben, doch eine produktive Aussage zu treffen. Auch im Gehirn gibt es eine solche Moderatoren-Ermahnung, wenn ein Fehler passiert ist: das ERN-Signal.

ERN steht für *error-related negativity,* also die fehlerbezogene Negativität. Wenn nämlich ein Proband in einem Eriksen-Flanker-Test (MMMMM oder NNMNN?) einen Fehler macht, stellt man beim Messen der Hirnströme einen Spannungsabfall fest (deswegen Negativität). Schon eine Zehntelsekunde nach dem Fehler wird diese elektrische Aktivität im Stirnhirn erzeugt.[209] Das ist so schnell, dass man noch nicht mal bewusst mitbekommen kann, dass man einen Fehler gemacht hat – doch das Gehirn hat diesen Fehler schon registriert, was sich sofort auf unsere Handlungen auswirkt.

Ein Fehleraufschrei im Gehirn

Wenn wir einen Fehler machen, passieren in der Regel zwei Dinge: Man stutzt kurz und wird dadurch etwas langsamer. Zusätzlich achtet man noch mehr auf seine Handlungen, was dazu führt, dass man nach einem Fehler seltener einen zweiten macht. Beide Effekte scheinen durch das ERN-Signal im

Gehirn vermittelt zu werden. So stellt man fest, dass Probanden bei besonders starkem Verlangsamen nach einem Fehler
ein besonders großes ERN-Signal erzeugen[210] oder dass das
ERN-Signal verstärkt wird, wenn man besonders schnell und
aufmerksam seinen Fehler korrigiert.[211]

Offenbar führt der Fehleraufschrei im Gehirn dazu, dass
die verschiedenen Handlungsmuster besser gefiltert werden,
bevor ein dominantes gewinnt und eine Handlung auslöst.
Ohne Moderator würden Talkshow-Gäste ja auch ständig
durcheinanderreden, bis einer die anderen niederbrüllt. Einen
Vorteil hat diese Gesprächssituation zwar: Es existieren prinzipiell viele verschiedene Argumente, das Gespräch kann also
in ganz viele verschiedene Richtungen laufen. Doch nur, wenn
man die lautesten Stimmen manchmal zur Ruhe ruft und auch
die leiseren Teilnehmer zu Wort kommen lässt, kann man mitunter versteckte, dafür aber sinnvolle Antworten hervorkit-
zeln. Dieses Antwort-Filtern findet auch im Gehirn statt. So
zeigt sich, dass das ERN-Signal quasi den Einfluss der mode-
rierenden Gürtelrinde abbildet. Je stärker dieses Signal, desto
mehr werden die impulsiven und sich vordrängelnden Handlungsmuster (die aber meist falsch sind) gefiltert.[212] Gleichzeitig werden die Bewegungsregionen etwas ruhiggestellt,
nach dem Motto: »Augenblick mal! Bevor wir vorschnell eine
Handlung auslösen, brauchen die Basalganglien noch einen
Moment, um die Handlungsmuster zu sortieren.« Durch diese
Verzögerung kann aber die korrekte Handlung besser rausge-
filtert werden, sodass nur die Muster übrigbleiben, die auch
zur Aufgabe passen, mit anderen Worten: korrekt sind. Genau
deswegen ist man nach einem Fehler etwas langsamer, dafür
aber genauer.

Der Vorteil des Durcheinanderbrüllens

Schon ein simpler Flüchtigkeitsfehler macht deutlich, wie aus-
balanciert das Gehirn vorgeht, wenn es Handlungen plant
und ausführt. Im Prinzip muss es nämlich ständig zwei wider-
sprüchliche Aufgaben erfüllen: Auf der einen Seite müssen
wir präzise arbeiten können, um dumme und impulsive Fehler zu vermeiden. Auf der anderen Seite müssen wir auch
anpassungsfähig und ausprobierend genug sein, um auf ein
sich änderndes Umfeld zu reagieren. Gewissermaßen einer-
seits effizient Fehler erkennen, ausmerzen und vermeiden und
andererseits ineffizient neue Handlungen erfinden (so ähnlich
wie im vorigen Kapitel über die Kreativität schon beschrieben).

Genau aus diesem Grund nutzt das Gehirn das Beste aus
beiden Welten: Es geht das Risiko ein, auch mal einen Fehler zu machen, indem es viele konkurrierende Muster erzeugt,
von denen sich auch mal eines fälschlicherweise durchsetzen
kann. Wenn wir zum Beispiel durch störende Signalreize auf
die falsche Spur gelenkt werden, überwiegen die sinnesreizge-
steuerten Muster, und wir machen einen Fehler (man denke
nur an »Brautkleid bleibt Brautkleid« oder andere Zungenbrecher). Doch diese Fehler werden schnell erkannt und unsere Handlungen angepasst. Wir sammeln ständig Feedback,
um uns zu verbessern.

Würde unser Gehirn auf ein logisches Denksystem umstel-
len, würden wir unsere ganze geistige Flexibilität einbüßen.
Ein Flüchtigkeitsfehler – geschenkt, der macht in der Regel
nicht viel kaputt. Aber ausschließlich logisch und berechnend,
ohne kleine Denkirrtümer, das wäre auch ziemlich langwei-

lig. Denn wir leben nicht in einer statischen Welt, in der eine perfekt effiziente Handlung für immer und ewig zum Erfolg führt. Nur die Veränderung bringt uns voran. Manchmal sogar anders, als es eigentlich geplant war.

Wie der Computer das Schach beherrschte

Mai 1996. Die Vorherrschaft des menschlichen Gehirns steht auf dem Spiel. Garri Kasparow, amtierender Schachweltmeister, erhebt sich entnervt von seinem Tisch und gibt die Schachpartie auf. Damit steht fest: Zum ersten Mal gewinnt ein Schachprogramm, nämlich Deep Blue von IBM, ein Match über sechs Partien gegen einen Schachweltmeister. Eine Sensation! Der Computer ist ab sofort dem Menschen geistig überlegen!

Damals war der Schachcomputer so groß wie ein Kleiderschrank, ein Meilenstein der Computerentwicklung. Heute sind Schachprogramme auf App-Größe degradiert, laufen auf einem Handy für ein paar Euro und sind so gut, dass sie nie wieder gegen einen Menschen verlieren. Deep Blue konnte pro Sekunde 200 Millionen Positionen berechnen. Heutige Programme schaffen noch nicht mal 10 Millionen – sind aber so effizient, dass sie sich nur auf die wichtigsten Züge konzentrieren und dabei keine Fehler machen. Deswegen hat seit 1997 kein Schachweltmeister gegen das beste aktuelle Schachprogramm gewonnen.

Entscheidend für den Sieg Deep Blues war die erste von sechs Partien.[213] Kasparow hatte längst gewonnen, doch die Maschine wählte im 44. Zug eine seltsame Variante, einen Zug, den Kasparow noch nie gesehen hatte. Kein dummer

Zug, sondern mit dem vermeintlichen Potenzial, nach ein paar weiteren Zügen doch clever gewesen zu sein. Kasparow war verdutzt – keine logisch denkende Maschine würde auf einen solchen Zug kommen. War das vielleicht das erste Aufflackern von echter künstlicher Kreativität? Undenkbar, aber möglich. In der zweiten Partie setzte sich das mysteriöse Spiel des Computers fort. Wieder kam Deep Blue auf einen seltsamen Zug, der all dem widersprach, was man bis dahin von Schachprogrammen kannte. Kasparow, ein Meister der psychologischen Kriegsführung, wähnte andere Schachgroßmeister im Hintergrund, die die Maschine heimlich bedienten, denn eine so un-digitale Kreativität eines Computers war für ihn unerklärlich. So aufgebracht, geriet Kasparow aus dem Konzept und verlor die zweite Partie. Diesen entscheidenden Rückschlag konnte er in den weiteren Partien nicht verkraften, und er verlor schließlich entnervt das gesamte Match. Als man anschließend überprüfte, was in der Maschine los war, warum sie diese seltsamen und unerklärlichen Züge gemacht hatte, stellte sich heraus: Das Schachprogramm war im konkreten Augenblick einfach überlastet gewesen. Um nicht abzustürzen und überhaupt einen Zug anzubieten, wählte es schon in der ersten Partie einen Zufallszug aus. Ein klassischer Computerfehler, der jedoch dazu führte, dass die Maschine das Duell gewann. Nicht weil sie besser rechnete (die folgenden Partien ließen immer wieder Schwächen des Programms durchblicken, und Kasparow war eigentlich überlegen), sondern weil sie zur richtigen Zeit etwas vermeintlich Falsches tat.

Perfekt langweilig

Drei Dinge sind an dieser Fußnote der Computergeschichte interessant. Erstens, nicht immer führt Fehlerfreiheit zum Erfolg. Zweitens war das der wahrscheinlich erste, einzige und letzte Moment in der Computergeschichte, in der eine Maschine wirklich kreativ war. Denn nur durch einen kleinen und unerwarteten Fehler kann man aus den programmierten und festgefahrenen Strukturen ausbrechen. Drittens zeigt dieses Beispiel auch, wie man nicht mit Fehlern umgehen sollte. Denn im Anschluss zerlegte IBM Deep Blue, stampfte das Projekt ein und verfolgte die Idee nicht weiter, dass selbst Computer durch unlogische Fehler Erfolg haben könnten.

Heute sind Schachprogramme unschlagbar – nicht, weil sie mit ungewöhnlichen Zügen das Schachspiel neu interpretieren und die Gegner an die Wand spielen. Sondern weil sie einfach so lange warten, bis der Mensch irgendwann einen Fehler macht. Der kommt nämlich bestimmt. Es gewinnt nicht der genialste Schachspieler, sondern der perfektionistischste. Das Gleiche gilt für Algorithmen, die das asiatische Brettspiel Go oder Poker spielen: Die Programme spielen das Spiel viele (hunderttausend) Mal gegen sich selbst und passen ihre Spieltaktik so an, dass sie nicht mehr verlieren können. Zum Schluss sind es aber keine kreativen Meister ihres Fachs, sondern nur außergewöhnlich gute Defensivkünstler. Sie besiegen ihren Gegner nicht, sondern warten darauf, dass dieser sich irgendwann selbst schlägt. So wie eine Fußballmannschaft, die sich nur hinten reinstellt und darauf wartet, dass im abschließenden Elfmeterschießen die andere Mannschaft versagt. Wenn man gegen einen Menschen spielt, ist das eine ziemlich gute Strategie. Leider auch eine ziemlich langweilige. Spielen zwei perfekte Schachprogramme gegeneinander, wird es immer unentschieden ausgehen. Denn fehlerfreie Entscheidungen zweier Spieler führen zu einer Ausgeglichenheit der Kräfte (das nennt man in der Mathematik Nash-Gleichgewicht). Das Tennismatch zwischen Isner und Mahut war nur deswegen so spannend und spektakulär, weil man sicher sein konnte, dass es zu einem Ende kommt. Isner hat das Spiel übrigens durch einen erstklassigen Passierschlag, einen echten Winner, gewonnen. Er hat Mahut besiegt und nicht auf dessen Fehler gewartet. Würden zwei perfekte Tennismaschinen spielen, würde das Spiel heute noch andauern. Aber keiner würde zuschauen.

Eine fehlerfreie Welt darf man sich nicht als besonders progressiv vorstellen. Im Gegenteil: Sie wäre statisch, stabil und fortschrittsfeindlich. Denn ohne das Risiko, einen Fehler zu begehen, gibt es auch nicht den Mut für Neues. Neue Ideen entstehen eben nur, wenn man nicht ausschließlich intelligent (schnell und fehlerfrei) denkt, sondern sich auch ab und zu einen Denkschnitzer leistet. Alle Zukunftsszenarien, in denen ein superintelligenter Computer die Weltherrschaft übernimmt, sind schon deswegen in sich nicht stimmig. Denn Intelligenz reicht nicht, um die Welt zu beherrschen. Man muss auch noch ein bisschen verrückt sein, Denkregeln und Rahmenbedingungen brechen, anstatt sie immer nur zu befolgen – und dazu muss man sich eben auch ab und zu einen Fehler gönnen. Anders gesagt: Wenn Schachcomputer nicht nur Schach spielen, sondern auch ein neues Schach erfinden sollen, müssen sie die Spielregeln ändern. Dafür gibt es aber keine automatisch richtige Lösung, dafür muss man ausprobieren und auch mal in falsche Richtungen denken. Für uns ist das möglich – für Maschinen reine Science-Fiction.

Fehler mit System

Unser Gehirn hat den Fehler gewissermaßen systematisiert. Es ist nicht darauf bedacht, von vornherein komplett perfekt zu denken, sondern gesteht sich zu, auch mal einen Lapsus zuzulassen. Das kann schiefgehen oder erfolgreich sein – das weiß man aber vorher nicht. Viele wissenschaftliche, kulturelle oder wirtschaftliche Fortschritte sind so mehr oder weniger durch zufällige Fehler entstanden. Alexander Fleming ließ seine Bakterienkulturschalen verschimmeln – und fand das Penicillin. Édouard Bénédictus hatte vergessen, die Gläser in seinem Chemielabor zu spülen, als ein besonders schmutziges zu Boden fiel und nicht zersplitterte – das Sicherheitsglas war geboren. Der Ingenieur Percy Spencer stand vor einem riesigen Gerät zur Erzeugung von elektromagnetischen Strahlen, als er bemerkte, dass in seiner Hosentasche sein Schokoriegel geschmolzen war – im Anschluss entwickelte er die Mikrowelle. Zufällige Fehler zu machen, ist das eine – das andere ist es, sie zu nutzen. Oder wie Louis Pasteur sagte: Der Zufall trifft den vorbereiteten Geist.

Nicht, dass wir uns falsch verstehen: Ich plädiere nicht dafür, dass man seine Lebensmittel verschimmeln lässt oder seine Gläser nicht mehr spült. Und Schokoriegel in Hosentaschen können auch aus anderen Gründen schmelzen. Es ist die übertriebene Sehnsucht nach Fehlerfreiheit, die unser Denken statisch und blind werden lässt für die potenzielle Nützlichkeit mancher Fehler. Denn sobald das Gehirn einen Fehler macht, versucht es nicht nur, diesen zu korrigieren, sondern auch produktiv zu nutzen. Gerade weil ein Fehler auch das Potenzial für eine Verbesserung beinhalten kann, hat sich in der

Evolution eben genau dieses fehlerbehaftete Denken durchgesetzt. Damit geht das Gehirn natürlich auch das Risiko ein, dass es manchmal kompletten Schrott erzeugt. Doch dieser Preis ist gut investiert, denn nur so bleiben wir anpassungsfähig. Würden wir hingegen nach einem effizienten fehlerintoleranten Denkschema-F funktionieren, wären wir bei der ersten gravierenden Umweltveränderung weg vom Fenster.

Die Kunst ist es nicht, Fehler zu vermeiden. Wer das versucht, wird irgendwann so langweilig sein wie ein Schachcomputer. Und was noch viel schlimmer ist: Der Fehlerfreie ist ersetzbar. Denn Fehler zu vermeiden und effizient eine Handlung abzuspulen, das können auch Algorithmen früher oder später. Doch zu erkennen, ob ein vermeintlicher Fehler sinnvoll sein kann, das können nur Menschen.

Natürlich ist ein Fehler in einem d2-Konzentrationstest niemals irgendwie gut, kreativ oder produktiv. Dennoch hat uns die Erforschung des Gehirns bei Konzentrationstests viel geholfen. Denn wir verstehen jetzt, dass das Gehirn prinzipiell, geradezu systematisch, Fehler einbaut, um sie anschließend zu überprüfen und das Verhalten anzupassen. Und das ist die wichtige Lehre, die sich aus solchen Experimenten ziehen lässt: Irren ist menschlich – und für das Gehirn äußerst nützlich.

Den Fehler wagen

Was kann man nun aus dem Fehlermachen lernen? Schon die simplen Flüchtigkeitsfehler in Konzentrationstests zeigen, wie das Gehirn prinzipiell mit Fehlern umgeht: Erstens macht es überhaupt Fehler und versucht nicht, sie von Grund auf zu vermeiden. Zweitens, wenn ein Fehler gemacht wurde, braucht das Gehirn Feedback, es stutzt kurz und passt seine Handlung so an, dass der konkrete Fehler möglichst nicht wieder auftreten soll (man wird beispielsweise in Tests langsamer und etwas konzentrierter). Drittens, das Gehirn macht einfach weiter. Es ändert nicht seine Denkstrategie. Deswegen wird ein Flüchtigkeitsfehler wieder passieren. Nicht im identischen Umfeld wie zuvor, sondern an anderer Stelle. Aber er ist unvermeidlich – und deswegen ist ein Fehler mehr als eine geistige Niederlage, er ist ein Hinweis, wieder ein Stückchen besser zu werden.

In Aufmerksamkeitstests (wie dem d2-Test) stellt man fest, dass es nicht immer mangelnde Konzentration ist, die uns zum Flüchtigkeitsfehler verleitet. Wenn das so wäre, würden sich die Fehler im Laufe des Tests immer mehr häufen und wären irgendwann zufällig verteilt. Untersucht man jedoch einige Hundert Testpersonen, so stellt man das Gegenteil fest: Die Fehler treten nicht zufällig auf, weil mal hier, mal da ein Testteilnehmer in seiner Aufmerksamkeit schwächelt. Vielmehr zeigt sich, dass die Fehler gehäuft in bestimmten Regionen auf dem Testbogen auftauchen, an völlig unscheinbaren Stellen – als wären dort besonders fehleranfällige Zeichen.[214] Der Grund könnte eben darin liegen, dass falsche Handlungsmuster im Gehirn durch bestimmte Zeichenkonstellationen begünstigt werden und sich dann in den Basalganglien durchsetzen. Das Gehirn probiert also ständig neue Handlungen aus, manchmal setzen sich auch falsche durch. Aber dieses Risiko geht das Gehirn ein.

Ausprobieren und Fehler einkalkulieren, ist überhaupt eine gute Strategie, um zu neuem Wissen zu kommen. Denn wenn es darum geht, etwas Neues zu lernen, ist ein Fehler zunächst einmal ein gutes Zeichen. Schließlich zeigt er, dass man überhaupt etwas versucht hat (auch wenn es dann schiefgegangen ist). Dadurch hat man jedoch einen viel direkteren Zugang zu einer Problemstellung bekommen, als wenn man erstmal alles theoretisch überlegt und durchdacht hätte. Und das ist ein gewaltiger Vorteil auf dem Weg zum Verständnis von Zusammenhängen. Jeder Wissenschaftler kann ein Lied davon singen. Ich kenne zumindest niemanden, der nicht durch Ausprobieren und Fehlschlagen seine eigene Forschung besser verstanden hätte. Neues Wissen steht schließlich nicht in Büchern, sondern muss man erstmal erzeugen. Das geht aber nur, wenn man das Risiko eingeht, danebenzuliegen.

Auch wenn Wissen schon vorhanden ist und »bloß« vermittelt werden muss, bleibt das Prinzip vom Fehlermachen und Ausprobieren gültig. Denn ob in der Schule oder im Beruf: Man kann Wissen prinzipiell auf zwei verschiedene Arten vermitteln. Entweder man erklärt zunächst ein grundlegendes Konzept und wendet es dann praktisch an. So könnte man das mathematische Prinzip der Standardabweichung erklären und anschließend ein paar Übungsaufgaben rechnen lassen. Das ist aber nur die zweitbeste Möglichkeit. Untersucht man nämlich die Lernfähigkeit von Neuntklässlern, so stellt sich heraus, dass es besser ist, erstmal konkret an Fallbeispielen auszuprobieren, rumzurechnen und auch mal danebenzuliegen. Anschließend ist man viel offener für das zugrunde liegende mathematische Konzept, und wenn man es dann erklärt bekommt, vergisst man es auch nicht so leicht.[215]

Aus Fehlern lernen

Fehler zu wagen, ist nur der erste Schritt. Genauso wichtig ist es, Feedback für seine Aktionen zu erhalten und sein Verhalten dann entsprechend anzupassen. Bei den in diesem Kapitel erwähnten Konzentrationstests geschieht das in Sekundenbruchteilen. Bei anderen Lernprozessen zieht sich das etwas mehr hin, ist vom grundlegenden Prinzip aber ähnlich.

Je umfangreicher der Lernvorgang ist, desto stärker verzögert sollte das Feedback dabei erfolgen. Man könnte ja vermuten, dass es am besten ist, nach jedem Fehlschlag sofort eine Belohnung oder Bestrafung zu erhalten. So ähnlich wie man einen Hund erzieht: Verhält er sich richtig, gibt's ein Leckerli, macht er etwas Falsches, wird er bestraft. Doch so dressiert man nur und vermittelt kein Wissen. Besser ist es, wenn man ein bisschen wartet, bevor man Feedback gibt. Sollen Probanden zunächst einen Text lesen (zum Beispiel über die Sonne) und anschließend in einem Multiple-Choice-Test ihr neu gesammeltes Wissen testen, so spielt es eine Rolle, ob sie unmittelbar nach ihren Antworten die Auswertung (richtig oder falsch) erhielten, oder ob sie erst zehn Minuten später informiert wurden. Diejenigen, die vor dem Feedback eine kleine Pause einlegten, behielten das Wissen besser und hatten es auch noch am Folgetag präsent.[216] Denn in dem Moment, in dem wir anfangen, draufloszuprobieren und uns anschließend Gedanken über unsere Antworten zu machen, bilden wir schon ein Gedankenkonzept aus. Wir sind quasi geistig vorbereitet auf das verzögerte Feedback, das dann umso wirksamer wird.

Überhaupt ist es wichtig, dass Fehlerkritik nicht als persönliche Niederlage vermittelt wird. Selbst das größte Genie macht Fehler – vermutlich ist es überhaupt nur so zum Genie geworden. Wenn das Feedback etwas verzögert kommt, umgeht man zumindest schon mal die unmittelbare Bestrafung, die allzu leicht persönlich genommen werden kann. Dabei ist es entscheidend, ein Umfeld der Angst zu vermeiden.

Das zeigt sich schon bei der Entwicklung von kleinen Kindern. Denn ein perfektionistischer elterlicher Erziehungsanspruch ruiniert das Selbstbewusstsein von Drei- bis Zwölfjährigen. Konkret untersuchte man, wie sich das Streben der Eltern nach Fehlerfreiheit bei den Kindern auf deren Ängstlichkeit auswirkte. Siehe da: Je mehr die Eltern darauf achtgaben, jeden Fehler bei ihren Kindern auszumerzen, desto verstörter wurden die Kleinen.[217] Als man die Rhetorik der Eltern analysierte, stellte sich heraus, dass die ängstlichsten Kinder oft direkt mit negativen Begriffen angesprochen wurden (»Du machst das schlecht!«). So untergräbt man jedoch den Nutzen des Fehlersystems des Gehirns. Anstatt also bei einem kindlichen Sprachfehler gleich den Besserwisser zu spielen (»Es heißt nicht *die* Auto, sondern *das* Auto – D-A-S Auto! Mensch, streng dich mal an!«), geht man einfach mit gutem Beispiel voran, ignoriert den Flüchtigkeitsfehler und macht vor, wie es besser geht (»Tatsächlich, da ist das Auto!«).

Das Umfeld entscheidet also darüber, ob ein Fehler zu neuen Ideen ermuntert – oder eine soziale Ächtung ist. Natürlich gibt es Bereiche, in denen Fehler vermieden werden müssen. Bei der Produktion von Lebensmitteln, dem Landen eines Flugzeugs oder der Installation eines Stromkabels sollte nichts schiefgehen. Und natürlich sollte das auch so effizient und fehlervermeidend wie möglich geschehen. Doch all diese Tätigkeiten sind prinzipiell auch automatisierbar – im Gegensatz zur wahren Leistung des Gehirns: sich nämlich neues Wissen anzueignen. Das gelingt aber nur, wenn man sich einen Fehler zu machen traut.

Weiter, immer weiter!

Egal, ob und wie man Fehler gemacht hat – das Gehirn macht trotzdem weiter und ändert nicht sein grundlegendes Denkmuster, nämlich weiterhin Fehler zu riskieren. Natürlich passt es seine Filtermechanismen so an, dass der gleiche Fehler das nächste Mal nicht erneut gemacht wird. Aber am grundsätzlichen Funktionsprinzip rüttelt es nie. Schließlich hat es keine Angst davor, ins nächste geistige Fettnäpfchen zu treten. Und das hat einen guten Grund.

Wenn man also die Hirnfunktionen beim Fehlermachen und -korrigieren untersucht, fällt auf, dass ganz viele ausgedehnte Netzwerke aktiv sind (für die Sinnesverarbeitung, die Bewegungsplanung, die Basalganglien, die planende und bewertende Stirnhirnrinde), aber eine wichtige Region fehlt oft: diejenige, die für Angst zuständig ist. Denn so schlimm Fehler sein können, wir haben keine eingebaute Angst davor. Das Gehirn bestraft sich nämlich nicht für einen Fehler. Erst wenn wir im Laufe der Zeit so erzogen werden, dass Fehler etwas Schlimmes sind, bekommen wir vorm Fehlermachen Angst. Das ist jedoch genau das, was ein anpassungsfähiges Gehirn nicht gebrauchen kann. Denn wer Angst hat, eine falsche Entscheidung zu treffen, wird niemals die richtige finden. Oder noch schlimmer: handelt aus Angst gar nicht mehr.

Fehler sind per se nicht furchteinflößend. Und das dürfen sie auch nicht sein. Denn oft entstehen nur durch Denkfeh-

ler neue Denkwege. Natürlich nicht in einem Konzentrationstest – doch das Leben ist etwas vielfältiger, als Buchstaben
durchzustreichen. Mein Nachbar lernt gerade das Fahrrad-
fahren. Ich garantiere, dass er dabei stürzen wird (als Renn-
radfahrer weiß ich, wie man dann aussieht). Aber wie heißt es
so schön: Radfahren ist stürzen und wieder aufstehen. Mein
Nachbar wird verschrammte Knie haben, aber im besten Fall
wird er auf dem Rad an Orte kommen, die er vorher noch
nicht kannte.

Das erfordert auch eine gewisse Bereitschaft, Fehler zuzulassen und nicht zu bestrafen. Das ist gar nicht so einfach,
denn Fehler haben immer noch ein ziemlich schlechtes Image.
Fehler, Scheitern, auf die Nase fallen – in Deutschland bist du
dann der Depp. Im Silicon Valley auf einem guten Weg zum
nächsten Investment. Denn wer nicht schon mal das eine oder
andere Start-up in den Sand gesetzt hat, hat schlechte Kar-
ten, von potenziellen Investoren ernst genommen zu werden.
Motto: »Irgendwann wird der Fehler kommen, und da will
ich als Geldgeber nicht dabei sein.« Wer schon mal geschei-
tert ist, hat hingegen bewiesen, dass er damit umgehen kann.
Nur so kann man das nächste Hightechunternehmen gründen. Oder (als kleiner Ratschlag an die tollen Weltmarktfüh-
rer in Kalifornien): Wie wäre es mal mit einem Unternehmen,
das die permanenten Schlaglöcher auf den dortigen Straßen
ausbessert, den ewigen Stau auf der Bay-Bridge behebt oder
endlich mal Türgriffe entwickelt, die auch in den USA wirklich dicht schließen? Ein bisschen deutsche Präzision täte den
Tech-Jüngern in Kalifornien nämlich nicht schlecht.

Fehler nutzen wir dann am besten, wenn wir sie in einem
angstfreien Umfeld machen können. Fehler sind für das Gehirn auch prinzipiell kein Bestrafungsgrund, sondern eine gute

Gelegenheit, sein eigenes Denken zu überprüfen. Fortschritt entsteht eben nur, wenn man sich traut, einen Fehler zu machen.

Bleiben Sie fehlerhaft

Sie haben in diesem Buch viele Schwächen und Fehler des Gehirns kennengelernt. Einige sind wirklich nervig und dumm – man denke nur an die Blackouts vor Publikum, unsere Schwäche für ablenkende Smartphones oder überflüssige Flüchtigkeitsfehler. Andere Macken offenbaren hingegen eine verborgene Stärke des Gehirns – dass wir beispielsweise unsere Erinnerung fälschen, schlecht mit Zahlen umgehen können oder die Zeit falsch einschätzen. Ganz egal, was es für Fehler sind, alle entstehen, weil das Gehirn gar keinen Wert darauf legt, perfekt und fehlerfrei zu sein. Denn wenn es so wäre, wäre es nicht sehr anpassungsfähig.

Die Flüchtigkeitsfehler sind ein Paradebeispiel dafür, dass das Gehirn den Fehler geradezu einkalkuliert. Dafür nutzt es ein Handlungssystem, das nicht logisch linear ab-, sondern scheinbar chaotisch und wild durcheinanderläuft. So sind Fehler unvermeidlich – und das ist auch gar nicht schlimm, denn das Gehirn hat prinzipiell keine Angst vor dem Fehler. Ohne Fehler würden wir uns schließlich nie ändern. Dann wären wir nicht nur beliebig, lernunfähig und langweilig, sondern auch schnell von einem Computer zu ersetzen.

Statt uns über jeden Fehler zu ärgern, sollten wir froh sein, dass wir überhaupt so frei sind, Fehler zu machen. Und nicht uns selbst oder andere dafür bestrafen, wenn uns ein Lapsus widerfährt. Das menschliche Denken zeichnet sich nämlich gerade dadurch aus, dass es nicht präzise, exakt und fehlerfrei abläuft. Nur der Fehler im Denken lässt uns der unkreativen Maschine überlegen sein. Im Grunde sind all unsere Denkschwächen in Wirklichkeit unsere geistigen Geheimwaffen. Natürlich sollten wir nicht über jeden Fehler, jede Macke und jeden Irrtum jubeln – doch viel wichtiger ist es, keine Angst davor zu haben.

Bleiben Sie daher weiter nicht perfekt – und einzigartig. Machen Sie weiter Fehler – und kommen Sie so auf neue Ideen. Irren Sie sich – denn das können Sie am besten.

ANMERKUNGEN

Sie können Daten googeln. Wenn Sie gut sind, können Sie auch Informationen googeln. Doch Wissen zu googeln, das ist ungleich schwerer. Denn Wissen ist das, was entsteht, wenn man Informationen nutzt, um sein Denken zu ändern. Und das bleibt auf absehbare Zeit analog.

Die Güte des Denkens steht und fällt natürlich mit den verwendeten Informationsquellen. Heutzutage ist es einfach wie nie, an Informationen zu kommen. Deswegen wird es umso wichtiger, auf Qualität und Aktualität der Quellen zu achten. Der Median der hier aufgeführten wissenschaftlichen Veröffentlichungen liegt daher im Jahre 2012. Ziemlich genau 90 Prozent der Anmerkungen sind überdies wissenschaftliche Publikationen aus Peer Review Journals, in die man nicht einfach reinschreiben kann, was man will. Das heißt noch lange nicht, dass dort alles hundertprozentig korrekt ist – doch die Wissenschaft lebt von einem kritischen Diskurs, von Hypothesen, von Fehlschlägen und Experimenten. Über die wissenschaftliche Wahrheit lässt sich schließlich nicht abstimmen, aber man kann ihr Stück für Stück näher kommen. Oder wie mein Chemielehrer sagte: Egal was du tust, was du denkst oder forschst – die Natur hat immer recht. Sie macht keine Fehler. Irren bleibt menschlich.

1 Vergessen

1 Blake AB et al. (2015) The Apple of the mind's eye: Everyday attention, metamemory, and reconstructive memory for the Apple logo, Q J Exp Psychol, 68(5):858–65

2 Castel AD et al. (2012) Fire drill: Inattentional blindness and amnesia for the location of fire extinguishers, Atten Percept Psychophys, 74(7):1391–6

3 Snyder KM et al. (2014) What skilled typists don't know about the QWERTY keyboard, Atten Percept Psychophys, 76(1):162–71

4 Martin M & Jones GV (1998) Generalizing everyday memory: Signs and handedness, Mem Cognit, 26(2):193–200

5 Wimber M, Alink A, Charest I, Kriegeskorte N, Anderson MC (2015) Retrieval induces adaptive forgetting of competing memories via cortical pattern suppression, Nat Neurosci, 18(4):582–9

6 Dunsmoor JE et al. (2015) Emotional learning selectively and retroactively strengthens memories for related events, Nature, 520(7547):345–8

7 Mosha N, Robertson EM (2016) Unstable Memories Create a High-Level Representation that Enables Learning Transfer, Curr Biol, 26(1):100–5

2 Lernen

8 Hermans EJ, Henckens MJ, Joëls M, Fernández G (2014) Dynamic adaptation of large-scale brain networks in response to acute stressors, Trends Neurosci, 37(6):304–14

9 Strelzyk F, Hermes M, Naumann E, Oitzl M, Walter C, Busch HP, Richter S, Schächinger H (2012) Tune it down to live it up? Rapid, nongenomic effects of cortisol on the human brain, J Neurosci, 32(2):616–25

10 Schwabe L, Wolf OT (2010) Learning under stress impairs memory formation, Neurobiol Learn Mem, 93(2):183–8

11 McGaugh JL (2013) Making lasting memories: remembering the significant, Proc Natl Acad Sci USA, 110 Suppl 2:10402–7

12 Draschkow D, Wolfe JM, Võ ML (2014) Seek and you shall remember: scene semantics interact with visual search to build better memories, J Vis, 14(8):10, 1–18

13 Kornell N, Bjork RA (2008) Learning concepts and categories: is spacing the »enemy of induction«?, Psychol Sci, 19(6):585–92

14 Smolen P, Zhang Y, Byrne JH (2016) The right time to learn: mechanisms and optimization of spaced learning, Nat Rev Neurosci, 17(2):77–88

15 http://www.tagesanzeiger.ch/digital/wild-wide-web/google-pixelt-kuhkoepfe/story/28203914

16 Markson L, Bloom P (1997) Evidence against a dedicated system for word learning in children, Nature, 385(6619):813–5

17 Childers, JB, Tomasello M. (2003) Children extend both words and non-verbal actions to novel exemplars, Developmental Science, 6(2):185–190

18 Coutanche MN, Thompson-Schill SL (2015) Rapid consolidation of new knowledge in adulthood via fast mapping, Trends Cogn Sci, 19(9):486–8

19 Nguyen A, Yosinski J, Clune J (2015) Deep Neural Networks are Easily Fooled: High Confidence Predictions for Unrecognizable Images, Computer Vision and Pattern Recognition (CVPR '15), IEEE, 427–436

20 Thorne KJ, Andrews JJ, Nordstokke D (2013) Relations among children's coping strategies and anxiety: the mediating role of coping efficacy, J Gen Psychol, 140(3):204–23

3 Gedächtnis

21 http://articles.latimes.com/1996-11-23/local/me-2006_1_tom-rutherford

22 Wells GL, Memon A, Penrod SD (2006) Eyewitness Evidence: Improving Its Probative Value, Psychol Sci Public Interest, 7(2):45–75

23 Howe ML, Knott LM (2015) The fallibility of memory in judicial processes: lessons from the past and their modern consequences, Memory, 23(5):633–56

24 Lacy JW, Stark CE (2015) The neuroscience of memory: implications for the courtroom, Nat Rev Neurosci, 14(9):649–58

25 Stadler MA, Roediger HL, McDermott KB (1999) Norms for word lists that create false memories, Mem Cognit, 27(3):494–500

26 Kim H, Cabeza R (2007) Differential contributions of prefrontal, medial temporal, and sensory-perceptual regions to true and false memory formation, Cereb Cortex, 17(9):2143–50

27 Straube B, Green A, Chatterjee A, Kircher T (2011) Encoding social interactions: the neural correlates of true and false memories, J Cogn Neurosci, 23(2):306–24

28 Pardilla-Delgado E, Alger SE, Cunningham TJ, Kinealy B, Payne JD (2015) Effects of post-encoding stress on performance in the DRM false memory paradigm, Learn Mem, 23(1):46–50

29 Bland CE, Howe ML, Knott L (2016) Discrete emotion-congruent false memories in the DRM paradigm, Emotion, 16(5):611–9

30 Stark CE, Okado Y, Loftus EF (2010) Imaging the reconstruction of true and false memories using sensory reactivation and the misinformation paradigms, Learn Mem, 17(10):485–8

31 Hupbach A, Gomez R, Hardt O, Nadel L (2007) Reconsolidation of episodic memories: a subtle reminder triggers integration of new information, Learn Mem, 14(1-2):47–53

32 Edelson M, Sharot T, Dolan RJ, Dudai Y (2011) Following
the crowd: brain substrates of long-term memory conformity,
Science, 333(6038):108–11

33 Otgaar H, Candel I, Merckelbach H, Wade KA (2008)
Abducted by a UFO: prevalence information affects young
children's false memories for an implausible event, Applied
Cognitive Psychology, 23(1):115–125

34 Shaw J, Porter S (2015) Constructing rich false memories of
committing crime, Psychol Sci, 26(3):291–301

35 Dennis NA, Johnson CE, Peterson KM (2014) Neural correlates underlying true and false associative memories, Brain
Cogn, 88:65–72

36 Carmichael AM, Gutchess AH (2016) Using warnings to re-
duce categorical false memories in younger and older adults,
Memory, 24(6):853–63

37 Petersen N, Patihis L, Nielsen SE (2015) Decreased susceptibility to false memories from misinformation in hormonal con-
traception users, Memory, 23(7):1029–38

38 Bradfield AL, Wells GL, Olson EA (2002) The damaging effect of confirming feedback on the relation between eyewitness certainty and identification accuracy, J Appl Psychol,
87(1):112–20

39 Josephs EL, Draschkow D, Wolfe JM, Võ ML (2016) Gist in
time: Scene semantics and structure enhance recall of searched
objects, Acta Psychol (Amst), 169:100–8

40 Hunt K, Chittka L (2014) False memory susceptibility is corre-
lated with categorisation ability in humans, F1000Res, 3:154

41 Howe ML, Wilkinson S, Garner SR, Ball LJ (2016) On the
adaptive function of children's and adults' false memories,
Memory, 24(8): 1062–77

42 Schacter DL, Addis DR, Buckner RL (2007) Remembering
the past to imagine the future: the prospective brain, Nat Rev
Neurosci, 8(9): 657–61

43 Wilson AE, Ross M (2001) From chump to champ: people's

appraisals of their earlier and present selves, J Pers Soc Psychol, 80(4):572–84

4 Blackout

44 Barlowa M, Woodman T, Gorgulua R, Voyzey R (2016) Ironic effects of performance are worse for neurotics, Psychology of Sport and Exercise, doi: 10.1016/j.psychsport.2015.12.005

45 Beilock SL, Bertenthal BI, McCoy AM, Carr TH (2004) Haste does not always make waste: expertise, direction of attention, and speed versus accuracy in performing sensorimotor skills, Psychon Bull Rev, 11(2):373–9

46 Beilock SL, Decaro MS (2007) From poor performance to success under stress: working memory, strategy selection, and mathematical problem solving under pressure, J Exp Psychol Learn Mem Cogn

47 Lyons IM, Beilock SL (2012) When math hurts: math anxiety predicts pain network activation in anticipation of doing math, PLoS One, 7(10):e48076

48 Yoshie M, Kudo K, Ohtsuki T (2009) Motor/autonomic stress responses in a competitive piano performance, Ann N Y Acad Sci, 1169:368–71

49 Yoshie M, Nagai Y, Critchley HD, Harrison NA (2016) Why I tense up when you watch me: Inferior parietal cortex mediates an audience's influence on motor performance, Sci Rep, 6:19305

50 Mobbs D, Hassabis D, Seymour B, Marchant JL, Weiskopf N, Dolan RJ, Frith CD (2009) Choking on the money: reward-based performance decrements are associated with midbrain activity, Psychol Sci, 20(8):955–62

51 Autin F, Croizet JC (2012) Improving working memory efficiency by reframing metacognitive interpretation of task difficulty, J Exp Psychol Gen, 141(4):610–8

52 Balk YA, Adriaanse MA, de Ridder DT, Evers C (2013) Coping under pressure: employing emotion regulation strategies to enhance performance under pressure, J Sport Exerc Psychol, 35(4):408–18

5 Zeit

53 http://www.stiftungfuerzukunftsfragen.de/de/newsletter-forschung-aktuell/266.html#c3719

54 Roy MM, Christenfeld NJ, McKenzie CR (2005) Underestimating the Duration of Future Events: Memory Incorrectly Used or Memory Bias?, Psychol Bull; 131(5):738–56

55 Buehler R, & Griffin D (2003) Planning, personality, and prediction: The role of future focus in optimistic time predictions, Organizational Behavior and Human Processes, 92, 80–90

56 Roy MM, Christenfeld NJ (2007) Bias in memory predicts bias in estimation of future task duration, Mem Cognit, 35(3):557–64

57 Ogden RS (2013) The effect of facial attractiveness on temporal perception, Cogn Emot, 27(7):1292–304

58 Effron DA, Niedenthal PM, Gil S, Droit-Volet S (2006) Embodied temporal perception of emotion, Emotion, 6(1):1–9

59 Stetson C, Fiesta MP, Eagleman DM (2007) Does time really slow down during a frightening event?, PLoS One, 2(12):e1295

60 Haggard P, Clark S, Kalogeras J (2002) Voluntary action and conscious awareness, Nat Neurosci, 5(4):382–5

61 Stetson C, Cui X, Montague PR, Eagleman DM (2006) Motor-sensory recalibration leads to an illusory reversal of action and sensation, Neuron, 51(5):651–9

62 Van der Burg E, Goodbourn PT (2015) Rapid, generalized adaptation to asynchronous audiovisual speech, Proc Biol Sci, 282(1804):20143083

63 Wittmann M (2013) The inner sense of time: how the brain creates a representation of duration, Nat Rev Neurosci, 14(3):217–23

64 Hancock PA, Rausch R (2010) The effects of sex, age, and interval duration on the perception of time, Acta Psychol (Amst), 133(2):170–9

65 Zivotofsky AZ, Eldror E, Mandel R, Rosenbloom T (2012) Misjudging their own steps: why elderly people have trouble crossing the road, Hum Factors, 54(4):600–7

66 van de Ven N et al. (2011) The return trip effect: why the return trip often seems to take less time, Psychon Bull Rev, 18(5):827–32

67 Sackett AM, Meyvis T, Nelson LD, Converse BA, Sackett AL (2010) You're having fun when time flies: the hedonic consequences of subjective time progression, Psychol Sci, 21(1):111–7

6 Langeweile

68 Deco G, Corbetta M (2011) The dynamical balance of the brain at rest, Neuroscientist, 17(1):107–23

69 Natürlich ist dieser Gedanke schon mal gedacht worden. Und zwar von Manuel Neuer selbst, der dafür 2009 den »Fußball-spruch des Jahres« ablieferte.

70 Leech R, Sharp DJ (2014) The role of the posterior cingulate cortex in cognition and disease, Brain, 137(Pt 1):12–32

71 Utevsky AV, Smith DV, Huettel SA (2014) Precuneus is a functional core of the default-mode network, J Neurosci, 34(3):932–40

72 Smallwood J, Schooler JW (2015) The science of mind wandering: empirically navigating the stream of consciousness, Annu Rev Psychol, 66:487–518

73 Wilson TD, Reinhard DA, Westgate EC, Gilbert DT, Ellerbeck

N, Hahn C, Brown CL, Shaked A (2014) Social psychology. Just think: the challenges of the disengaged mind, Science, 345(6192):75–7

74 Havermans RC, Vancleef L, Kalamatianos A, Nederkoorn C (2015) Eating and inflicting pain out of boredom, Appetite, 85:52–7

75 Killingsworth MA, Gilbert DT (2010) A wandering mind is an unhappy mind, Science, 330(6006):932

76 http://www.avgatwork.de/2013/06/weltweite-avg-umfrage-zeigt-sex-nein.html

77 Britton A, Shipley MJ (2010) Bored to death?, Int J Epidemiol, 39(2):370–1

78 Danckert J, Merrifield C (2016) Boredom, sustained attention and the default mode network, Exp Brain Res, DOI 10.1007/s00221-016-4617-5

79 Smallwood J, Andrews-Hanna J (2013) Not all minds that wander are lost: the importance of a balanced perspective on the mind-wandering state, Front Psychol, 4:441

80 Baird B, Smallwood J, Mrazek MD, Kam JW, Franklin MS, Schooler JW (2012) Inspired by distraction: mind wandering facilitates creative incubation, Psychol Sci, 23(10):1117–22

81 Hao N, Wu M, Runco MA, Pina J (2015) More mind wandering, fewer original ideas: be not distracted during creative idea generation, Acta Psychol (Amst), 161:110–6

82 Garrison KA, Zeffiro TA, Scheinost D, Constable RT, Brewer JA (2015) Meditation leads to reduced default mode network activity beyond an active task, Cogn Affect Behav Neurosci, 15(3):712–20

7 Ablenkung

83 http://www.careerbuilder.com/share/aboutus/pressreleases-
    detail.aspx?sd=6/12/2014&id=pr827&ed=12/31/2014

84 https://www.commonsensemedia.org/sites/default/files/uploads/
    research/census_executivesummary.pdf

85 https://www.symantec.com/content/dam/symantec/docs/
    reports/istr-21-2016-en.pdf

86 https://www.incapsula.com/blog/bot-traffic-report-2015.html

87 Lavie N, Tsal Y (1994) Perceptual load as a major determinant
    of the locus of selection in visual attention, Percept Psycho-
    phys, 56(2):183–97

88 Gaspar JM, Christie GJ, Prime DJ, Jolicœur P, McDonald JJ
    (2016) Inability to suppress salient distractors predicts low
    visual working memory capacity, Proc Natl Acad Sci USA,
    113(13):3693–8

89 Feng S, D'Mello S, Graesser AC (2013) Mind wandering while
    reading easy and difficult texts, Psychon Bull Rev, 20(3):586–92

90 Salomon R et al. (2016) The Insula Mediates Access to Aware-
    ness of Visual Stimuli Presented Synchronously to the Heart-
    beat, J Neurosci, 4;36(18):5115–27

91 Simons DJ, Chabris CF (1999) Gorillas in our midst: sustained
    inattentional blindness for dynamic events, Perception, 28(9):
    1059–74

92 Drew T, Võ ML, Wolfe JM (2013) The invisible gorilla strikes
    again: sustained inattentional blindness in expert observers,
    Psychol Sci, 24(9):1848–53

93 http://www.dekra.de/de/pressemitteilung?p_p_lifecycle=0&p_
    p_id=ArticleDisplay_WAR_ArticleDisplay&_ArticleDisplay_
    WAR_ArticleDisplay_articleID=59165368

94 Rees G, Frith CD, Lavie N (1997) Modulating irrelevant
    motion perception by varying attentional load in an unrelated
    task, Science, 278(5343):1616–9

95 Molloy K, Griffiths TD, Chait M, Lavie N (2015) Inattentio-

nal Deafness: Visual Load Leads to Time-Specific Suppression of Auditory Evoked Responses, J Neurosci, 35(49):16046–54

96 Lavie N (2005) Distracted and confused? Selective attention under load, Trends Cogn Sci, 9(2):75–82

97 Stothart C, Mitchum A, Yehnert C (2015) The attentional cost of receiving a cell phone notification, J Exp Psychol Hum Percept Perform, 41(4):893–7

98 Gupta R, Hur YJ, Lavie N (2016) Distracted by pleasure: Effects of positive versus negative valence on emotional capture under load, Emotion, 16(3):328–37

99 Lavie N, Ro T, Russell C (2003) The role of perceptual load in processing distractor faces, Psychol Sci, 14(5):510–5

100 Pujol S, Levain JP, Houot H, Petit R, Berthillier M, Defrance J, Lardies J, Masselot C, Mauny F (2014) Association between ambient noise exposure and school performance of children living in an urban area: a cross-sectional population-based study, J Urban Health, 91(2):256–71

101 Halina N, Marsha JE, Hellmana A, Hellströma I, Sörqvista P (2014) A shield against distraction, Journal of Applied Research in Memory and Cognition, 3(1):31–36

102 Pentland A (2012) The New Science of Building Great Teams, Harvard Business Review, April Issue

103 Moisala M, Salmela V, Hietajärvi L, Salo E, Carlson S, Salonen O, Lonka K, Hakkarainen K, Salmela-Aro K, Alho K (2016) Media multitasking is associated with distractibility and increased prefrontal activity in adolescents and young adults, Neuroimage, 134:113–21

104 Zabelina DL, O'Leary D, Pornpattananangkul N, Nusslock R, Beeman M (2015) Creativity and sensory gating indexed by the P50: selective versus leaky sensory gating in divergent thinkers and creative achievers, Neuropsychologia, 69:77–84

105 Mehta R, Zhu RJ, Cheema A (2012) Is Noise Always Bad? Exploring the Effects of Ambient Noise on Creative Cognition, Journal of Consumer Research, doi: 10.1086/665048

8 Mathematik

106 Jänich K (2008) Topologie (Springer Lehrbuch), Springer, Heidelberg

107 Arens T, Hettlich F, Karpfinger C, Kockelkorn U, Lichtenegger K, Stachel H (2015) Mathematik, Springer, Heidelberg

108 Meyberg K (2003) Höhere Mathematik 1: Differential- und Integralrechnung, Vektor- und Matrizenrechnung, Springer, Heidelberg

109 Zeki S, Romaya JP, Benincasa DM, Atiyah MF (2014) The experience of mathematical beauty and its neural correlates, Front Hum Neurosci, doi: 10.3389/fnhum.2014.00068

110 Siegler RS, Opfer JE (2003) The development of numerical estimation: evidence for multiple representations of numerical quantity, Psychol Sci, 14(3):237–43

111 Anobile G, Cicchini GM, Burr DC (2016) Number As a Primary Perceptual Attribute: A Review, Perception, 45(1-2):5–31

112 Arrighi R, Togoli I, Burr DC (2014) A generalized sense of number, Proc Biol Sci, 281(1797)

113 Nieder A (2016) The nuronal code for number, Nat Rev Neurosci, 17(6):366–82

114 Pica P, Lemer C, Izard V, Dehaene S (2004) Exact and approximate arithmetic in an Amazonian indigene group, Science, 306(5695): 499–503

115 Amalric M, Dehaene S (2016) Origins of the brain networks for advanced mathematics in expert mathematicians, Proc Natl Acad Sci USA, 113(18):4909–17

116 Maruyama M, Pallier C, Jobert A, Sigman M, Dehaéne S (2012) The cortical representation of simple mathematical expressions, Neuroimage, 61(4):1444–60

117 Charness N, Reingold EM, Pomplun M, Stampe DM (2001) The perceptual aspect of skilled performance in chess: evidence from eye movements, Mem Cognit, 29(8):1146–52

118 Smalla DA, Loewenstein G, Slovic P (2007) Sympathy and

callousness: The impact of deliberative thought on donations
to identifiable and statistical victims, Organizational Behavior
and Human Decision Processes, 102(2):143–153

9 Entscheidungen

119 http://www.faz.net/aktuell/feuilleton/apple-ohne-ron-wayne-
    seine-angst-brachte-ihn-um-dreissig-milliarden-dollar-
    11558868.html
120 http://www.zeit.de/2011/44/P-Wayne
121 Samanez-Larkin GR, Knutson B (2015) Decision making in
    the ageing brain: changes in affective and motivational circuits,
    Nat Rev Neurosci, 16(5):278–89
122 De Martino B, Kumaran D, Seymour B, Dolan RJ (2006)
    Frames, biases, and rational decision-making in the human
    brain, Science, 313(5787):684–7
123 Platt ML, Huettel SA (2008) Risky business: the neuroeco-
    nomics of decision making under uncertainty, Nat Neurosci,
    11(4):398–403
124 Suzuki S, Jensen EL, Bossaerts P, O'Doherty JP (2016) Behavi-
    oral contagion during learning about another agent's risk-pre-
    ferences acts on the neural representation of decision-risk, Proc
    Natl Acad Sci USA, 113(14):3755–60
125 Smith A, Lohrenz T, King J, Montague PR, Camerer CF
    (2014) Irrational exuberance and neural crash warning signals
    during endogenous experimental market bubbles, Proc Natl
    Acad Sci USA, 111(29):10503–8
126 Samanez-Larkin GR, Kuhnen CM, Yoo DJ, Knutson B
    (2010) Variability in nucleus accumbens activity mediates
    age-related suboptimal financial risk taking, J Neurosci,
    30(4):1426–34
127 Hsee CK, Ruan B (2016) The Pandora Effect: The Power and
    Peril of Curiosity, Psychol Sci, 27(5):659–66

128 de Berker AO, Rutledge RB, Mathys C, Marshall L, Cross GF, Dolan RJ, Bestmann S (2016) Computations of uncertainty mediate acute stress responses in humans, Nat Commun, 7:10996

129 Wittmann BC, Bunzeck N, Dolan RJ, Düzel E (2007) Anticipation of novelty recruits reward system and hippocampus while promoting recollection, Neuroimage, 38(1):194–202

130 Holmes AJ, Hollinshead MO, Roffman JL, Smoller JW, Buckner RL (2016) Individual Differences in Cognitive Control Circuit Anatomy Link Sensation Seeking, Impulsivity, and Substance Use, J Neurosci, 36(14):4038–49

10 Auswahl

131 https://www.hrk.de/uploads/media/HRK_Statistik_WiSe_2015_16_webseite_01.pdf

132 Heekeren HR, Marrett S, Ungerleider LG (2008) The neural systems that mediate human perceptual decision making, Nat Rev Neurosci, 9(6):467–79

133 Aretz W (2015) Match me if you can: Eine explorative Studie zur Beschreibung der Nutzung von Tinder. Journal of Business and Media Psychology, 6(1):41–51

134 Iyengar SS, Lepper MR (2000) When choice is demotivating: can one desire too much of a good thing?, J Pers Soc Psychol, 79(6): 995–1006

135 https://www.ted.com/talks/sheena_iyengar_choosing_what_to_choose/transcript?language=de

136 Scheibehenne B, Greifeneder R, Todd P (2010) Can there ever be too many options? A meta-analytic review of choice overload, Journal of Consumer Research, 37:409–424

137 Iyengar SS, Lepper MR (2000) When choice is demotivating: can one desire too much of a good thing?, J Pers Soc Psychol, 79(6):995–1006

138 Chernev A (2003) Product assortment and individual decision processes, J Pers Soc Psychol, 85(1):151–62

139 Huberman, G, Iyengar SS, Jiang W (2007) Defined contribution pension plans: Determinants of participation and contributions rates, Journal of Financial Services Research, 31(1):1–32.

140 Chernev A (2003) When More Is Less and Less Is More: The Role of Ideal Point Availability and Assortment in Consumer Choice, Journal of Consumer Research, 30(2) 170–183

141 Chernev A (2006) Decision focus and consumer choice among assortments, Journal of Consumer Research, 33(6):50–59

142 Scheibehenne B, Greifeneder R, Todd PM (2009) What moderates the too-much-choice effect?, Psychology & Marketing, 26:229–253

143 Inbar Y, Botti S, Hanko K (2011) Decision speed and choice regret: When haste feels like waste, Journal of Experimental Social Psychology, 47(5):533–540

144 Oppewal H, Koelemeijer K (2005) More choice is better: Effects of assortment size and composition on assortment evaluation. International Journal of Research in Marketing, 22(3):45–60

145 Iyengar SS, Wells RE, Schwartz B (2006) Doing better but feeling worse. Looking for the »best« job undermines satisfaction, Psychol Sci, 17(2):143–50

146 Entscheiden. Eine Ausstellung über das Leben im Supermarkt der Möglichkeiten, Magazin der Arts & Sciences Exhibitions and Publishing GmbH, Heidelberg 2014

147 Dijksterhuis A, Bos MW, Nordgren LF, van Baaren RB (2006) On making the right choice: the deliberation-without-attention effect, Science, 311(5763):1005–7

148 Lenton AP, Francesconi M (2011) Too much of a good thing? Variety is confusing in mate choice, Biol Lett, 7(4):528–31

149 Mogilner C, Rudnick T, Iyengar SS (2008) The Mere categorization effect: How the presence of categories increases choo-

sers' perceptions of assortment variety and outcome satisfaction. Journal of Consumer Research, 35(8):202–215

150 Entscheiden. Eine Ausstellung über das Leben im Supermarkt der Möglichkeiten, Interview mit Gerd Gigerenzer, S. 60f, Magazin der Arts & Sciences Exhibitions and Publishing GmbH, Heidelberg 2014

11 Denkschablonen

151 Filkuková P, Klempe SH (2014) Rhyme as reason in commercial and social advertising, Scand J Psychol, 54(5):423–31

152 Tversky A, Kahneman D (1983) Extensional versus intuitive reasoning: The conjunction fallacy in probability judgment, Psychological Review, 90:293–315

153 Jung K, Shavitt S, Viswanathan M, Hilbe JM (2014) Female hurricanes are deadlier than male hurricanes, Proc Natl Acad Sci USA, 111(24):8782–7

154 Kutas M, Federmeier KD (2011) Thirty years and counting: finding meaning in the N400 component of the event-related brain potential (ERP), Annu Rev Psychol, 62:621–47

155 Song H, Schwarz N (2008) If it's hard to read, it's hard to do: processing fluency affects effort prediction and motivation, Psychol Sci, 19(10):986–8

156 Williams LE, Bargh JA (2008) Experiencing physical warmth promotes interpersonal warmth, Science, 322(5901):606–7

157 Hicks JA, Cicero DC, Trent J, Burton CM, King LA (2010) Positive affect, intuition, and feelings of meaning, J Pers Soc Psychol, 98(6):967–79

158 Danziger S, Levav J, Avnaim-Pesso L (2011) Extraneous factors in judicial decisions, Proc Natl Acad Sci USA, 108(17):6889–92

159 Whitson JA, Galinsky AD (2008) Lacking control increases illusory pattern perception, Science, 322(5898):115–7

160 Simonov PV, Frolov MV, Evtushenko VF, Sviridov EP (1977) Effect of emotional stress on recognition of visual patterns, Aviat Space Environ Med, 48(9):856–8

161 Sales SM (1973) Threat as a factor in authoritarianism: an analysis of archival data, J Pers Soc Psychol, 28(1):44–57

162 Gilovich T (1993) How We Know What Isn't So: The Fallibility of Human Reason in Everyday Life, The Free Press, New York, S. 16

163 Darley JM, Gross PH (1983) A hypothesis-confirming bias in labeling effects, Journal of Personality and Social Psychology, 44(1):20–33

164 Del Vicario M, Bessi A, Zollo F, Petroni F, Scala A, Caldarelli G, Stanley HE, Quattrociocchi W (2016) The spreading of misinformation online, Proc Natl Acad Sci USA, 113(3):554–9

165 Zollo F, Novak PK, Del Vicario M, Bessi A, Mozetič I, Scala A, Caldarelli G, Quattrociocchi W (2015) Emotional Dynamics in the Age of Misinformation, PLoS One, 10(9):e0138740

166 Mourey JA, Lam BCP, Oyserman D (2015) Consequences of Cultural Fluency, Social Cognition, 33(4) 308–344

167 Norton MC, Smith KR, Østbye T, Tschanz JT, Corcoran C, Schwartz S, Piercy KW, Rabins PV, Steffens DC, Skoog I, Breitner JC, Welsh-Bohmer KA; Cache County Investigators (2010) Greater risk of dementia when spouse has dementia? The Cache County study, J Am Geriatr Soc, 58(5):895–900

168 Khanolkar AR, Ljung R, Talbäck M, Brooke HL, Carlsson S, Mathiesen T, Feychting M (2016) Socioeconomic position and the risk of brain tumour: a Swedish national population-based cohort study, J Epidemiol Community Health, doi: 10.1136/jech-2015-207002

169 Pan W, Altshuler Y, Pentland A (2012) Decoding Social Influence and the Wisdom of the Crowd in Financial Trading Network, Privacy, Security, Risk and Trust (PASSAT), 2012 Inter-

national Conference on Social Computing, 203–209, Institute of Electrical and Electronics Engineers (IEEE)

12 Motivation

170 Colombo M (2014) Deep and beautiful. The reward prediction error hypothesis of dopamine, Stud Hist Philos Biol Biomed Sci, 45:57–67

171 Pronin E, Olivola CY, Kennedy KA (2008) Doing unto future selves as you would do unto others: psychological distance and decision making, Pers Soc Psychol Bull, 34(2):224–36

172 Hershfield HE (2011) Future self-continuity: how conceptions of the future self transform intertemporal choice, Ann N Y Acad Sci, 1235:30–43

173 Wilson M, Daly M (2004) Do pretty women inspire men to discount the future?, Proc Biol Sci, 271 Suppl 4:S177–9

174 Eppinger B, Nystrom LE, Cohen JD (2012) Reduced sensitivity to immediate reward during decision-making in older than younger adults, PLoS One, 7(5):e36953

175 Mischel W, Ebbesen EB, Raskoff Zeiss A. (1972) Cognitive and attentional mechanisms in delay of gratification, J. Pers. Soc. Psychol, 21:204–218

176 Mischel W, Ayduk O, Berman MG, Casey BJ, Gotlib IH, Jonides J, Kross E, Teslovich T, Wilson NL, Zayas V, Shoda Y (2010) ›Willpower‹ over the life span: decomposing self-regulation, Soc Cogn Affect Neurosci, 6(2): 252–256

177 Sturge-Apple ML, Suor JH, Davies PT, Cicchetti D, Skibo MA, Rogosch FA (2016) Vagal Tone and Children's Delay of Gratification: Differential Sensitivity in Resource-Poor and Resource-Rich Environments, Psychol Sci, 27(6):885–93

178 Rosenbaum DA, Gong L, Potts CA (2014) Pre-crastination: hastening subgoal completion at the expense of extra physical effort, Psychol Sci, 25(7):1487–96

179 Bloom M (1999) The Performance Effects of Pay Dispersion on Individuals and Organization, ACAD MANAGE J, 42:1 25–40

180 Erat S, Gneezy U (2016) Incentives for Creativity, U. Exp Econ, 19(2):269–280

181 Murayama K, Matsumoto M, Izuma K, Matsumoto K (2010) Neural basis of the undermining effect of monetary reward on intrinsic motivation, Proc Natl Acad Sci USA, 107(49):20911–6

182 Ariely D, Gneezy U, Loewenstein G, Mazar, N (2009) Large Stakes and Big Mistakes, Review of Economic Studies, 76(2):451–469

183 Kuhbandner C, Aslan A, Emmerdinger K, Murayama K (2016) Providing Extrinsic Reward for Test Performance Undermines Long-Term Memory Acquisition, Front Psychol, doi: 10.3389/fpsyg.2016.00079

184 Tricomi E, Fiez JA (2008) Feedback signals in the caudate reflect goal achievement on a declarative memory task, Neuro-image, 41(3):1154–67

185 Bond RM, Fariss CJ, Jones JJ, Kramer AD, Marlow C, Settle JE, Fowler JH (2012) A 61-million-person experiment in social influence and political mobilization, Nature, 489(7415):295–8

186 Mani A, Loock CM, Rahwan I, Pentland A (2013) Fostering Peer Interaction to Save Energy, 2013 Behavior, Energy, and Climate Change Conference, Sacramento

13 Kreativität

187 Kim KH (2011) The Creativity Crisis: The Decrease in Creative Thinking Scores on the Torrance Tests of Creative Thinking, Creativity Research Journal, 23(4):285–295

188 Beaty RE, Benedek M, Silvia PJ, Schacter DL (2016) Creative

Cognition and Brain Network Dynamics, Trends Cogn Sci, 20(2):87–95

189 Beaty RE, Benedek M, Kaufman SB, Silvia PJ (2015) Default and Executive Network Coupling Supports Creative Idea Production, Sci Rep, 5:10964

190 Beaty RE, Benedek M, Wilkins RW, Jauk E, Fink A, Silvia PJ, Hodges DA, Koschutnig K, Neubauer AC (2014) Creativity and the default network: A functional connectivity analysis of the creative brain at rest, Neuropsychologia, 64:92–8

191 Salvi 1, Bowden EM (2016) Looking for Creativity: Where Do We Look When We Look for New Ideas?, Front Psychol, 7:161

192 Mayseless N, Eran A, Shamay-Tsoory SG (2015) Generating original ideas: The neural underpinning of originality, Neuroimage, 116:232–9

193 Hermans EJ, Henckens MJ, Joëls M, Fernández G (2014) Dynamic adaptation of large-scale brain networks in response to acute stressors, Trends Neurosci, 37(6):304–14

194 Rothermel RC (1993) Mann Gulch fire: a race that couldn't be won, Gen. Tech. Rep. INT-299. Ogden, UT: U.S. Department of Agriculture, Forest Service, Intermountain Research Station.

195 Zedelius CM, Schooler JW (2015) Mind wandering »Ahas« versus mindful reasoning: alternative routes to creative solutions, Front Psychol, 6:834

196 Gasper K, Clore GL (2002) Attending to the big picture: mood and global versus local processing of visual information, Psychol Sci, 13(1):34–40

197 Bolte A, Goschke T, Kuhl J (2003) Emotion and Intuition: Effects of Positive and Negative Mood on Implicit Judgments of Semantic Coherence, Psychological Science, 14(5):416–421

198 Kounios J, Beeman M (2014) The cognitive neuroscience of insight, Annu Rev Psychol, 65:71–93

199 http://t3n.de/magazin/yo-app-239034/

200 Slepian ML, Weisbuch M, Rutchick AM, Newman LS, Am-

bady N (2010) Shedding light on insight: Priming bright ideas, J Exp Soc Psychol, 46(4):696–700

201 Oppezzo M, Schwartz DL (2014) Give your ideas some legs: the positive effect of walking on creative thinking, J Exp Psychol Learn Mem Cogn, 40(4):1142–52

202 Trope Y, Liberman N (2010) Construal-level theory of psychological distance, Psychol Rev, 117(2):440–63

203 Olguin OD, Waber BN, Kim T, Mohan A, Ara K, Pentland A (2009) Sensible organizations: technology and methodology for automatically measuring organizational behavior, IEEE Trans Syst Man Cybern B Cybern, 39(1):43–55

204 Pentland A (2012) The New Science of Building Great Teams, Harvard Business Review, April Issue

205 Saggar M, Quintin EM, Kienitz E, Bott NT, Sun Z, Hong WC, Chien YH, Liu N, Dougherty RF, Royalty A, Hawthorne G, Reiss AL (2015) Pictionary-based fMRI paradigm to study the neural correlates of spontaneous improvisation and figural creativity, Sci Rep, 5:10894

14 Perfektionismus

206 http://straightsets.blogs.nytimes.com/2010/06/23/logistics-are-put-to-the-test-at-wimbledon/?_r=0

207 Brickenkamp R, Schmidt-Atzert L, Liepmann D (2014) Test d2 – Revision – Aufmerksamkeits- und Konzentrationstest (d2-R), Dorsch – Lexikon der Psychologie, 17. Aufl., S. 1648

208 Hoffmann S, Beste C (2015) A perspective on neural and cognitive mechanisms of error commission, Front Behav Neurosci, doi: 10.3389/fnbeh.2015.00050

209 van Veen V, Carter CS (2006) Error detection, correction, and prevention in the brain: a brief review of data and theories, Clin EEG Neurosci, 37(4):330–5

210 Debener S, Ullsperger M, Siegel M, Fiehler K, von Cramon

DY, Engel AK (2005) Trial-by-trial coupling of concurrent electroencephalogram and functional magnetic resonance imaging identifies the dynamics of performance monitoring, J Neurosci, 25(50): 1730–7

211 Rodriguez-Fornells A, Kurzbuch AR, Münte TF (2002) Time course of error detection and correction in humans: neurophysiological evidence, J Neurosci, 22(22):9990–6

212 Perri RL, Berchicci M, Lucci G, Spinelli D, Di Russo F (2016) How the brain prevents a second error in a perceptual decision-making task, Sci Rep, doi: 10.1038/srep32058

213 https://www.wired.com/2012/09/deep-blue-computer-bug/

214 Mehl K (2015) Warum wir Fehler machen und benötigen, in: Fehler. Ihre Funktion im Kontext individueller und gesellschaftlicher Entwicklung, S. 129–140, Waxmann Verlag, Münster

215 Kapur M (2014) Productive failure in learning math, Cogn Sci, 38(5):1008–22

216 Butler AC, Karpicke JD, Roediger HL 3rd (2007) The effect of type and timing of feedback on learning from multiple-choice tests, J Exp Psychol Appl, 13(4):273–81

217 Affrunti NW, Geronimi EM, Woodruff-Borden J (2015) Language of perfectionistic parents predicting child anxiety diagnostic status, J Anxiety Disord, 30:94–102